CAD/CAM/CAE/ED.

U0167055

中文版 ANSYS Fluent 2022
流体分析从入门到精通
（实战案例版）

329 分钟同步微视频讲解　21 个实例案例分析

☑无黏模型与层流模型模拟　☑湍流模型模拟　☑多相流模型模拟　☑组分与燃烧模型模拟　☑离散相模型模拟
☑动网格模型模拟　☑UDF 使用　☑内部流动分析　☑流体热分析　☑化学反应分析

天工在线　编著

中国水利水电出版社
www.waterpub.com.cn
·北京·

内 容 提 要

《中文版 ANSYS Fluent 2022 流体分析从入门到精通（实战案例版）》详细介绍了 ANSYS Fluent 2022 在流体分析方面的使用方法和应用技巧，是一本 ANSYS Fluent 基础教程，同时也包含了大量的视频教程。

全书共 16 章，内容包括流体力学基础、Fluent 软件简介及操作使用、创建几何模型、划分网格、Fluent 分析设置及求解、计算后处理、无黏模型与层流模型模拟、湍流模型模拟、多相流模型模拟、组分与燃烧模型模拟、离散相模型模拟、动网格模型模拟、UDF 使用、内部流动分析、流体热分析与化学反应分析等。本书在讲解的过程中理论联系实际，基础知识的讲解配备了大量的实操演示和详细的操作步骤，图文对照讲解，既可加深对知识点的理解，又可提高读者的动手能力。全书配有 329 分钟与实例同步的微视频讲解，读者可以扫描二维码看视频。另外，本书还提供了实例的初始文件和结果文件，读者可以直接调用，对比学习。

本书适合 ANSYS Fluent 流体分析的入门读者学习使用，也适合作为相关工程技术人员的学习参考手册，还可作为应用型高校或培训机构相关课程的教材。

图书在版编目（CIP）数据

中文版ANSYS Fluent 2022流体分析从入门到精通 ：
实战案例版 / 天工在线编著. -- 北京 ：中国水利水电
出版社, 2023.7 (2025.1重印).
（CAD/CAM/CAE/EDA微视频讲解大系）
ISBN 978-7-5226-1536-3

Ⅰ. ①中… Ⅱ. ①天… Ⅲ. ①工程力学－流体力学－
有限元分析－应用软件 Ⅳ. ①TB126-39

中国国家版本馆CIP数据核字(2023)第097777号

丛 书 名	CAD/CAM/CAE/EDA 微视频讲解大系
书 名	中文版 ANSYS Fluent 2022 流体分析从入门到精通（实战案例版）
	ZHONGWENBAN ANSYS FLUENT 2022 LIUTI FENXI CONG RUMEN DAO JINGTONG
作 者	天工在线 编著
出版发行	中国水利水电出版社
	（北京市海淀区玉渊潭南路 1 号 D 座　100038）
	网址：www.waterpub.com.cn
	E-mail：zhiboshangshu@163.com
	电话：（010）62572966-2205/2266/2201（营销中心）
经 售	北京科水图书销售有限公司
	电话：（010）68545874、63202643
	全国各地新华书店和相关出版物销售网点
排 版	北京智博尚书文化传媒有限公司
印 刷	北京富博印刷有限公司
规 格	203mm×260mm　16 开本　24 印张　629 千字　2 插页
版 次	2023 年 7 月第 1 版　2025 年 1 月第 3 次印刷
印 数	9001—12000册
定 价	89.80 元

凡购买我社图书，如有缺页、倒页、脱页的，本社营销中心负责调换

前　言

Preface

计算流体力学（Computational Fluid Dynamics，CFD）是一种利用离散化的数值方法和电子计算机来模拟和分析无黏绕流（如低速流、跨声速流、超声速流等）和黏性流动（如湍流、边界层流动等）的数值方法。它是 20 世纪 60 年代为了弥补理论分析方法的不足而发展起来的计算力学的一个分支，并相应地形成了有限差分法和有限元法等各种数值解法。计算流体力学的偏微分方程有椭圆型、抛物型、双曲型和混合型，所以计算流体力学的主要工作是针对不同性质的偏微分方程采用和发展相应的数值解法。

Fluent 是目前国际上比较流行的商用 CFD 软件包，在美国的市场份额达到 60%，可用于与流体、热传递和化学反应等有关的行业。Fluent 拥有丰富的物理模型、先进的数值计算方法和强大的前后处理功能，广泛应用于航空航天、汽车设计、石油、天然气、涡轮机设计等领域。例如在石油和天然气工业上的应用就包括燃烧、井下分析、喷射控制、环境分析、油气消散与聚积、多相流、管道流动等。此外，通过 Fluent 提供的用户自定义函数可以改进和完善模型，以处理更加个性化的问题。

本书特点

↘　内容合理，适合自学

本书主要面向 ANSYS Fluent 2022 零基础的读者，充分考虑初学者的需求，内容讲解由浅入深，循序渐进，引领读者快速入门。在知识点上不求面面俱到，但求有效实用。本书的内容足以满足读者在实际设计工作中的各项需要。

↘　视频讲解，通俗易懂

为了方便读者学习，本书中的所有实例都录制了教学视频。视频录制时采用模仿实际授课的形式，在各知识点的关键处给出解释、提醒和注意事项，让读者高效学习，同时更多地体会 ANSYS Fluent 2022 功能的强大。

↘　内容全面，实例丰富

本书详细介绍了 ANSYS Fluent 2022 的使用方法和操作技巧，全书共 16 章，内容包括流体力学基础、Fluent 软件简介及操作使用、创建几何模型、划分网格、Fluent 分析设置及求解、计算后处理、无黏模型与层流模型模拟、湍流模型模拟、多相流模型模拟、组分与燃烧模型模拟、离散相模型模拟、动网格模型模拟、UDF 使用、内部流动分析、流体热分析与化学反应分析等。本书的讲解过程采用理论联系实际的方式，书中配有详细的操作步骤，图文对应，读者不仅可以提高动手能力，而且能加深对知识点的理解。

本书显著特色

> ↘ 体验好，随时随地学习

二维码扫一扫，随时随地看视频。书中提供了大部分实例的二维码，读者朋友可以通过手机扫一扫，随时随地观看相关的教学视频，也可在计算机上下载相关资源后观看学习。

> ↘ 实例多，用实例学习更高效

案例丰富详尽，边做边学更快捷。跟着实例学习，边学边做，从做中学，可以使学习更深入、更高效。

> ↘ 入门易，全力为初学者着想

遵循学习规律，入门与实战相结合。万事开头难，本书的编写模式采用"基础知识+实例"的形式，内容由浅入深、循序渐进，使初学者入门不是梦。

> ↘ 服务快，让学习无后顾之忧

提供 QQ 群在线服务，随时随地可交流。提供公众号、QQ 群等，多渠道贴心服务。

本书学习资源及获取方式

本书配带全书实例的讲解视频和操作源文件，此外，为了拓展读者的实战技能，本书还赠送了 9 套应用案例的教学视频和操作源文件，读者可以通过以下方法下载资源后使用。

（1）使用手机微信的扫一扫功能扫描右侧的微信公众号，或者在微信公众号中搜索"设计指北"，关注后输入 FLT1536 并发送到公众号后台，获取本书资源的下载链接，将该链接复制到计算机浏览器的地址栏中，根据提示进行下载。

（2）读者可加入 QQ 群 769735726（若群满，则会创建新群，请根据加群时的提示加入对应的群），与老师和其他读者进行在线交流与学习。

关于作者

本书由天工在线组织编写。天工在线是一个 CAD/CAM/CAE/EDA 技术研讨、工程开发、培训咨询和图书创作的工程技术人员协作联盟，包含了 40 多位专职和众多兼职的 CAD/CAM/CAE/EDA 工程技术专家。他们创作的很多教材成为国内具有引导性的旗帜作品，在国内相关专业方向的图书创作领域具有举足轻重的地位。

致谢

本书能够顺利出版，是作者、编辑和所有审校人员共同努力的结果，在此表示深深的感谢。同时，祝福所有读者在通往优秀工程师的道路上一帆风顺。

编　者

目 录

Contents

第 1 章　流体力学基础

内容简介

　　流体力学是力学的一个重要分支，也是理论性很强的一门学科，涉及很多复杂的理论和公式。本章重点介绍流体力学和流体运动的基本概念，以及流体流动和边界层的基本理论。通过本章的学习，读者可以掌握流体流动和传热的基本控制方程，为后面的软件操作打下理论基础。

内容要点

➤ 流体力学概念
➤ 流体运动的基本概念
➤ 边界层理论和物体阻力

案例效果

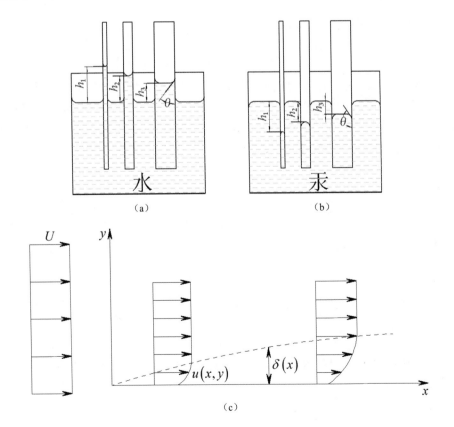

1.1　流体力学概念

1.1.1　连续介质模型

气体与液体都属于流体。从微观角度讲，无论是气体还是液体，分子间都存在间隙，同时由于分子的随机运动，导致流体的质量不但在空间上分布不连续，而且在任意空间点上流体物理量的相对时间也不连续。但是从宏观的角度考虑，流体的结构和运动又表现出明显的连续性与确定性，而流体力学研究的正是流体的宏观运动。在流体力学中，正是用宏观流体模型来代替微观有空隙的分子结构。

1753 年，欧拉首先采用"连续介质"作为宏观流体模型，将流体看成是由无限多流体质点所组成的稠密而无间隙的连续介质，这个模型称为连续介质模型。

1.1.2　流体力学的基本概念

1．流体密度

均匀流体的密度定义为单位体积内所含流体物质质量的多少，公式如下：

$$\rho = \frac{m}{v} \tag{1-1}$$

式中：ρ 为流体密度，单位为 kg/m³；m 为流体质量；v 表示质量为 m 的流体所占的体积。

对于非均质流体，流体中任一点的密度定义如下：

$$\rho = \lim_{\Delta v \to \Delta v_0} \frac{\Delta m}{\Delta v} \tag{1-2}$$

式中：Δv 是设想的一个最小体积，在 Δv 内包含足够多的分子，使得密度的统计平均值（$\Delta m / \Delta v$）有确切的意义；Δv_0 是流体质点的体积，所以连续介质中某一点的流体密度实质上是流体质点的密度。同样，连续介质中某一点的流体速度，是指在某瞬时质心在该点的流体质点的质心速度。不仅如此，对于空间任意一点的流体物理量都是指位于该点的流体质点的物理量。

📢 提示：

> 流体的密度是流体本身固有的物理性质，会随着压强和温度的变化而改变。例如，标准大气压（101325Pa）下，0℃时，空气的密度为 1.29kg/m³，而海拔较高的高原地区，由于压强的降低，空气密度也会降低。各流体的具体密度值可以通过查阅相关资料获得。

2．流体重度

流体的重度与流体的密度有一个简单的关系，如下。

对于均匀流体有：

$$\gamma = \rho g \tag{1-3}$$

式中：g 为重力加速度，是一个常数，其值为 9.80m/s²。流体的重度单位为 N/m³。

对于非均质流体有：

$$\gamma = \lim_{\Delta v \to \Delta v_0} \frac{\Delta g}{\Delta v} \tag{1-4}$$

3．质量力

质量力（或称体积力）是指作用在体积 V 内每一液体质量（或体积）上的非接触力，其大小与流体质量成正比。重力、惯性力、电磁力都属于质量力。质量力是一个矢量，一般用单位质量所具有的质量力表示，公式如下：

$$f = f_x i + f_y j + f_z k \tag{1-5}$$

式中：f_x、f_y、f_z 是单位质量力在 x、y、z 轴上的分力。

4．表面力

表面力是指作用在所取流体体积表面 S 上的力。它是由与这块流体相接触的流体或物体的直接作用而产生的。表面力按其作用方向可以分为两种：一种是沿表面内法线方向的压力，称为正压力；另一种是沿表面切向的摩擦力，称为切向力。

在流体表面围绕 M 点选取一微元面积，作用在其上的表面力用 ΔF_s 表示，将 ΔF_s 分解为垂直于微元表面的法向力 ΔF_n 和平行于微元表面的切向力 ΔF_t。在静止流体或运动的理想流体中，表面力只存在垂直于表面上的法向力 ΔF_n，这时，作用在 M 点周围单位面积上的法向力就定义为 M 点上的流体静压强，即：

$$P = \lim_{\Delta S \to \Delta S_0} \frac{\overrightarrow{\Delta F_n}}{\Delta S} \tag{1-6}$$

式中：ΔS_0 是和流体质点的体积具有相比拟尺度的微小面积。

静压强又常称为静压，流体静压强具有以下两个重要特性：

（1）流体静压强的方向总是和作用面相垂直，并且指向作用面。

（2）在静止流体或运动理想流体中，某一点静压强的大小与所取作用面的方位无关。

对于理想流体流动，流体质点只受法向力，没有切向力。对于黏性流体流动，流体质点所受作用力既有法向力，也有切向力。单位面积上所受到的切向力称为切应力。对于一元流动，切向力由牛顿内摩擦定律求出；对于多元流动，切向力由广义牛顿内摩擦定律求出。

5．静压、动压和总压

静止状态下的流体，只有静压；而流动状态下的流体，有静压、动压和总压。

在一条流线上，流体质点的机械能是守恒的，符合伯努利方程，对于不可压缩的理想流体，其公式如下：

$$\frac{p}{\rho g} + \frac{v^2}{2g} + z = H \tag{1-7}$$

式中：$p/\rho g$ 为压强水头，也叫压能项；p 为静压；v^2/g 为速度水头，也叫动能项；z 为位置水头，也叫重力势能项。这三项之和就是流体质点的总机械能；H 为总水头高。

在式（1-7）中，若两边同时乘以 ρg，该公式变为

$$p + \frac{1}{2}\rho v^2 + \rho g z = \rho g H \tag{1-8}$$

式中：p 为静压；$\frac{1}{2}\rho v^2$ 为动压；$\rho g H$ 为总压。

6. 绝对压强、相对压强和真空度

以绝对零压作为起点所计算的压强称为绝对压强，其反映的是设备内压强的实际数值，用 p_s 表示；通常将 760mm 汞柱产生的压强称为标准大气压，其值为 101325Pa，就是大气的绝对压强，用 p_{atm} 表示；如果压强大于标准大气压，则压强大于标准大气压的值称为相对压强，也称为表压强，用 p_r 表示；如果压强小于标准大气压，则压强小于标准大气压的值称为真空度，用 p_v 表示。

绝对压强、相对压强和真空度三者的关系如下：

$$p_r = p_s - p_{atm}$$
$$p_v = p_{atm} - p_s$$

（1-9）

 注意：

> 在流体力学中，压强都用符号 p 表示。对于液体来说，一般视液体为不可压缩，压强用相对压强；对于气体来说，由于气体的可压缩性，特别是马赫数大于 0.1 的流动，应视为可压缩流动，压强用绝对压强。

1.1.3 流体的基本性质

1. 流体的等温压缩性

当温度不变时，流体体积会随着作用于其上的压强的增大而减小。这一特性称为流体的等温压缩性，通常用压缩系数 β 来度量。它具体定义是在温度不变，质量为 M、体积为 V 的流体外部压强发生 Δp 的变化时，相应的该流体的体积也发生了 ΔV 的变化，具体公式如下：

$$\beta = -\frac{1}{V}\frac{\Delta V}{\Delta p}$$

（1-10）

式中：负号是考虑到 Δp 与 ΔV 总是符号相反的缘故；β 的单位为 1/Pa。

由于流体在压缩前后的质量 M 不变，因此式（1-10）还可以写成：

$$\beta = \frac{1}{\rho}\frac{d\rho}{dp}$$

（1-11）

在研究流体的流动过程中，若考虑到流体的压缩性，则称为可压缩流动，相应地称该流体为可压缩流体，如相对速度较高的气体流动。若不考虑流体的压缩性，则称为不可压缩流动，相应地称该流体为不可压缩流体，如水、油等液体的流动。

2. 流体的等压膨胀性

在等压状态下，流体体积会随温度的升高而增大，这一特性称为流体的膨胀性，通常用膨胀系数 α 度量。它具体定义是在压强不变的情况下，质量为 M、体积为 V 的流体温度发生 ΔT 的变化时，相应的该流体的体积也发生了 ΔV 的变化，具体公式如下：

$$\alpha = \frac{1}{V}\frac{\Delta V}{\Delta T}$$

（1-12）

由于流体在压缩前后的质量 M 不变，因此式（1-12）还可以写成：

$$\alpha = -\frac{1}{\rho}\frac{d\rho}{dT}$$

（1-13）

式中：负号是考虑到随着温度的增高，体积一定增大，密度一定减小的缘故；α 的单位为 1/K。

一般来说，液体的膨胀系数都很小，通常情况下工程中不考虑液体膨胀性。

3．流体的黏性

在做相对运动的两流体层的接触面上，存在一对等值且反向的力阻碍两个相邻流体层的相对运动，流体的这种性质称为流体的黏性，由黏性产生的作用力称为黏性阻力或内摩擦力。黏性阻力产生的物理原因是由于存在分子不规则运动的动量交换和分子间吸引力。根据牛顿内摩擦定律，两层流体间切应力的表达式如下：

$$\tau = \mu \frac{\mathrm{d}u}{\mathrm{d}y} \tag{1-14}$$

式中：τ 为切应力；μ 为动力黏度，与流体种类和温度有关；$\mathrm{d}u/\mathrm{d}y$ 为垂直于两层流体接触面上的速度梯度。我们把符合牛顿内摩擦定律的流体称为牛顿流体。

📢 说明：

> 牛顿内摩擦定律适用于水、空气、石油等大多数机械工业中的常用流体。凡是符合切应力与速度梯度成正比的流体都称为牛顿流体，即严格满足牛顿内摩擦定律且 μ 保持为常数的流体，否则就称为非牛顿流体。例如，淀粉悬浮液、糖浆、牙膏等流体均属于非牛顿流体。

非牛顿流体有以下 3 种不同的类型。

➤ 塑性流体：例如牙膏等，这种流体有一个保持不产生剪切变形的初始应力 τ_0，只有克服了这个初始应力，其切应力才与速度梯度成正比，表达式如下：

$$\tau = \tau_0 + \mu \frac{\mathrm{d}u}{\mathrm{d}y} \tag{1-15}$$

➤ 假塑性流体：例如水泥等，这种流体的切应力和速度梯度的关系如下：

$$\tau = \mu \left(\frac{\mathrm{d}u}{\mathrm{d}y} \right)^n \qquad (n < 1) \tag{1-16}$$

➤ 胀塑性流体：例如乳化液等，这种流体的切应力和速度梯度的关系如下：

$$\tau = \mu \left(\frac{\mathrm{d}u}{\mathrm{d}y} \right)^n \qquad (n > 1) \tag{1-17}$$

黏度受温度的影响很大，当温度升高时，液体的黏度减小，黏性下降，而气体的黏度增大，黏性增加。在压强不是很高的情况下，黏度受压强的影响很小，只有当压强很高（例如几十个兆帕）时，才需要考虑压强对黏度的影响。

当流体的黏性较小（如空气和水的黏性都很小），运动的相对速度也不大时，所产生的黏性应力比起其他类型的力（如惯性力）可忽略不计。此时，我们可以近似地把这种流体看成是无黏性的，称为无黏流体，也称为理想流体；而对于需要考虑黏性的流体，则称为黏性流体。

4．流体的导热性

当流体内部或流体与其他介质之间存在温度差时，温度高的地方与温度低的地方之间会发生热量传递。热量传递有热传导、热对流、热辐射 3 种形式。当流体在管内高速流动时，在紧贴壁面的位置会形成层流底层，液体在该处的流速很低，几乎可以认为是零，所以与壁面进行的热量传递形式主要是热传导，而层流以外的区域的热量传递形式主要是热对流。单位时间内通过单位面积由热传导所传递的热量可按傅里叶导热定律确定，表达式如下：

$$q = -\lambda \frac{\partial T}{\partial n} \qquad (1\text{-}18)$$

式中：n 为面积的法线方向；$\partial T / \partial n$ 为沿 n 方向的温度梯度；λ 为热导率；负号表示热量传递方向与温度梯度方向的相反方向。

通常情况下，流体与固体壁面间的对流传热量可用下式表达：

$$q = h(T_1 - T_2) \qquad (1\text{-}19)$$

式中：h 为表面传热系数，与流体的物性、流动状态等因素有关，主要是由实验数据得出的经验公式来确定。

5．流体的表面张力特性

当液体表面出现自由表面时，液体表面层中的液体分子都受到指向液体内部的拉力，这是分子作用力的一种表现，称为表面张力，其方向和液面相切，并与两分子之间的分界线相垂直。单位长度上的表面张力用 σ 表示，称为表面张力系数，单位为 N/m。

液体与固体壁面接触时，当液体内聚力小于液体与壁面间的附着力，即液体与壁面浸润，此时液体沿垂直管壁上升，如图 1-1（a）所示；当液体内聚力大于液体与壁面间的附着力，即液体与壁面不浸润，此时液体沿垂直管壁下降，如图 1-1（b）所示，这一现象被称为毛细现象。

从图 1-1 中可以看出水沿管壁上升，汞沿管壁下降，并且管壁直径不同，沿管壁上升或下降的高度也不同，上升的高度的公式如下：

$$h = \frac{2\sigma \cos \theta}{\rho g r} \qquad (1\text{-}20)$$

式中：σ 为表面张力系数；θ 为接触角；ρ 为液体密度；g 为重力加速度；r 为细管半径。

从式中可以看出当 $\theta < 0$ 时，液面为凹面，液体在细管重上升，且细管半径越小，液面上升高度越大；当 $\theta > 0$ 时，液面为凸面，液体在细管重下降，且细管半径越小，液面下降高度越大。

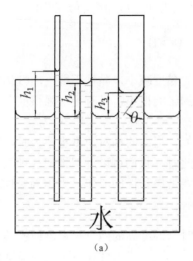 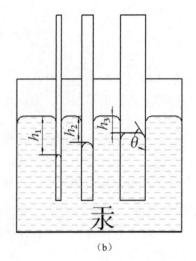

图 1-1　毛细现象

1.1.4　流动分析方法

在研究流体运动时有两种不同的方法：拉格朗日法和欧拉法。拉格朗日法是从分析流体各个质点的运动入手，来研究整个流体的运动。欧拉法是从分析流体所占据的空间中各固定点处的流体运动入手，来研究整个流体的运动。

在任意空间点上，流体质点的全部流动参数，例如速度、压强、密度等都不随时间的变化而改变，这种流动称为定常流动；若流体质点的全部或部分流动参数随时间的变化而改变，则称为非定常流动。

人们常用迹线或流线的概念来描述流场。迹线是任何一个流体质点在流场中的运动轨迹，它是某一流体质点在一段时间内所经过的路径，是同一流体质点不同时刻所在位置的连线；流线是某一瞬时各流体质点的运动方向线，在该曲线上各点的速度矢量相切于这条曲线。在定常流动中，流动与时间无关，流线不随时间的改变而改变，流体质点沿着流线运动，流线与迹线重合。对于非定常流动，迹线与流线是不同的。

1.2　流体运动的基本概念

1.2.1　层流流动与湍流流动

当流体在圆管中流动时，如果管中流体是一层一层流动的，各层间互不干扰，互不相混，这样的流动状态称为层流流动，如图 1-2 所示。当流速逐渐增大时，流体质点除了沿管轴向运动外，还有垂直于管轴方向的横向流动，即层流流动已被打破，完全处于无规则的乱流状态，这种流动状态称为湍流或紊流，如图 1-3 所示。湍流是自然界常见的普通现象，而层流则是不常见的特殊情况。我们把流动状态发生变化（例如从层流到湍流）时的流速称为临界速度。

图 1-2　层流现象　　　　　　　　　　　　　图 1-3　湍流现象

大量试验数据与相似理论证实，流动状态不是取决于临界速度，而是由综合反映管道尺寸、流体物理属性、流动速度的组合量——雷诺数来决定的。雷诺数 Re 定义如下：

$$Re_{cr} = \frac{\rho u d}{\mu} \tag{1-21}$$

式中：ρ 为流体密度；u 为平均流速；d 为管道直径；μ 为动力黏度。

由层流转变到湍流时，所对应的雷诺数称为上临界雷诺数，用 Re'_{cr} 表示；由湍流转变到层流时所对应的雷诺数称为下临界雷诺数，用 Re_{cr} 表示。通过比较，实际流动的雷诺数 Re 与临界雷诺数，就可确定黏性流体的流动状态。

当 $Re < Re_{cr}$ 时，流动为层流状态；当 $Re > Re'_{cr}$ 时，流动为湍流状态；当 $Re_{cr} < Re < Re'_{cr}$ 时，流动可能为层流状态，也可能为湍流状态。

在工程应用中，取 $Re_{cr} = 2000$。当 $Re < 2000$ 时，流动为层流状态；当 $Re > 2000$ 时，流动为湍流状态。

实际上，雷诺数反映了惯性力与黏性力之比。雷诺数越小，表明流体黏性力对流体的作用较大，能够削弱引起湍流流动的扰动，保持层流状态；雷诺数越大，表明惯性力对流体的作用更明显，易使流体质点发生湍流流动。

1.2.2　有旋流动与无旋流动

有旋流动是指流场中各处的旋度（流体微团的旋转角速度）不等于零的流动；无旋流动是指流场中各处的旋度都为零的流动。流体质点的旋度是一个矢量，用 ω 表示，其表达式如下：

$$\omega = \frac{1}{2} \begin{vmatrix} i & j & k \\ \dfrac{\partial}{\partial x} & \dfrac{\partial}{\partial y} & \dfrac{\partial}{\partial z} \\ u & v & w \end{vmatrix} \tag{1-22}$$

若 $\omega = 0$，流动为无旋流动，否则为有旋流动。

流体运动是有旋流动还是无旋流动，取决于流体微团是否有旋转运动，而与流体微团的运动轨迹无关。流体流动中，如果考虑黏性，由于存在摩擦力，这时流动为有旋流动；如果黏性可以忽略，而流体本身又是无旋流（如均匀流），这时流动为无旋流动。例如，均匀气流流过平板，在紧靠壁面的附面层内，需要考虑黏性的影响。因此，附面层内为有旋流动，附面层外的流动，黏性可以忽略，为无旋流动。

1.2.3　声速与马赫数

声速是指微弱扰动波在流体介质中的传播速度，它是流体可压缩性的标志，对于确定可压缩流的特性和规律起着重要作用。声速表达式的微分形式如下：

$$c = \sqrt{\frac{\mathrm{d}p}{\mathrm{d}\rho}} \tag{1-23}$$

声速在气体中传播时，由于在微弱扰动的传播过程中，气流的压强、密度和温度的变化都是无限小量，若忽略黏性作用，整个过程接近可逆过程，同时该过程进行得很迅速，又接近一个绝热过程，所以微弱扰动的传播可以认为是一个等熵的过程。对于完全气体，声速又可用公式表示如下：

$$c = \sqrt{kRT} \tag{1-24}$$

式中：k 为比热比；R 为气体常数。

上述公式只能用来计算微弱扰动的传播速度。对于强扰动，如激波、爆炸波等，其传播速度比声速大，并随波的强度增大而加快。

流场中某点处气体流速 V 与当地声速 c 的比为该点处气流的马赫数，用公式表示如下：

$$Ma = \frac{V}{c} \tag{1-25}$$

马赫数表示气体宏观运动的动能与气体内部分子无规则运动的动能（即内能）之比。当 $Ma \leqslant 0.3$ 时，密度的变化可以忽略；当 $Ma > 0.3$ 时，就必须考虑气流压缩性的影响。因此，马赫数是研究高速流动的重要参数，是划分高速流动类型的标准。当 $Ma > 1$ 时，为超声速流动；当 $Ma < 1$ 时，为亚声速流动；当 Ma 的范围为 0.8～1.2 时，为跨声速流动。超声速流动与亚声速流动的规律是有本质的区别的，跨声速流动兼有超声速与亚声速流动的某些特点，是更复杂的流动。

1.2.4 膨胀波与激波

膨胀波与激波是超声速气流特有的重要现象，超声速气流在加速时要产生膨胀波，减速时会出现激波。

当超声速气流流经由微小外折角所引起的马赫波时，气流加速，压强和密度下降，这种马赫波就是膨胀波。超声速气流沿外凸壁流动的基本微分方程如下：

$$\frac{\mathrm{d}V}{V} = -\frac{\mathrm{d}\theta}{\sqrt{Ma^2 - 1}} \tag{1-26}$$

当超声速气流绕物体流动时，在流场中往往出现强压缩波，即激波。气流经过激波后，其压强、温度和密度均突然升高，速度则突然下降。超声速气流被压缩时一般都会产生激波，按照激波的形状，可分为以下 3 类。

- 正激波：气流方向与波面垂直。
- 斜激波：气流方向与波面不垂直。例如，当超声速气流流过楔形物体时，在物体前缘往往产生斜激波。
- 曲线激波：波形为曲线形。

设激波前的气流速度、压强、温度、密度和马赫数分别为 v_1、p_1、T_1、ρ_1 和 Ma_1，经过激波后变为 v_2、p_2、T_2、ρ_2 和 Ma_2，则激波前后气流应满足以下方程。

连续性方程：

$$\rho_1 v_1 = \rho_2 v_2 \tag{1-27}$$

动量方程：

$$p_1 - p_2 = \rho_1 v_1^2 = \rho_2 v_2^2 \tag{1-28}$$

能量方程（绝热）：

$$\frac{v_1^2}{2} + \frac{k}{k-1} \times \frac{p_1}{\rho_1} = \frac{v_2^2}{2} + \frac{k}{k-1} \times \frac{p_2}{\rho_2} \tag{1-29}$$

状态方程：

$$\frac{p_1}{\rho_1 T_1} = \frac{p_2}{\rho_2 T_2} \tag{1-30}$$

据此，可得出激波前后参数的关系如下：

$$\frac{p_1}{p_2} = \frac{2k}{k+1}Ma^2 - \frac{k-1}{k+1} \tag{1-31}$$

$$\frac{v_2}{v_1} = \frac{k-1}{k+1} + \frac{2}{(k+1)Ma^2} \tag{1-32}$$

$$\frac{\rho_2}{\rho_1} = \frac{\dfrac{k+1}{k-1}Ma^2}{\dfrac{2}{k-1} + Ma^2} \tag{1-33}$$

$$\frac{T_2}{T_1} = \left(\frac{2kMa_1^2 - k + 1}{k+1}\right)\left[\frac{2 + (k-1)Ma_1^2}{(k+1)Ma_1^2}\right] \tag{1-34}$$

$$\left(\frac{Ma_2^2}{Ma_1^2}\right) = \frac{Ma_1^{-2} + \dfrac{k-1}{2}}{Ma_1^2 - \dfrac{k-1}{2}} \tag{1-35}$$

1.3　边界层理论和物体阻力

1.3.1　边界层概念及特征

黏性较小的流体绕流物体时，黏性的影响仅限于贴近物面的薄层内，在这薄层之外，黏性的影响可以忽略。而在这个薄层内，形成一个从固体壁面速度为零到外流速度的速度梯度区，普朗特把这一薄层称为边界层。

边界层厚度 δ 的定义：如果以 V_0 表示外部无黏流速度，则通常把各个截面上速度达到 $V_x = 0.99V$ 或 $V_x = 0.995V_0$ 值的所有点的连线定义为边界层外边界，而从外边界到物面的垂直距离定义为边界层厚度。

1.3.2　边界层微分方程

普朗特根据在雷诺数下边界层非常薄的前提，对黏性流体运动方程做了简化，得到了被称为普朗特边界层的微分方程，它是处理边界层流动的基本方程。根据附面层概念对黏性流动的基本方程的每一项进行数量级的估计，忽略掉数量级较小的量，这样在保证一定精度的情况下使方程得到简化，得出适用于附面层的基本方程。边界层示意图如图 1-4 所示。

（1）层流边界层方程如下：

$$\frac{\partial V_x}{\partial x} + \frac{\partial V_y}{\partial y} = 0$$

$$V_x\frac{\partial V_x}{\partial y} + V_y\frac{\partial V_y}{\partial y} = -\frac{1}{\rho}\frac{\partial p}{\partial x} + \nu\frac{\partial^2 V}{\partial y^2} \tag{1-36}$$

$$\frac{\partial p}{\partial y} = 0$$

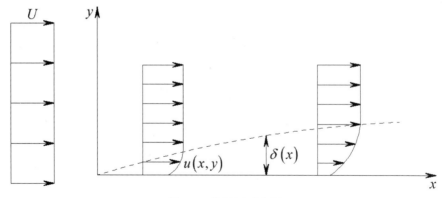

图 1-4　边界层示意图

式（1-36）是平壁面二维附面层方程，适用于平板及楔形物体。

求解的边界条件为：在物面上 $y=0$ 处，满足无滑移条件，$V_x=0$，$V_y=0$；在边界层外边界 $y=\delta$ 处，$V_x=V_0(x)$。$V_0(x)$ 是附面层外部边界上无黏流的速度，它是由无黏流场求解中获得，在计算附面层流动时，为已知参数。

（2）湍流附面层方程如下：

$$\frac{\partial \overline{V_x}}{\partial x}+\frac{\partial \overline{V_y}}{\partial y}=0$$

$$\overline{V_x}\frac{\partial \overline{V_x}}{\partial x}+\overline{V_y}\frac{\partial \overline{V_y}}{\partial y}=-\frac{1}{\rho}\frac{\mathrm{d}p}{\mathrm{d}x}+\nu\frac{\partial^2 \overline{V_x}}{\partial y^2}-\frac{\partial}{\partial y}\overline{V_x'V_y'}$$

（1-37）

对于附面层方程，在 Re 很高时才有足够的精度，在 Re 不比 1 大许多的情况下，附面层方程是不适用的。

1.3.3　物体阻力

阻力是由流体绕物体流动所引起的切向应力和压力差造成的，故阻力可分为摩擦阻力和压差阻力两种。

➤ 摩擦阻力是指作用在物体表面的切向应力在来流方向上的投影的总和，是黏性直接作用的结果。

➤ 压差阻力是指作用在物体表面的压力在来流方向上的投影的总和，是黏性间接作用的结果，是由于边界层的分离在物体尾部区域产生尾涡而形成的。压差阻力又称形状阻力，是因为压差阻力的大小与物体的形状有很大关系。

摩擦阻力与压差阻力之和称为物体阻力。

物体的阻力系数由下式确定：

$$C_D=\frac{F_D}{\frac{1}{2}\rho V_\infty^2 A}$$

（1-38）

式中：A 为物体在垂直于运动方向或来流方向的截面积。例如，对于直径为 d 的小圆球的低速运

动来说，阻力系数为

$$C_D = \frac{24}{Re} \qquad (1\text{-}39)$$

式中：$Re = \dfrac{V_\infty d}{v}$，在 $Re < 1$ 时，计算值与实验值吻合得较好。

第 2 章　Fluent 软件简介及操作使用

内容简介

本章主要介绍 Fluent 软件的基本操作。Fluent 软件的用法主要分为网格的导入与检查、求解器与计算模型的选择、边界条件的设置、求解计算等几大环节。通过本章的学习，为读者使用 Fluent 软件解决问题奠定了基础。

内容要点

- ➢ Fluent 的软件结构
- ➢ Fluent 的启动
- ➢ Fluent 2022 R1 的用户界面
- ➢ Fluent 的求解器类型
- ➢ Fluent 的功能特点和应用
- ➢ Fluent 的边界条件
- ➢ Fluent 的分析流程

案例效果

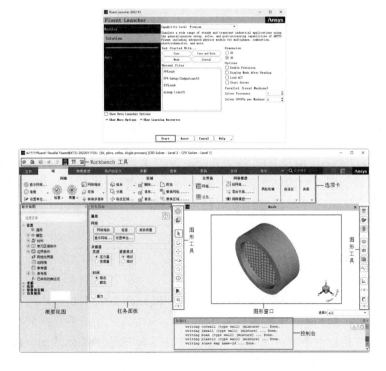

2.1 Fluent 的软件结构

Fluent 2022 的软件结构主要包括前处理器、求解器和后处理器三个部分。

2.1.1 前处理器

前处理器主要是用来建立要进行流体力学分析的几何模型并对模型进行网格的划分。在 Fluent 软件被整合到 ANSYS 软件包之后，可以通过 ANSYS 软件包中的 DesignModeler 软件或 SpaceClaim 软件来建立几何模型，然后通过 Meshing 软件或 ICEM CFD 软件来进行网格的划分。

2.1.2 求解器

求解器是 Fluent 软件模拟计算的核心程序。在读入划分好网格的模型文件后，剩下的操作就是利用求解器进行计算了，包括材料的设定、边界条件的设置、求解的方法和控制以及网格的优化等。

2.1.3 后处理器

求解完成后，就可以进行后处理操作了，包括求解过程中的查看、云图的生成、动画的模拟等，这些可以在 ANSYS 软件包的 CFD-Post 中进行操作，也可以在 Fluent 自带的后处理器中进行操作。

在 ANSYS 公司开发出 Workbench 后，所有的 Fluent 软件被集成在 ANSYS Workbench 环境下，可以对 Fluent 分析的前处理、求解和后处理的数据进行传递和分享，集设计、网格划分、仿真、求解、优化功能于一体，对各种数据进行项目协同管理。

2.2 Fluent 的启动

Fluent 的启动包括直接启动和通过 Workbench 中的"流体流动（Fluent）"项目模块来启动两种方式。

2.2.1 直接启动

选择"开始"→"Ansys 2022 R1"→"Fluent 2022 R1"命令，如图 2-1 所示；打开"Fluent Launcher 2022 R1"启动器，如图 2-2 所示。在启动器中设置分析的是二维问题（2D）或者三维问题（3D），设置计算精度（单精度或者双精度）等参数后，单击启动器中的"Start"按钮，启动 Fluent。

2.2.2 在 Workbench 中启动

01 选择"开始"→"Ansys 2022 R1"→"Workbench 2022 R1"命令，打开"Workbench"主界面，如图 2-3 所示。

02 展开左侧工具箱中的"分析系统"栏，将工具箱里的"流体流动（Fluent）"选项直接拖动到"项目原理图"界面中或直接双击"流体流动（Fluent）"选项，建立一个含有"流体流动（Fluent）"的项目模块，如图 2-4 所示。

03 右击"流体流动（Fluent）"项目模块中的"几何结构"，在弹出的快捷菜单中选择"新的 SpaceClaim 几何结构"命令、"新的 DesignModeler 几何结构"命令或者"新的 Discovery 几何结构"命令，创建几何模型；也可选择"导入几何模型"命令，导入几何模型，如图 2-5 所示。

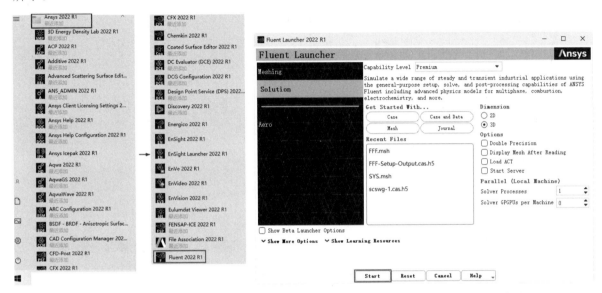

图 2-1　开始菜单启动 Fluent　　　　　　图 2-2　"Fluent Launcher 2022 R1"启动器

图 2-3　Workbench 主界面

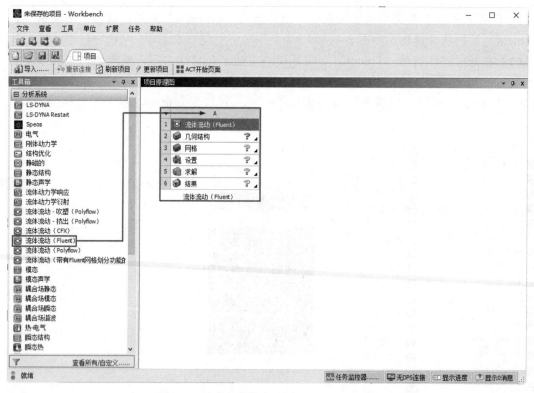

图 2-4 创建"流体流动（Fluent）"项目

04 右击"流体流动（Fluent）"项目模块中的"网格"，在弹出的快捷菜单中选择"编辑"命令，启动 Meshing 程序，划分网格；也可以选择"导入网格文件"命令，导入已经划分好的网格文件，如图 2-6 所示，这样就可以跳过建模步。

图 2-5 创建或导入几何模型

图 2-6 划分网格或导入网格模型

05 右击"流体流动（Fluent）"项目模块中的"设置"，在弹出的快捷菜单中选择"编辑"命令，如图 2-7 所示，打开"Fluent Launcher 2022 R1（Setting Edit Only）"对话框，如图 2-8 所示；对话框会根据前面创建或导入的几何模型自动选择二维（2D）或三维（3D）分析，在设置计算精度（单精度或者双精度）等参数后，单击对话框中的"Start"按钮，启动 Fluent。

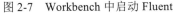

图 2-7 Workbench 中启动 Fluent   图 2-8 "Fluent Launcher 2022 R1（Setting Edit Only）"对话框

2.3 Fluent 2022 R1 的用户界面

Fluent 用户界面用于定义并求解问题，包括导入网格、设置求解条件以及进行求解计算等。

Fluent 可以导入的网格类型较多，包括 ANSYS Meshing 生成的网格、CFX 网格工具生成的网格、CFX 后处理中包含的网格信息、ICEM CFD 生成的网格、Gambit 生成的网格等。

Fluent 中内置了大量的材料数据库，包括各种常用的流体、固体材料，如水、空气、铜、铁、铝等。用户可以直接使用这些材料定义求解问题，也可以在这些材料的基础上进行修改或创建新材料。

Fluent 中可以设置的求解条件很多，包括定常或非定常问题、求解域、边界条件、求解方法、控制方案以及结果后处理等。

Fluent 界面如图 2-9 所示，大致分为 Workbench 工具、选项卡、概要视图、任务面板、图形工具、图形窗口、控制台 7 个区域。

- ➤ **Workbench 工具**：当改变模型或网格后，该工具可以更新模型及网格。
- ➤ **选项卡**：包括文件、域、物理模型、用户自定义、求解、结果、查看、并行、设计等选项卡，与其他常规软件一样，每个选项卡又包括自己的工具面板，包含了软件的全部功能。
- ➤ **概要视图**：进行 Fluent 计算分析的工作流程，包括通用、模型、材料、单元区域条件、边界条件等设置选项，以及求解、结果及后处理操作等。
- ➤ **任务面板**：在选项卡或概要视图的某一功能被选中后，设置面板将切换到选中的功能进行详细设置。
- ➤ **图形工具**：图形工具分布在图形窗口的两侧，是进行图形设置的工具条，包括网格的显示、正面透明、框选、旋转、平移、图形反射、图形投影、地面效果、隐藏选中的面、透明选中的面以及显示所有面等工具。

➤ 图形窗口：用来显示网格、残差曲线、动画以及各种后处理显示的图像。

➤ 控制台：显示各种信息提示，包括版本信息、网格信息以及错误提示信息等。

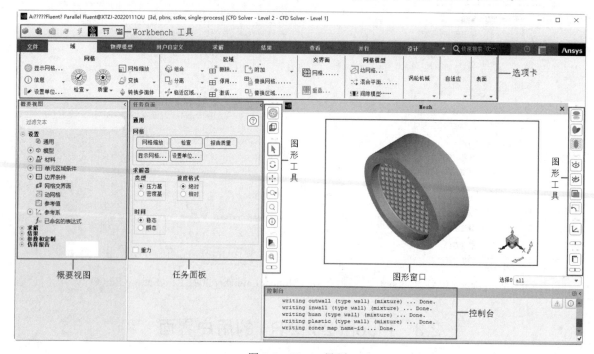

图 2-9　Fluent 界面

2.4　Fluent 的求解器类型

在 Fluent 软件中有两种求解器类型：压力基求解器和密度基求解器，如图 2-10 所示。

Fluent 软件的压力基求解器和密度基求解器完全在同一界面下，确保 Fluent 对于不同的问题都可以得到很好的收敛性、稳定性和精度。

2.4.1　压力基求解器

压力基求解器采用的计算法则属于常规意义上的投影方法。在投影方法中，首先通过动量方程求解速度场，继而通过压力方程的修正使得速度场满足连续性条件。

压力方程来源于连续性方程和动量方程，可以保证整个流场的模拟结果同时满足质量守恒和动量守恒。由于控制方程（动量方程和压力方程）的非线性和相互耦合作用，因此需要一个迭代过程使得控制方程重复求解直至结果收敛，用这种方法

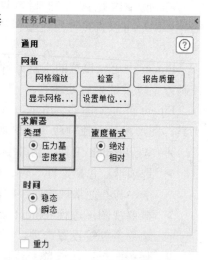

图 2-10　Fluent 求解器类型

求解动量方程和压力方程。

在 Fluent 软件中共包含两个压力基的求解器：一个是压力基的分离求解器，另一个是压力基的耦合求解器。

1．压力基的分离求解器

压力基的分离求解器顺序求解每个变量的控制方程，此算法内存效率非常高（离散方程只在一个时刻需要占用内存），收敛速度相对较慢，因为方程以"解耦"方式求解，对燃烧、多相流问题更加有效。

2．压力基的耦合求解器

压力基的耦合求解器以耦合方式求解动量方程和基于压力的连续性方程，其内存使用量是分离算法的 1.5～2 倍；由于以耦合方式求解，使得它的收敛速度有 5～10 倍的提高。同时它还具有传统压力算法物理模型丰富的优点，可以和所有动网格、多相流、燃烧和化学反应模型兼容，收敛速度远远高于基于密度的求解器。

2.4.2 密度基求解器

密度基求解器是同时求解连续方程、动量方程、能量方程及组分输运方程的耦合方程组，然后逐一地求解湍流标量方程。由于控制方程是非线性的，且相互之间是耦合的，因此，在得到收敛解之前，要经过多轮迭代。

（1）根据当前解的结果，更新所有流动变量。如果计算刚刚开始，则用初始值来更新。

（2）同时求解连续方程、动量方程、能量方程及组分输运方程的耦合方程组（后两个方程视需要进行求解）。

（3）根据需要，逐一求解湍流、辐射等标量方程。注意在求解之前，方程中用到的有关变量要用到前面得到的结果更新。

（4）对于包含离散相的模拟，当内部存在相间耦合时，根据离散相的轨迹计算结果更新连续相的源项。

（5）检查方程组是否收敛，若不收敛，回到第（1）步，重新计算。

2.5 Fluent 的功能特点和应用

Fluent 的最主要的特点有：多种数值算法和先进的物理模型。

2.5.1 数值算法

Fluent 软件采用的有限体积法提供了 3 种数值算法，具体如下。

1．非耦合隐式算法

非耦合隐式算法适用于不可压缩流动和中等可压缩流动，不对 Navier-Stoke 方程联立求解，而是对动量方程进行压力修正。该算法是一种很成熟的算法，在应用上经过了很广泛的验证。这种方法拥有多种燃烧、化学反应及辐射、多相流模型与其配合，适用于低速流动的 CFD 模拟。

2．耦合显示算法

耦合显示算法由 Fluent 公司与 NASA 联合开发，它与 SIMPLE 算法不同，而是对整个 Navier-Stoke 方程组进行联立求解，空间离散采用通量差分分裂格式，时间离散采用多步 Runge-Kutta 格式，并采用了多重网格加速收敛技术。对于稳态计算，还采用了当地时间步长和隐式残差光顺技术。该算法稳定性好，内存占用小，应用极为广泛。

3．耦合隐式算法

耦合隐式算法也对 Navier-Stoke 方程组进行联立求解，由于采用隐式格式，因此计算精度和收敛性比耦合显示算法要好，但占用内存较多。该算法还有一个优点就是可以对从低速流动到高速流动的全速范围进行求解。

2.5.2 物理模型

Fluent 软件含有丰富的物理模型，包括黏性模型、多相流模型、辐射模型、组分模型、离散相模型以及凝固和熔化模型等。

1．黏性模型

Fluent 提供了 11 种黏性模型，包括无黏、层流、Spalart-Allmaras（1 eqn）、k-epsilon（2 eqn）、k-omega（2 eqn）、转捩 k-kl-omega（3 eqn）、转捩 SST（4 eqn）、雷诺应力（RSM-7 eqn）、尺度自适应模型（SAS）、分离涡模拟（DES）和大涡模拟（LES），其中大涡模拟模型只对三维问题有效。在"概要视图"中的"模型"列表中双击"黏性"按钮，也可在"物理模型"选项卡"模型"面板中单击"黏性"按钮，弹出"黏性模型"对话框，如图 2-11 所示[①]。

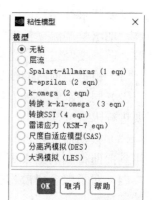

图 2-11 "黏性模型"对话框

> 无黏：进行无黏流计算。
> 层流：层流模拟。
> Spalart-Allmaras（1 eqn）：用于求解动力涡黏输运方程，该模型是专门为涉及壁面边界流动的航空航天应用领域而设计的，并已被证明对受到逆压力梯度作用的边界层具有良好的效果。该模型在旋转机械领域的应用也越来越普遍。
> k-epsilon（2 eqn）：该模型又分为"Standard"模型、"RNG"模型和"Realizable"模型3 种。"Standard"模型忽略分子间黏性，只适用于完全湍流；"RNG"模型考虑湍流漩涡，其湍流 Prandtl 数为解析公式（并非常数），考虑低雷诺数黏性等，故而对于瞬变流和流线弯曲有更好的表现；"Realizable"模型提供旋流修正，对旋转流动、流动分离有很好的表现。
> k-omega（2 eqn）：使用该模型进行湍流计算，它分为"Standard"模型、"GEKO"模型、"BSL"模型和"SST"模型。"Standard"模型主要应用于壁面约束流动和自由剪切流动；"GEKO"模型的目标是提供一个具有足够灵活性的单一模型，以覆盖广泛的应用，这是一个强大的模型优化工具，但是需要正确理解这些系数的影响，以避免失调；

[①] 编者注：该图中的"粘"为软件汉化错误，应为"黏"。正文中均使用"黏"，图片中保持不变，余同。

"BSL"模型有效地将近壁区域的稳健且精确的模型公式与远场自由流无关的模型公式融合在一起；"SST"模型在近壁面区有更好的精度和算法稳定性。

➢ 转捩 k-kl-omega（3 eqn）：用于模拟层流向湍流的转捩过程。

➢ 转捩 SST（4 eqn）：是基于 k-omega（2 eqn）模型中的"SST"模型开发的，额外添加了两个用于求解转捩过程的方程，计算量要比"SST"模型大。

➢ 雷诺应力（RSM-7 eqn）：该模型是最精细制作的湍流模型，可用于飓风流动、燃烧室高速旋转流、管道中二次流等。

➢ 尺度自适应模型（SAS）：该模型是优先推荐的尺度解析模型，适用于强旋流、混合流、钝体绕流等 Fluent 求解模拟。

➢ 分离涡模拟（DES）：是近年来出现的一种结合雷诺平均方法和大涡数值模拟两者优点的湍流模拟方法，采用基于 Spalart-Allmaras 方程模型的 DES 方法，数值求解 Navier-Stokes 方程，模拟绕流发生分离后的旋涡运动。其中，空间区域离散采用有限体积法，方程空间项和时间项的数值离散分别采用 Jameson 中心格式和双时间步长推进方法，通过模拟圆柱绕流以及翼型失速绕流，观察到了与物理现象一致的旋涡结构，得到与实验数据相吻合的计算结果。

➢ 大涡模拟（LES）：该模型只对三维问题有效。

2．多相流模型

Fluent 提供了 3 种多相流模型，包括 VOF（Volume of Fluid）、Mixture（混合）和欧拉模型（Eulerian）。在"概要视图"中的"模型"列表中双击"多相流"按钮，也可在"物理模型"选项卡"模型"面板中单击"多相流"按钮，弹出"多相流模型"对话框，如图 2-12 所示。默认状态下，"多相流模型"对话框的"关闭"单选按钮处于选中状态。

➢ VOF：该模型通过求解单独的动量方程和处理穿过区域的每一流体的容积比来模拟 2 种或 3 种不能混合的流体。典型的应用包括流体喷射、流体中气泡运动、流体在大坝坝口的流动、气液界面的稳态和瞬态处理等，如图 2-13 所示。

图 2-12　"多相流模型"对话框　　　　　图 2-13　VOF 模型

➤ Mixture：该模型用于模拟各相有不同速度的多相流，但是假定了在短空间尺度上局部的平衡。典型的应用包括沉降、气旋分离器、低载荷作用下的多粒子流动、气相容积率很低的泡状流，如图 2-14 所示。

➤ 欧拉模型：该模型可模拟多相分流及相互作用的相，与离散相模型中 Eulerian-Lagrangian 方案只用于离散相不同，在多相流模型中欧拉可用于模型中的每一相，如图 2-15 所示。

图 2-14 Mixture 模型

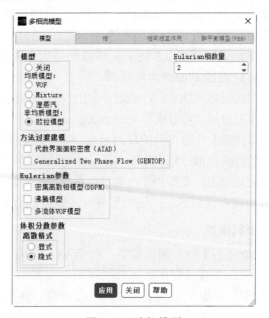

图 2-15 欧拉模型

3．辐射模型

Fluent 提供了 6 种辐射模型，包括 Rosseland、P1、Discrete Transfer（DTRM）、表面到表面（S2S）、离散坐标（DO）和 Monte Carlo（MC）。在"概要视图"中的"模型"列表中双击"辐射"按钮，也可在"物理模型"选项卡"模型"面板中单击"辐射"按钮，弹出"辐射模型"对话框，如图 2-16 所示。

➤ Rosseland：该模型不求解额外的关于入射辐射的传输方程，因此该模型计算速度快，节省内存。但该模型只能用于光学深度比较大的情况，当光学深度大于 3 时优先使用该模型，并且该模型不能用于密度基求解器。

➤ P1：该模型为一个扩散方程，考虑了扩散效应，因此求解占用较小的内存，尤其对于求解光学深度比较大时（如燃烧应用），表现非常好。但该模型也存在一定的限制条件：该模型假定所有的表面均为散射，且假定基于灰体辐射；当光学深度很小时，会失去求解精度。

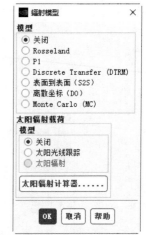

图 2-16 "辐射模型"对话框

➤ Discrete Transfer（DTRM）：该模型可用于光学深度非常广的情况下，模型较为简单，可以通过增加射线数量来提高计算精度，但需要占用很大的内存。使用该模型的限制条件是：假定所有表面都是散射的，但不包括散射效应，且假定基于灰体辐射；不能与非共形交界面或滑移网格同时使用，不能用于并行计算。

➤ 表面到表面（S2S）：该模型适用于封闭空间中没有介质的辐射问题（如太空空间站的排热系统、太阳能的收集系统等）。使用该模型的限制条件是：假定所有表面都是散射的，且假定基于灰体辐射；不能用于介质参与的辐射问题；不能用于含有周期边界的模型中；不能用于含有对称边界的问题中；不支持非共形交界面、悬挂节点或网格自适应中。

➤ 离散坐标（DO）：该模型应用较为广泛，它能够求解所有光学深度区间的辐射问题；能够求解燃烧问题中面对面的辐射问题，计算速度和占用内存都比较适中。

➤ Monte Carlo（MC）：该模型能够解决从光学薄区域（透明区域）到光学厚区域（扩散区域）的问题（如燃烧问题）；计算准确，但占用的内存较高，计算时间长。它可用于求解壳传导问题、周期性边界问题、瞬态辐射问题和热交换器问题。

4．组分模型

Fluent 提供了 5 种组分模型，包括组分传递、非预混燃烧、预混合燃烧、部分预混合燃烧、联合概率密度输运。在"概要视图"中的"模型"列表中双击"组分"按钮 🌣，也可在"物理模型"选项卡"模型"面板中单击"组分"按钮 🌣，弹出"组分模型"对话框，如图 2-17 所示[①]。该模型主要用于模拟化学组分的输运和燃烧等化学反应。

➤ 组分传递：通用有限速率模型。

➤ 非预混燃烧：主要用于模拟湍流扩散火焰设计。

➤ 预混合燃烧：主要用于完全预混合的燃烧系统。

➤ 部分预混合燃烧：用于非预混燃烧和完全预混燃烧结合的系统。

➤ 联合概率密度输运：用于预混、非预混及部分预混火焰中。

5．离散相模型

在"概要视图"中的"模型"列表中双击"离散相"按钮 ⤴，也可在"物理模型"选项卡"模型"面板中单击"离散相"按钮 ⤴，弹出"离散相模型"对话框，如图 2-18 所示。该模型主要用于预测连续相中由于湍流漩涡作用而对颗粒造成的影响，如离散相的加热或冷却，液滴的蒸发与沸腾、崩裂与合并，模拟煤粉燃烧等。

图 2-17　"组分模型"对话框

图 2-18　"离散相模型"对话框

[①] 编者注：该图中的"组份"为软件汉化错误，应为"组分"。正文中均使用"组分"，图片中保持不变，余同。

6．凝固和熔化模型

在"概要视图"中的"模型"列表中双击"凝固和熔化"按钮🧊，也可在"物理模型"选项卡"模型"面板中单击"更多"下拉列表中的"熔化"按钮🧊，弹出"凝固和熔化"对话框，如图 2-19 所示。如果要进行凝固和熔化的计算，需要选中"凝固/熔化"单选按钮，给出"糊状区域参数"值，一般在 $10^4 \sim 10^7$ 之间。

图 2-19　"凝固和熔化"对话框

2.5.3　Fluent 的应用

基于上述 Fluent 强大的功能特点，使得 Flunet 在很多领域得到广泛的应用，主要有以下 10 个方面。

（1）水轮机、风机和泵等流体内部的流体流动。

（2）汽车工业的应用。

（3）换热器性能分析及换热器形状的选取。

（4）飞机和航天器等飞行器的设计。

（5）洪水波及河口潮流计算。

（6）风载荷对高层建筑物稳定性的影响。

（7）温室及室内空气流通分析。

（8）电子元器件冷却分析。

（9）河流中污染物的扩散分析。

（10）建筑设计和火灾研究。

2.6　Fluent 的边界条件

边界条件包括流动变量和热变量在边界处的值。它是 Fluent 分析很关键的一部分，设定边界条件必须小心谨慎。

边界条件可分为 5 类，包括入口边界条件、出口边界条件、固体壁面边界条件、对称边界条件和周期性边界条件。

2.6.1　入口边界条件

入口边界条件就是制定入口处流动变量的值。常见的入口边界条件有速度入口边界条件、压力入口边界条件和质量流量入口边界条件。

➤ 速度入口边界条件：用于定义流动速度和流动入口的流动属性相关的标量。这一边界条件适用于不可压缩流，如果用于可压缩流则会导致非物理结果，这是因为它允许驻点条件浮动。应注意不要让速度入口靠近固体妨碍物，因为这会导致流动入口驻点属性具有太高的非一致性。

➤ 压力入口边界条件：用于定义流动入口的压力和其他标量属性。它既适用于可压流，又适用于不可压流。压力入口边界条件可用于压力已知但是流动速度或速率未知的情况。这一情况可用于很多的实际问题中，如浮力驱动的流动；它也可用来定义外部或无约束流的自由边界。

> 质量流量入口边界条件：用于已知入口质量流量的可压缩流动。在不可压缩流动中不必指定入口的质量流量，因为密度为常数时，速度入口边界条件就确定了质量流量条件。当要求达到的是质量和能量流速而不是流入的总压时，通常使用质量入口边界条件。

📢 说明：

调节入口总压可能会导致收敛速度较慢，当压力入口边界条件和质量入口条件都可以接受时，应该选择压力入口边界条件。

2.6.2 出口边界条件

出口边界条件就是制定出口处流动变量的值。常见的出口边界条件有压力出口边界条件和质量出口边界条件。

> 压力出口边界条件：需要在出口边界处制定表压。表压值被指定只能用于亚声速流动。如果是超声速流动，就不再适用指定表压，此时压力要从内部流动中求出，包括其他流动属性。

在求解过程中，如果压力出口边界处的流动是反向的，回流条件也需要指定。如果对于回流问题指定了比较符合实际的值，收敛性困难问题就会不明显。

> 质量出口边界条件：当流动出口的速度和压力在解决流动问题之前未知时，可以使用质量出口边界条件模拟流动。需要注意的是，如果模拟可压缩流或包含压力出口时，不能使用质量出口边界条件。

2.6.3 固体壁面边界条件

壁面边界条件用于限制流体和固体区域。在黏性流动中，壁面处默认为非滑移边界条件，但是也可以根据壁面边界区域的平动或者转动来指定切向速度分量，或者通过指定剪切来模拟滑移壁面。在当地流场的详细资料基础上可以计算出流体和壁面之间的剪应力和热传导。

2.6.4 对称边界条件

对称边界条件应用于计算的物理区域是对称的情况。在对称轴或对称平面上没有对流通量，因此垂直于对称轴或对称平面的速度分量为 0。在对称边界上，垂直边界的速度分量为 0，任何量的梯度为 0。

2.6.5 周期性边界条件

如果流动的几何边界、流动和换热是周期性重复的，那么可以采用周期性边界条件。

2.7　Fluent 的分析流程

使用 Fluent 解决某一问题时，首先要考虑如何根据目标需要选择相应的物理模型，然后明确所要模拟的物理系统的计算区域及边界条件，再确定是二维问题还是三维问题。

在确定所解决问题的特征之后，Fluent 的分析流程基本包括以下步骤。

2.7.1　创建几何模型

在 Workbench 中创建的"流体流动（Fluent）"项目模块中右击"几何结构"，在弹出的快捷菜单中选择"新的 SpaceClaim 几何结构"命令、"新的 DesignModeler 几何结构"命令或者"新的 Discovery 几何结构"命令，创建几何模型；也可选择"导入几何模型"命令，导入已经创建好的几何模型。

2.7.2　划分网格

右击"流体流动（Fluent）"项目模块中的"网格"，在弹出的快捷菜单中选择"编辑"命令，启动 Meshing 程序，划分网格；也可以选择"导入网格文件"命令，导入已经划分好的网格文件，这样就可以跳过建模步。

2.7.3　分析设置

1. 选择合适的主程序

划分好网格或导入网格文件后，右击"流体流动（Fluent）"项目模块中的"设置"，在弹出的快捷菜单中选择"编辑"命令，打开"Fluent Launcher 2022 R1（Setting Edit Only）"对话框（图 2-8）。

在"Fluent Launcher 2022 R1（Setting Edit Only）"对话框中可做以下设置。

01 在"Dimension"中选择"2D"或"3D"。

02 在"Options"中勾选"Double Precision"复选框，选择双精度。

03 并行运算设置：可选择单核运算或者并行运算。设置"Solver Processes"后面的数值，设置进行并行运算的核数。

04 当单击"Show More Options"按钮后，展开"Fluent Launcher 2022 R1（Setting Edit Only）"对话框，如图 2-20 所示。在这里可以设置工作目录、启动路径、并行运算类型以及 UDF 编译环境等。

设置完成后单击"Start"按钮，进入 Fluent 的主界面。

2. 检查网格

Fluent 中的网格检查功能提供了区域范围、体积统计、网格拓扑结构和周期性边界的信息、单一计算的确认以及关于 X 轴的节点位置的确认（对于轴对称算例）。

具体操作为：单击"通用"任务页面"网格"栏中的"检查"按钮 检查 ，或者单击"域"选项卡"网格"面板中"检查"下拉列表中的"执行网格检查"命令。执行该命令后网格检查信息会出现在控制台窗口，如图 2-21 所示。在检查过程中，可以在"控制台"窗口中看到区域范围、体积统计以及连通性信息，其中各部分含义如下。

图 2-20 "Fluent Launcher 2022 R1
（Setting Edit Only）"对话框

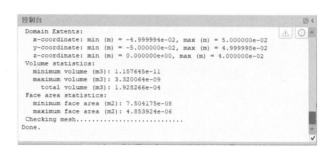

图 2-21 网格检查

📢 注意：

> 建议读入解算器之后检查网格的正确性，这样可以在设定问题之前检查任何网格错误。

（1）Domain Extents（区域范围）：列出了 X、Y 和 Z 坐标的最大值、最小值，单位是 m。

（2）Volume statistics（体积统计）：包括单元体积的最大值、最小值以及总体积，单位是 m^3。体积为负值表示一个或多个单元有不正确的连接。通常可以用 Iso-Value Adaption 确定负体积单元，并在图形窗口中查看它们。进行下一步之前，这些负体积必须消除。

网格检查很容易出现的问题是网格体积为负数。如果最小体积是负数，就需要修复网格以减少解域的非物理离散。

3. 选择解的格式

根据问题的特征对求解器进行设置，后面会针对不同的物理模型展开说明求解的具体格式。分离解算器是 Fluent 默认的解算器。

4. 选择基本物理模型

流动是无粘流、层流还是湍流；流动是可压缩的还是不可压缩的；是否需要考虑传热问题；流场是定常还是非定常的；计算中是否还要考虑其他物理问题。

5. 确定所需的附加模型

确定在分析过程中是否需要加入风扇模型、换热器模型、多孔介质模型等。

6．制定材料的物理性质

为模型选择合适的材料及流体属性，或者创建自己的材料数据。

7．指定边界条件

在"概要视图"中的"设置"列表中双击"单元区域条件"按钮▦和"边界条件"按钮▦，也可在"物理模型"选项卡"区域"面板中单击"单元区域"按钮▦和"边界"按钮▦，打开相应的"单元区域条件"和"边界条件"面板进行设置。

8．调整求解控制参数

在"概要视图"中的"求解"列表中双击"方法"按钮⚙和"控制"按钮✖，也可在"求解"选项卡"求解"面板中单击"方法"按钮⚙，在"控制"面板中单击"控制"按钮✖，打开相应的"求解方法"和"解决方案控制"面板进行设置。在打开的面板中可以改变松弛因子、多网格参数以及其他流动参数的默认值，但是一般来说这些参数不需要修改。

9．初始化流场

迭代之前要初始化流场，即提供一个初始解。用户可以从一个或多个边界条件计算出初始解，也可以根据需要设置流场的数值。在"概要视图"中的"求解"列表中双击"初始化"按钮▦，也可在"求解"选项卡"初始化"面板中勾选"标准"单选按钮，然后单击"选项"按钮，打开相应的"解决方案初始化"面板进行设置。

2.7.4　求解

进行求解计算时，需要设置迭代步数，在"概要视图"中的"求解"列表中双击"运行计算"按钮▣，也可在"求解"选项卡"运行计算"面板中单击"运行计算"按钮↗，打开相应的"运行计算"面板进行设置，然后单击"运行计算"面板中的"开始计算"按钮 开始计算 ，进行求解。

2.7.5　查看求解结果

通过图形窗口中的残差图查看收敛过程，通过残差图可以了解迭代是否已经收敛到允许的误差范围，以及观察流场分布图。

2.7.6　保存结果

问题的定义和计算结果分别保存在 Case 和 Data 文件中。为了方便以后重新启动分析，必须同时保存这两个文件。具体操作为：单击"文件"选项卡下拉列表中"导出"下一级列表中的"Case & Data"命令。

多数情况下，仿真分析是一个反复改进的过程，如果仿真结果的精度不高或者不能反映真实情况，可以采用提高网格质量、调整参数设置和物理模型的方法，使结果不断接近真实情况，提高仿真精度。

第 3 章　创建几何模型

内容简介

Workbench 在进行有限元分析之前，一般需要创建或导入模型，对于创建模型一般用到 DesignModeler 组件，在该组件中可以进行 2D 和 3D 模型的创建。

本章主要讲述 DesignModeler 的启动、绘制草图、三维建模、概念建模和横截面等。

内容要点

➤ 启动 DesignModeler
➤ DesignModeler 图形界面
➤ 绘制草图
➤ 三维建模
➤ 概念建模
➤ 横截面
➤ 冻结和解冻
➤ 实例——挤出机机头

案例效果

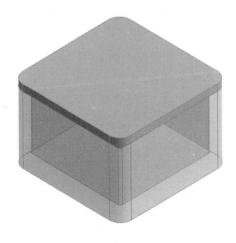 

3.1 启动 DesignModeler

DesignModeler 是 Workbench 中的一个组件，它没有独立的启动程序，我们可以在 Workbnech 中通过分析系统单元格或组件系统单元格进行启动，步骤如下。

01 双击分析系统或者组件系统中的组件，或者拖动组件到项目原理图中，则在右边的项目原理图空白区域内出现该组件的项目原理图 A，如图 3-1 所示。

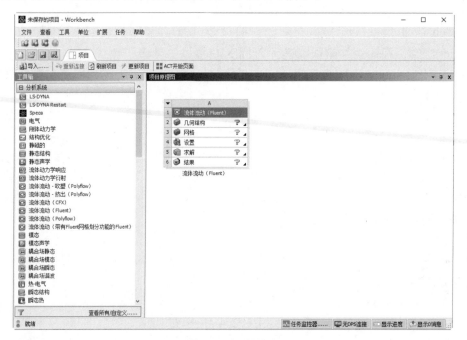

图 3-1　创建项目

02 右击"几何结构"模块，在弹出的快捷菜单中选择"新的 DesignModeler 几何结构"命令，打开 DesignModeler 应用程序，如图 3-2 所示；也可以右击"几何结构"模块，在弹出的快捷菜单中选择"导入几何模型"下一级菜单中的"浏览"命令，如图 3-3 所示，然后浏览导入支持打开的其他格式的模型文件，进入 DesignModeler 应用程序。

图 3-2　右击打开 DesignModeler 应用程序　　　图 3-3　右击导入文件打开 DesignModeler 应用程序

3.2 DesignModeler 图形界面

ANSYS Workbench 2022 R1 提供的 DesignModeler 图形界面具有直观、分类科学的优点，方便学习和应用。

3.2.1 图形界面介绍

图 3-4 是一个标准的图形界面，包括菜单栏、工具栏、树轮廓、信息栏、状态栏、图形窗口等区域。

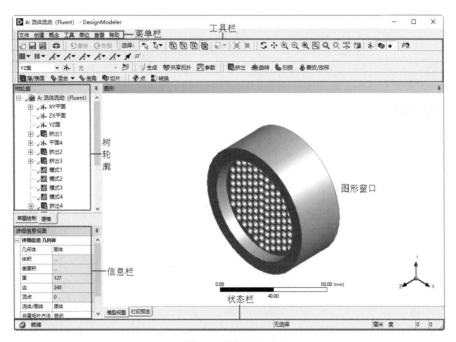

图 3-4 图形界面

> 菜单栏：以下拉菜单的形式组织图形界面层次，菜单栏主要包括：文件、创建、概念、工具、单位、查看和帮助。

> 工具栏：利用工具菜单可以完成该软件的大部分操作功能，用户将光标在图标上停留片刻，系统自动提示该图标对应的命令，使用时只要单击相应的图标就能启动对应的命令，方便快捷。另外为了操作方便，工具栏可以放置在任何地方，方便不同使用习惯的用户进行调整。

> 树轮廓：记录了创建模型的操作步骤，包括平面、特征、草图、几何模型等。用户可以对操作不当的特征或草图进行直接修改，大大提高了建模的效率。在树轮廓下方还有两个切换按钮：草图绘制和建模。通过单击这两个按钮，可以在草图模式和建模模式之间进行切换。图 3-5 是草图模式下的标签；图 3-6 是建模模式下的标签。

> 信息栏：用来查看或修改模型细节，它以表格的形式来显示，左栏为细节名称，右栏为具体操作细节。

➢ 状态栏：在图形界面的底部，提供正在进行操作命令的提示信息。在操作过程中，经常浏览状态栏，可以帮助初学者解决操作中遇到的困难或出现的错误。

➢ 图形窗口：图形界面中最大的空白区域，是建模和绘制草图的显示区域。

图 3-5 草图标签　　　　　　　　　图 3-6 建模标签

3.2.2 菜单栏

DesignModeler 菜单栏中共包括文件、创建、概念、工具、单位、查看和帮助 7 个下拉菜单，可以满足包括工具栏在内的大部分功能，如文件的保存、导出和导入，模型的创建和修改，单位的设置，图形的显示样式，以及帮助功能等。

（1）"文件"菜单：用来进行基本的文件操作，包括刷新输入、重新开始、加载数据库、保存项目、导入几何结构、导出、写入脚本及关闭等功能，如图 3-7 所示。

（2）"创建"菜单：用来进行模型的创建和修改，主要针对 3D 模型，包括创建新平面，模型的挤出、旋转、扫掠、蒙皮/放样、薄/表面、圆角、倒角等命令，如图 3-8 所示。

（3）"概念"菜单：与创建菜单创建 3D 模型不同，概念菜单主要用来创建线体和面体模型，这些线体和面体可作为有限元分析中梁和壳单元的模型，如图 3-9 所示。

（4）"工具"菜单：用来进行整体建模、参数管理以及用户程序化等，可以进行冻结、解冻、生成中层面、分割面、投影等建模工具，如图 3-10 所示。

（5）"单位"菜单：提供用来建模的单位，包括长度单位、角度单位以及模型容差，如图 3-11 所示。

（6）"查看"菜单：用于修改显示设计，包括模型的外观颜色、显示方式、标尺的显示以及显示坐标系等功能，如图 3-12 所示。

（7）"帮助"菜单：用于取得帮助文件，如图 3-13 所示。ANSYS Workbench 2022 R1 提供了功能强大、内容完备的帮助，包括大量关于 GUI、命令和基本概念等的帮助信息。熟练使用帮助是学习 ANSYS Workbench 2022 R1 取得进步的必要条件。这些帮助以 Web 页方式存在，也可以授权安装，可以很容易地访问。

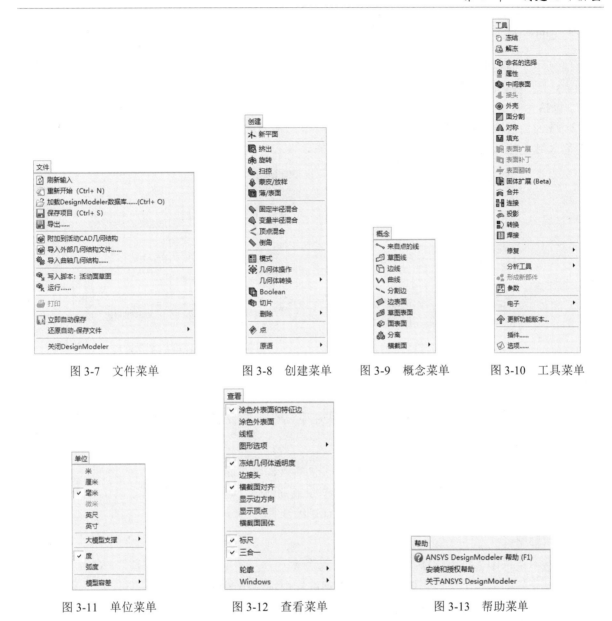

图 3-7　文件菜单　　　图 3-8　创建菜单　　　图 3-9　概念菜单　　　图 3-10　工具菜单

图 3-11　单位菜单　　　图 3-12　查看菜单　　　图 3-13　帮助菜单

3.2.3　工具栏

　　DesignModeler 的工具栏位于菜单栏的下方，如图 3-14 所示，它同样可以进行大部分的命令操作，包括文件管理工具、选择过滤工具、新建平面/草图工具、图形控制工具、图形显示工具以及几何建模工具等，与其他软件不同的是 DesignModeler 的工具栏只能改变放置的位置，并不能对其进行添加或删减。

图 3-14　工具栏

3.2.4　信息栏

信息栏又叫详细信息视图栏，选择内容不同所显示的信息也不相同。图 3-15 是草图详细信息视图栏，图 3-16 是模型详细信息视图栏。信息栏分为左、右两列，左侧为细节名称，右侧为具体细节，包括一些操作过程，对于显示信息的可编辑范围，信息栏用不同的颜色进行区分（图 3-16），白色区域为当前输入的数据；黄色区域为未进行信息输入的数据，这两个都是可以编辑的数据，而灰色区域是信息显示区域，不能进行数据编辑。

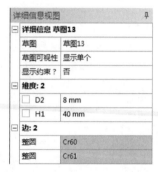

图 3-15　草图详细信息视图栏

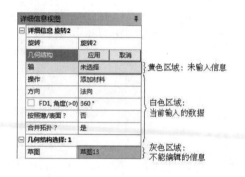

图 3-16　模型详细信息视图栏

3.2.5　鼠标操作

鼠标有左键、中键和右键，可以利用鼠标快速地对图形进行选择、旋转和缩放。具体操作如下。

1. 鼠标左键

➢ 按下鼠标左键可以选择草图或几何体（包括点、线、面、体）。
➢ Ctrl+鼠标左键可以添加或删除选择的草图或几何体（包括点、线、面、体）。
➢ 按下鼠标左键，然后拖动鼠标可以进行连续选择。

2. 鼠标中键

➢ 按下鼠标中键可以旋转图形。
➢ 向上滚动鼠标中键放大图形，向下滚动鼠标中键缩小图形。
➢ Ctrl+鼠标中键可以平移图形。
➢ Shift+鼠标中键可以缩放图形。

3. 鼠标右键

➢ 按下鼠标右键同时框选图形，可以局部放大图形。
➢ 按下鼠标右键可以打开快捷菜单。

3.2.6　选择过滤器

在进行操作时，有时会根据要求选择不同的对象，比如点、线、面或体等，这时利用选择过滤器可以进行很好的操作，如图 3-17 所示。使用选择过滤器，首先需要在相应的选择过滤器图标上单击，然后在绘图区域就只能选中相应的特征。比如要选择某一实体上的边线，我们可以先选中边，这时就只能选择该实体上的边而不能选择面和体了。

图 3-17　选择过滤器

3.2.7　单选

在 ANSYS Workbench 2022 R1 中，选择目标是指选择点 、线 、面 、体 ，可以通过图 3-18 所示的工具栏中的"选择模式"按钮 选取，包含"单次选择" 模式和"框选择" 模式。

单击"选择模式"按钮，选中"单次选择"，进入单选选择模式。利用鼠标左键在模型上单击进行目标的选取。

在选择几何体时，有些是在后面被遮盖上，这时使用选择面板，如图 3-19 所示。具体操作为：首先选择被遮盖几何体的最前面部分，这时在视图区域的左下角将显示出选择面板的待选窗格，它用来选择被遮盖的几何体（线、面等），待选窗格的颜色和零部件的颜色相匹配（适用于装配体）。可以直接单击待选窗格的待选方块，每一个待选方块都代表着一个实体（面、边等）。

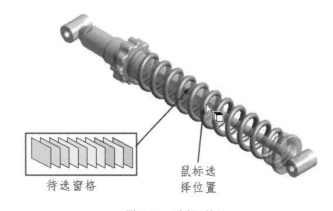

待选窗格　　　　　　　鼠标选
　　　　　　　　　　　择位置

图 3-18　选择模式　　　　　　　　　图 3-19　选择面板

3.2.8　框选

与单选的方法类似，只需选择"框选择"，再在视图区中按住鼠标左键拖动、画矩形框进行选取即可。框选也是基于当前激活的过滤器来选择，如采取面选择过滤模式，则框选同样也是只可以选择面。另外，在框选时不同的拖动方向代表不同的含义，若从左向右框选，则只选择完全被框住的几何体；若从右向左框选，则选择框中所有的几何体，如图 3-20 所示。

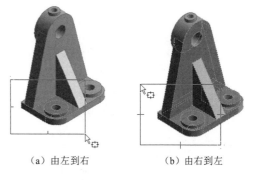

（a）由左到右　　　　　　　（b）由右到左

图 3-20　框选模式

3.3 绘制草图

3.3.1 设置单位

在创建一个新的设计模型进行草图绘制或者导入模型到 DesignModeler 中，首先需要设置单位，设置单位需要在单位下拉菜单中进行选择。如图 3-21 所示，用户要根据所建模型的大小来选择单位的大小，确定单位后，所建模型就会以当下单位确定大小，如果在建模过程中再次更改单位，模型的实际大小不会发生改变，比如选择毫米单位，创建一个高度为 100 毫米的圆柱体，如果将单位改为米，该模型不会变为 100 米的圆柱，其大小不会改变。

3.3.2 绘图平面

在绘制草图之前，应先确定草图绘制的平面，可以在初始的平面上绘制草图或者在模型的平直表面绘制草图，也可以在创建的新平面上绘制草图。按照下面的方法创建新平面。

➤ 选择"创建"下拉菜单中的"新平面"命令，如图 3-22 所示。

➤ 单击工具栏中的"新平面"按钮，如图 3-23 所示。

图 3-21　设置单位　　图 3-22　菜单栏新建平面　　图 3-23　工具栏新建平面

完成上述操作后在树轮廓中将出现一个带有"闪电"符号的新平面，如图 3-24 所示，表示该平面还没有生成，同时在轮廓树下方弹出信息栏，在信息栏中可以设置创建新平面的 8 种方法，如图 3-25 所示。

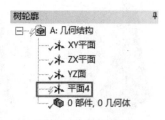   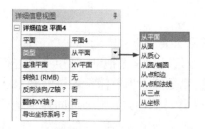

图 3-24　新建平面　　　　　　　图 3-25　信息栏

➤ 从平面：基于一个已有的平面创建新平面。

➤ 从面：基于模型的外表面创建平面。

➤ 从质心：从质心创建平面。

> ➢ 从圆/椭圆：基于圆或椭圆创建平面。
> ➢ 从点和边：用一条边和边外的一个点创建平面。
> ➢ 从点和法线：过一点且垂直某一直线创建平面。
> ➢ 从三点：通过三个点创建平面。
> ➢ 从坐标：通过输入距离原点的坐标和法线定义平面。

在选择了创建平面的方法后，在信息栏中单击"转换 1（RMB）"组下拉菜单中的选项完成所选平面的变换，如图 3-26 所示。选择变换后，会出现输入偏移距离、旋转角度、旋转轴的属性选项，用户根据自己所需创建平面，最后单击工具栏中的"生成"按钮，完成平面的创建。

3.3.3　草图工具箱

在绘制草图的工程中需要用到草图工具，草图工具集成在左侧的草图工具箱中，主要分为 5 大类，包括草图的绘制、修改、维度、约束和设置，如图 3-27 所示。对初学者来说，要多关注状态栏，其中可以显示每个功能的提示，以及将要进行的操作。

图 3-26　转换平面　　　　　　　　　　图 3-27　草图工具栏

1．绘制工具栏

绘制工具栏中是一些常用的草图绘制命令，包括绘制直线、切线、矩形、多边形、圆、圆弧、椭圆和样条线等，和其他软件的绘图功能基本类似，可以直接选择来绘制草图，如图 3-28 所示。绘制完成后会自动结束操作，但有些操作需要利用鼠标右键来结束操作，如绘制多段线和样条曲线，在绘制完成后，需要单击鼠标右键，在弹出的快捷菜单中选择相应的结束方式来结束操作。图 3-29 是不同命令下绘制的多段线。

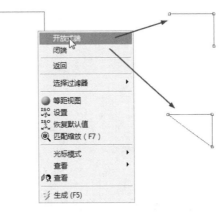

图 3-28　绘制工具栏　　　　　　　　　图 3-29　绘制多段线

2．修改工具栏

修改工具栏中有许多编辑草图的工具，如圆角、倒角、拐角、修剪、扩展、分割、阻力、切割、复制、粘贴、移动、偏移和样条编辑等命令，如图 3-30 所示。下面主要介绍一些不常使用的命令。

（1）拐角：将两段既不平行又不相交的线段延伸，使其相交，然后在交点之外选择要删除的线段，形成一个拐角，如图 3-31 所示。生成的拐角有两种形式，系统默认会删除选择的一段。

（2）分割：对所选的边进行分割，选择边界之前，在绘图区域右击，系统弹出如图 3-32 所示的快捷菜单，里面有 4 种分割类型可供选择。

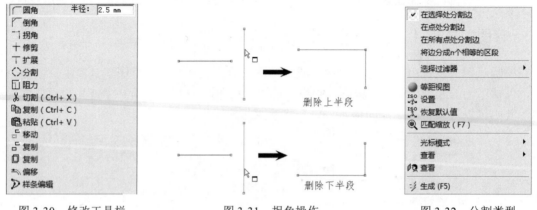

图 3-30　修改工具栏　　　　图 3-31　拐角操作　　　　图 3-32　分割类型

> 在选择处分割边：该分割方法是将要分割的边在鼠标点击处进行分割。若是线段则在点击处将线段分为两段，如果是闭合的圆或椭圆则需要在图形上选择两处分别作为分割的起点和终点对图形进行分割。
> 在点处分割边：选择一个点后，所有通过此点的边都将被分割成两段。
> 在所有点处分割边：选择一个带有点的边，则这个边将被所有的点分成若干段，同时在分割点处自动添加重合约束。
> 将边分成 n 个相等的区段：这是等分线段，在分割前先设置分割的数量（n≤100），然后选择要分割的线段，则该线段就被分成相等长度的几条线段。

（3）阻力：对所选的对象进行拖动，可以拖动一条边或一个点，拖动方向取决于所选的对象及添加的约束，例如，拖动圆的边线可以改变圆的大小，拖动圆的圆心可以改变圆的位置，拖动线段只能在线段的垂直方向平移，而拖动线段上的点则可以改变线段的长度和角度。如图 3-33 所示，列出了几个不同的拖动效果。

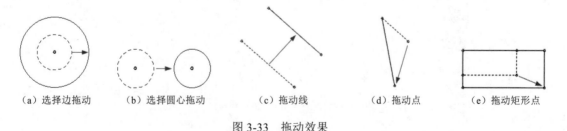

（a）选择边拖动　　（b）选择圆心拖动　　（c）拖动线　　（d）拖动点　　（e）拖动矩形点

图 3-33　拖动效果

（4）样条编辑：该命令用于对样条曲线进行修改，在该命令下选择样条曲线后，显示样条曲线的拟合点，通过对这些拟合点位置的修改来调整样条曲线，如图 3-34 所示。

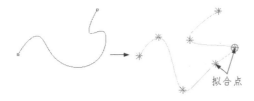

图 3-34　编辑样条曲线

3．维度工具栏

维度工具栏也就是标注工具栏，包括一套完整的尺寸标注工具。尺寸标注是进行草图绘制的必要的工具，也是确定模型大小的砝码，如图 3-35 所示。另外，在维度工具栏的打开状态下，右击也会出现快捷菜单，如图 3-36 所示。

图 3-35　维度（标注）工具栏

图 3-36　快捷菜单

（1）通用：单击该命令，可以快速对图形进行标注，类似智能标注。

（2）水平的：用于标注水平尺寸。

（3）顶点：用于标注垂直尺寸。

（4）长度/距离：用于标注长度/距离。

（5）半径：用于标注圆弧或圆的半径尺寸。

（6）直径：用于标注圆弧或圆的直径尺寸。

（7）角度：用于标注角度尺寸。

（8）半自动：用于半自动标注，优点是标注快速，缺点是标注顺序不受控制，标注显得杂乱。

（9）编辑：对标注的尺寸进行数值的修改。

（10）移动：对标注尺寸的放置位置进行修改，在移动状态下，将尺寸拖动到合适的位置。

（11）动画：用来观察所选尺寸的动态变化。

（12）显示：用来修改标注的显示形式，包括名称、数值或者两者都显示，如图 3-37 所示。

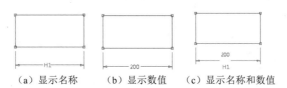

（a）显示名称　　　（b）显示数值　　　（c）显示名称和数值

图 3-37　尺寸不同显示状态

4．约束工具栏

在草图绘制过程中还可以通过约束命令来控制图形之间的几何关系，如固定、水平、竖直、相切、平行等。系统默认的是"自动约束"模式，该模式可以在绘图过程中自动捕捉位置和方向，鼠标指针可以显示约束类型。约束工具栏如图 3-38 所示。

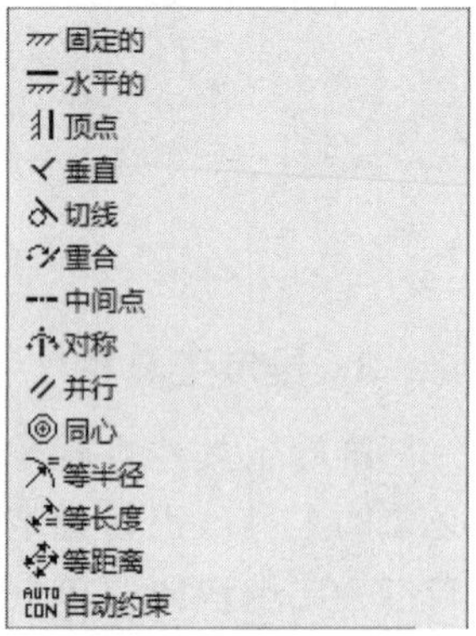

（1）⫽⫽固定的：用来固定二维草图的移动，对于单独的线段可以选择约束固定端点使其固定。

（2）═水平的：可用来约束线段使其与 X 轴平行。

（3）⫲顶点：该约束是竖直约束，用来约束线段使其与 Y 轴平行。

（4）＜垂直：对选取的两条线进行垂直约束。

（5）⏜切线：使选择的圆或圆弧与另外一个图形相切。

（6）ⓧ重合：使选取的两个图形或端点重合。

图 3-38　约束工具栏

（7）━中间点：选择一条线，然后再选择另一条线的端点，使该端点约束在第一条线的中点上。

（8）⫮对称：先选择对称轴，再选择两个图形，使其相对于对称轴对称。

（9）⫽并行：选择两条直线使其平行。

（10）◎同心：使选定的两个圆或圆弧同心。

（11）⤬等半径：使选定的两个圆或圆弧的半径相等。

（12）⤢等长度：使选定的两条直线长度相等。

（13）✥等距离：使选择的几条直线之间的距离相等。

（14）自动约束：系统默认的约束状态，鼠标指针显示约束类型，如图 3-39 所示。

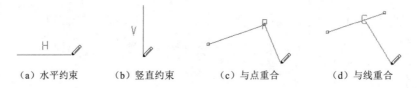

（a）水平约束　　　（b）竖直约束　　　（c）与点重合　　　（d）与线重合

图 3-39　约束类型

对草图进行约束后，会以不同的颜色显示当前图形的约束状态。

> 深青色：表示未约束或欠约束。

> 蓝色：表示完全约束。

> 黑色：表示固定约束。

> 红色：表示过定义约束。

> 灰色：表示矛盾或未知约束。

草图中的详细信息视图栏也可以显示草图约束的详细情况，如图 3-40 所示。约束可以通过自动约束产生，也可以由用户自定义。选中定义的约束后可右击选择删除（或用 Delete 键删除约束）。

5．设置工具栏

设置工具栏用于定义和显示草图网格，如图 3-41 所示。在默认情况下网格处于关闭状态。

（1）▦网格：用来设置是否显示网格。

（2）▦主网格间距：用来设置网格间距。

（3）▦每个主要参数的次要步骤：用来设置每个网格之间的捕捉点数。

（4）▦每个小版本的拍照：将每个网格之间的捕捉点数对齐。

图 3-40　详细信息视图栏

图 3-41　设置工具栏

3.4　三 维 建 模

3.4.1　挤出特征

挤出特征，即拉伸特征，是将绘制的草图通过挤出的方式生成实体、薄壁和表面特征。

创建挤出特征的操作步骤如下。

01 草图绘制完成后，选择"创建"菜单栏中的"挤出"命令或者单击工具栏中的"挤出"按钮▣，系统将自动选择绘制的草图为"几何结构"，同时弹出"挤出"详细信息视图栏。

02 设置"挤出"详细信息视图栏中的参数，如"操作""方向矢量""方向""扩展类型""深度""按照薄/表面？""合并拓扑？"等。

03 设置完成后单击工具栏中的"生成"按钮▤，完成操作。

"挤出"详细信息视图栏如图 3-42 所示，各参数说明如下。

1．操作

操作是指布尔操作，这里包括 5 种不同的布尔操作（可打开本小节源文件 3.4.1.1 进行操作）。

➢ 添加冻结：新增特征体不会被合并到已有的模型中，而是作为冻结体加入，结果如图 3-43（a）所示，树轮廓中的表现形式如图 3-43（b）所示。

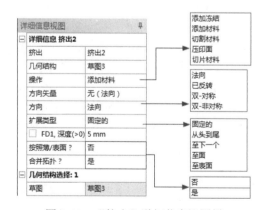

图 3-42　"挤出"详细信息视图栏

➢ 添加材料：默认选项，将创建特征合并到激活体中，结果如图 3-44（a）所示，树轮廓中的表现形式如图 3-44（b）所示。

➢ 切割材料：从激活体上切除材料，结果如图 3-45 所示。

➢ 压印面：仅仅分割体上的面，如果需要也可以在边线上增加印记（不创建新体），结果如图 3-46 所示。

➢ 切片材料：将冻结体切片。仅当体全部被冻结时才可用，结果如图 3-47 所示。

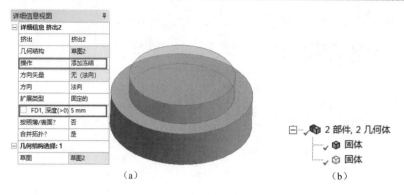

图 3-43　添加冻结

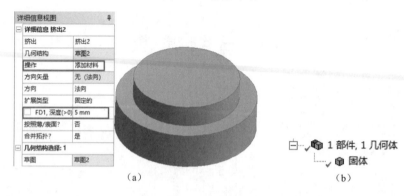

图 3-44　添加材料

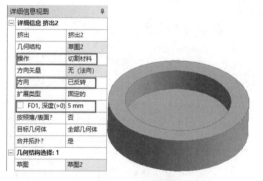

图 3-45　切割材料

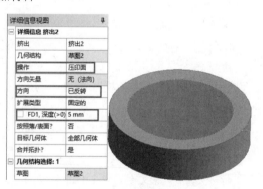

图 3-46　压印面

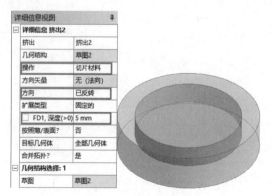

图 3-47　切片材料

2. 方向

方向是指挤出操作模型的生成方向，包括法向、已反转、双-对称和双-非对称 4 种方向类型（可打开本小节源文件 3.4.1.2 进行操作）。

➢ 法向：默认方向，是挤出模型的正方向，如图 3-48（a）所示。

➢ 已反转：默认方向的反方向，如图 3-48（b）所示。

➢ 双-对称：通过设置一个挤出长度，使模型对称向两侧拉伸，如图 3-48（c）所示。

➢ 双-非对称：通过设置两个挤出长度，使模型向两侧按设计值拉伸，如图 3-48（d）所示。

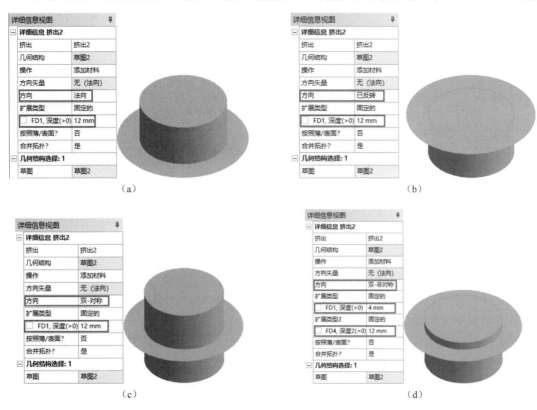

图 3-48 挤出方向

3. 扩展类型

扩展类型是指挤出操作的类型，包括固定的、从头到尾、至下一个、至面、至表面 4 种类型。

➢ 固定的：默认操作，通过设置挤出操作的值，来确定挤出的长度。

➢ 从头到尾：使挤出特征贯通整个模型，在添加材料操作中延伸轮廓必须完全和模型相交。

➢ 至下一个：此操作将延伸挤出特征到所遇到的第一个面，在剪切、印记及切片操作中，将轮廓延伸至所遇到的第一个面或体。

➢ 至面：可以延伸挤出特征到由一个或多个面形成的边界，对多个轮廓而言要确保每个轮廓至少有一个面和延伸线相交，否则将导致延伸错误。

➢ 至表面：除只能选择一个面外，和"至面"选项类似。

如果选择的面与延伸后的体是不相交的，这就涉及面延伸的情况。延伸情况类型由选择面的潜在面与可能的游离面来定义。在这种情况下选择一个单一面，该面的潜在面被用作延伸。该潜在面必须完全和拉伸后的轮廓相交，否则会报错。

4．按照薄/表面

将"按照薄/表面"后面的选项改为"是"，就可以创建带有内外厚度的实体特征，如图 3-49（a）所示。若设置内外表面均为"0"则可以创建表面特征，如图 3-49（b）所示（可打开本小节源文件 3.4.1.4 进行操作）。

（a）　　　　　　　　　　　　　（b）

图 3-49　按照薄/表面

3.4.2　旋转特征

将一个封闭的或不封闭的截面轮廓围绕选定的旋转轴来创建旋转特征，如果截面轮廓是封闭的，则创建实体特征；如果是非封闭的，则创建表面特征；如果在草图中有一条自由线，它将被作为默认的旋转轴，如图 3-50 所示。

创建旋转特征的操作步骤如下（可打开本小节源文件 3.4.2 进行操作）。

01 草图绘制完成后，选择"创建"菜单栏中的"旋转"命令或者单击工具栏中的"旋转"按钮，系统将会弹出"旋转"详细信息视图栏。

02 设置"旋转"详细信息视图栏中的参数，如"操作""方向""合并拓扑？"等。

03 设置完成后单击工具栏中的"生成"按钮，完成操作。

"旋转"详细信息视图栏如图 3-51 所示，各参数说明与挤出特征类似，这里不再赘述。

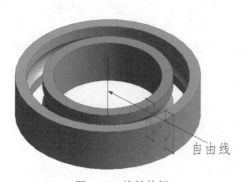

图 3-50　旋转特征

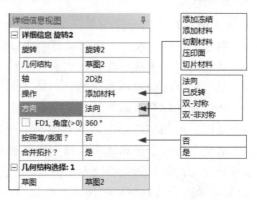

图 3-51　"旋转"详细信息视图栏

3.4.3 扫掠特征

扫掠特征通过沿一条平面路径移动草图截面轮廓来创建一个特征，可以创建实体特征、薄壁特征和表面特征。

创建扫掠特征最重要的两个要素就是截面轮廓和扫掠路径，如图 3-52 所示。

截面轮廓可以是闭合的或非闭合的曲线，它可以嵌套，但不能相交。如果选择多个截面轮廓，可按下 "Ctrl" 键，继续选择即可。

扫掠路径可以是开放的曲线或闭合的回路，其起点必须放置在截面轮廓和扫掠路径所在平面的相交处。扫掠路径草图必须在与扫掠截面轮廓平面相交的平面上。

创建旋转特征的操作步骤如下（可打开本小节源文件 3.4.3 进行操作）。

01 草图绘制完成后，选择 "创建" 菜单栏中的 "扫掠" 命令或者单击工具栏中的 "扫掠" 按钮，系统将会弹出 "扫掠" 详细信息视图栏。

02 设置 "扫掠" 详细信息视图栏中的参数，如 "操作" "对齐" "扭曲规范" "按照薄/表面？" 等。

03 设置完成后单击工具栏中的 "生成" 按钮，完成操作。

"扫掠" 详细信息视图栏如图 3-53 所示，各参数说明如下。

➤ 路径切线：沿路径扫掠时自动调整剖面以保证剖面垂直路径。

➤ 全局轴：沿路径扫掠时不管路径的形状如何，剖面的方向保持不变。

➤ 俯仰：沿扫掠路径逐渐扩张或收缩。

➤ 匝数：沿扫掠路径转动剖面的圈数。负圈数——剖面沿与路径相反的方向旋转；正圈数——逆时针旋转。

图 3-52 扫掠特征

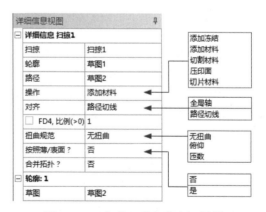

图 3-53 "扫掠" 详细信息视图栏

📢 **注意：**

> 如果扫掠路径是一个闭合的环路，则圈数必须是整数；如果扫掠路径是开放链路，则圈数可以是任意数值。比例和圈数的默认值分别为 1.0 和 0.0。

3.4.4 蒙皮/放样

蒙皮/放样是用不同平面上的一系列草图轮廓或表面产生一个与它们拟合的三维几何体（必须选择两个以上的草图轮廓或表面），如图 3-54 所示。

要生成放样的剖面可以是一个闭合或开放的环路草图或由表面得到的一个面，所有的剖面必须有同样的边数，不能混杂开放和闭合的剖面，且所有的剖面必须是同种类型。草图和面可以通过在图形区域内单击它们的边或点，或者在特征或树形菜单中单击选取。

创建蒙皮/放样特征的操作步骤如下（可打开本小节源文件 3.4.4 进行操作）。

01 草图绘制完成后，选择"创建"菜单栏中的"蒙皮/放样"命令或者单击工具栏中的"蒙皮/放样"按钮，系统将会弹出"蒙皮"详细信息视图栏。

02 设置"蒙皮"详细信息视图栏中的参数，如"操作""按照薄/表面？""轮廓"等。

03 设置完成后单击工具栏中的"生成"按钮，完成操作。

"蒙皮/放样"详细信息视图栏如图 3-55 所示。

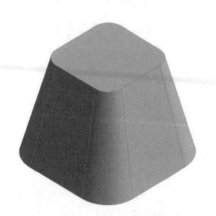

图 3-54　蒙皮/放样特征

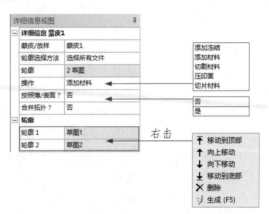

图 3-55　"蒙皮/放样"详细信息视图栏

3.4.5　薄/表面

薄/表面特征是指从零件的内部去除材料，创建一个具有指定厚度的空腔零件，主要是用来创建薄壁实体和简化壳，如图 3-56 所示。

创建薄/表面特征的操作步骤如下（可打开本小节源文件 3.4.5 进行操作）。

01 选择"创建"菜单栏中的"薄/表面"命令或者单击工具栏中的"薄/表面"按钮，系统将会弹出"薄"详细信息视图栏。

02 设置"薄"详细信息视图栏中的参数，如"选择类型""几何结构""方向"等。

03 设置完成后单击工具栏中的"生成"按钮，完成操作。

"薄"详细信息视图栏如图 3-57 所示，各参数说明如下。

➢ 待移除面：所选面将从体中删除。

➢ 待保留面：保留所选面，删除没有选择的面。

➢ 仅几何体：只对所选体进行操作，不删除任何面。

➢ 内部：向零件内部偏移表面，原始零件的外壁成为抽壳的外壁。

➢ 向外：向零件外部偏移表面，原始零件的外壁成为抽壳的内壁。

➢ 中间平面：向零件内部和外部以相同距离偏移表面，每侧偏移厚度是设置数值的一半。

图 3-56 薄/表面特征

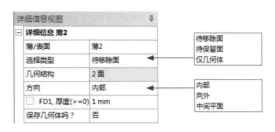

图 3-57 "薄"详细信息视图栏

3.4.6 固定半径圆角

固定半径圆角命令可以在模型边界上创建倒圆角。在创建固定半径圆角特征时，要选择模型的边或面来生成圆角。如果选择面则在所选面上的所有边上倒圆角。

创建固定半径圆角特征的操作步骤如下（可打开本小节源文件 3.4.6 进行操作）。

01 选择"创建"菜单栏中的"固定半径混合"命令或者单击工具栏中"混合"下拉菜单中的"固定半径"按钮，系统将会弹出"固定半径混合"详细信息视图栏。

02 设置"固定半径混合"详细信息视图栏中的参数，如"半径""几何结构"等。

03 设置完成后单击工具栏中的"生成"按钮，完成操作。

如图 3-58 所示，选择不同的线或面则会生成不同的圆角特征。

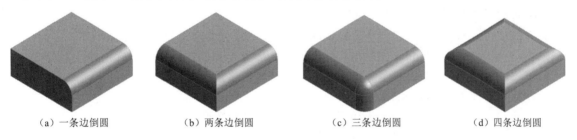

(a) 一条边倒圆 (b) 两条边倒圆 (c) 三条边倒圆 (d) 四条边倒圆

图 3-58 固定圆角特征

"固定半径混合"详细信息视图栏如图 3-59 所示，各参数说明如下。

➤ 半径：设置创建圆角特征的圆角大小。

➤ 几何结构：选择创建圆角特征的边或面。

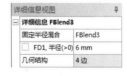

3.4.7 变量半径圆角

图 3-59 "固定半径混合"详细信息视图栏

变量半径圆角命令可以在模型边界上创建平滑过渡或线性过渡的圆角。

创建变量半径圆角特征的操作步骤如下（可打开本小节源文件 3.4.7 进行操作）。

01 选择"创建"菜单栏中的"变量半径混合"命令或者单击工具栏中"混合"下拉菜单中的"变量半径"按钮，系统将会弹出"变量半径混合"详细信息视图栏。

02 设置"变量半径混合"详细信息视图栏中的参数，如"过渡""边""Sigma 半径""终点半径"等。

03 设置完成后单击工具栏中的"生成"按钮，完成操作。

不同的变量半径圆角特征，如图 3-60 所示。

"变量半径混合"详细信息视图栏如图 3-61 所示，各参数说明如下。

➢ 线性过渡：创建的圆角按线性比例过渡。

➢ 平滑过渡：创建的圆角逐渐混合过渡，过渡是相切的。

➢ Sigma 半径：设置变量半径的起点半径大小。

➢ 终点半径：设置变量半径的终点半径大小。

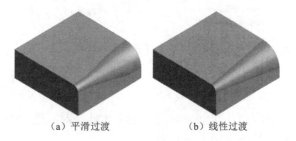

（a）平滑过渡　　　　　　　　（b）线性过渡

图 3-60　变量半径圆角特征

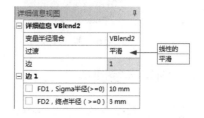

图 3-61　"变量半径混合"详细信息视图栏

3.4.8　顶点圆角

顶点圆角是对曲面体和线体进行倒圆角的操作，采用此命令时顶点必须属于曲面体或线体，必须与两条边相接，另外顶点周围的几何体必须是平面的。

创建顶点圆角特征的操作步骤如下（可打开本小节源文件 3.4.8 进行操作）。

01 选择"创建"菜单栏中的"顶点混合"命令或者单击工具栏中"混合"下拉菜单中的"顶点混合"按钮 ，系统将会弹出"VertexBlend"（顶点混合）详细信息视图栏。

02 设置"VertexBlend"详细信息视图栏中的参数，如"半径""顶点"等。

03 设置完成后单击工具栏中的"生成"按钮 ，完成操作。

顶点圆角特征如图 3-62 所示。

"VertexBlend"详细信息视图栏如图 3-63 所示，各参数说明如下。

➢ 半径：设置创建圆角特征的圆角大小。

➢ 顶点：创建顶点圆角的顶点。

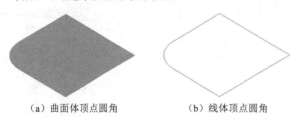

（a）曲面体顶点圆角　　　　　　　　（b）线体顶点圆角

图 3-62　顶点圆角特征

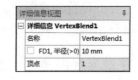

图 3-63　"VertexBlend"详细信息视图栏

3.4.9　倒角

倒角特征用来在模型边上创建倒角。如果选择的是面，那么所选面上的所有边将被倒角。

创建倒角特征的操作步骤如下（可打开本小节源文件 3.4.9 进行操作）。

01 选择"创建"菜单栏中的"倒角"命令或者单击工具栏中的"倒角"按钮 ，系统将会弹出"倒角"详细信息视图栏。

02 设置"倒角"详细信息视图栏中的参数，如"几何结构""类型""长度""角"等。

03 设置完成后单击工具栏中的"生成"按钮，完成操作。

倒角特征如图 3-64 所示。

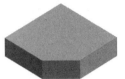 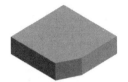  

（a）左长度=右长度=10　　（b）左长度=10，右长度=5　　（c）左长度=10，左角=60°　　（d）右长度=10，右角=60°

图 3-64　倒角特征

"倒角"详细信息视图栏如图 3-65 所示，各参数说明如下。

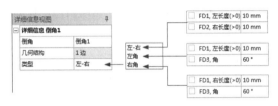

图 3-65　"倒角"详细信息视图栏

➢ 左-右：通过设置倒角特征的左右边长来创建倒角特征。
➢ 左角：通过设置倒角特征的左边长和左角来创建倒角特征。
➢ 右角：通过设置倒角特征的右边长和右角来创建倒角特征。

3.4.10　模式

模式是对所选的源特征进行阵列，并按照线性、圆周和矩形的方式进行排列。在进行阵列时，阵列的源特征必须没有被合并到已有的模型中，可以通过先冻结已有模型，再创建要阵列的特征。

创建阵列特征的操作步骤如下（可打开本小节源文件 3.4.10 进行操作）。

01 选择"创建"菜单栏中的"模式"命令，系统将会弹出"模式"详细信息视图栏。

02 设置"模式"详细信息视图栏中的参数，如"方向图类型""轴""方向""复制"等。

03 设置完成后单击工具栏中的"生成"按钮，完成操作。

阵列特征的形式如图 3-66 所示。

 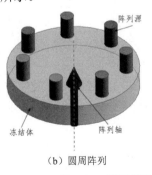 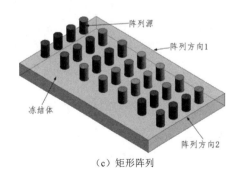

（a）线性阵列　　　　　　　　（b）圆周阵列　　　　　　　　（c）矩形阵列

图 3-66　阵列特征

"模式"详细信息视图栏如图 3-67 所示，各参数说明如下。

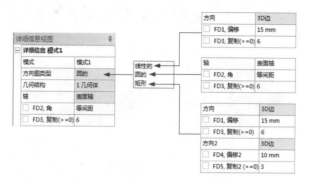

图 3-67 "模式"详细信息视图栏

> 线性阵列：进行线性阵列需要设置阵列方向、偏移距离和阵列数。
> 圆周阵列：进行圆周阵列需要设置阵列轴、阵列角度和阵列数。如将角度设为 0，系统会自动计算均布放置。
> 矩形阵列：进行矩形阵列需要设置两个阵列方向、偏移距离和阵列数。
> 方向：选择线性阵列或矩形阵列的阵列方向，一般为模型的边线。
> 偏移：设置阵列的距离。
> 复制：设置阵列的数量，这里的数量不包含阵列源。
> 轴：选择圆周阵列的阵列轴。

3.4.11 几何体转换

几何体转换可以对模型进行移动、平移、旋转、镜像、比例等操作，下面进行逐一讲解。

1. 移动

对导入的外部几何结构文件，若存在多个体，且这些体的对齐状态不符合用户分析的要求时，就需要将这些体进行对齐操作，这时可以利用移动命令解决这个问题。

进行移动操作步骤如下（可打开本小节源文件 3.4.11.1 进行操作）。

01 导入外部几何结构文件或特征创建完成后，选择"创建"菜单栏中的"几何体转换"下一级菜单中的"移动"命令，系统将会弹出"移动"详细信息视图栏。

02 选择"移动类型"，如"按平面"移动、"按点"移动或"按方向"移动等。

03 设置"移动"详细信息视图栏中的其他参数，如"源平面""目标平面""几何体""移动""对齐""定向""源移动""目标移动""源对齐""目标对齐""源定向""目标定向"等。

04 设置完成后单击工具栏中的"生成"按钮 ≯，完成操作。

图 3-68 为按平面移动体的操作，是指通过确定移动的几何体和对齐面来移动模型。

📢 注意：

> 按平面移动模型时，不能通过直接选择模型本身的表面来作为源平面或目标平面，用户需要通过"新平面"操作 ✻，建立新的平面来进行对齐操作。创建新平面时，平面所在坐标系的原点和方向要求一致，创建好平面后，进行一次移动，然后再创建其他平面，再进行移动，直到几何体移动到合适位置。

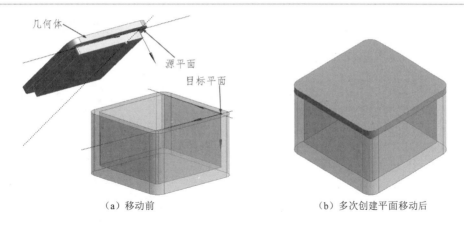

（a）移动前　　　　　　　　　　（b）多次创建平面移动后

图 3-68　按平面移动体的操作

图 3-69 为按点移动体的操作，是指通过确定移动的几何体和对齐的三对点（移动点、对齐点、定向点）来移动模型。

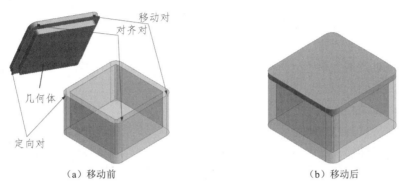

（a）移动前　　　　　　　　　　（b）移动后

图 3-69　按点移动体的操作

图 3-70 为按方向移动体的操作，是指通过确定移动的几何体和移动对、对齐对、定向对来移动模型。

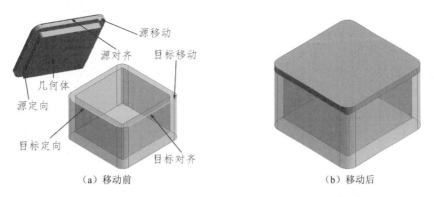

（a）移动前　　　　　　　　　　（b）移动后

图 3-70　按方向移动体的操作

"移动"详细信息视图栏如图 3-71 所示，各参数说明如下。

➢ 保存几何体吗？：确定移动后是否保留源目标。

➢ 源平面：要移动的几何体所在的平面。

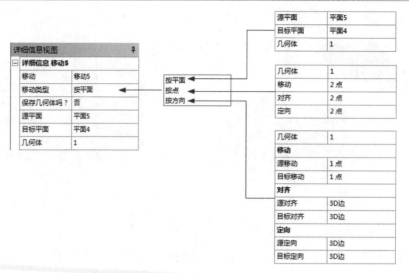

图 3-71 "移动"详细信息视图栏

> 目标平面：要对齐的几何体所在的平面。
> 移动：要移动的点对。
> 对齐：要对齐的点对。
> 定向：要定向的点对。
> 源移动：移动体上的点。
> 目标移动：目标体上的点。
> 源对齐：移动体上要对齐的点、线或面。
> 目标对齐：目标体上要对齐的点、线或面。
> 源定向：移动体上要定向的点、线或面。
> 目标定向：目标体上要定向的点、线或面。

2．平移

平移操作用于对模型的平移，只能对模型由 A 点移动到 B 点，不能对导入的外部几何结构文件进行对齐操作。

进行平移操作步骤如下（可打开本小节源文件 3.4.11.2 进行操作）。

01 选择"创建"菜单栏中的"几何体转换"下一级菜单中的"平移"命令，系统将会弹出"平移"详细信息视图栏。

02 选择要移动的模型。

03 设置"平移"详细信息视图栏中的其他参数，如"方向定义""方向选择""距离参数"等。

04 设置完成后单击工具栏中的"生成"按钮 ，完成操作。

图 3-72 为模型的平移操作。

"平移"详细信息视图栏如图 3-73 所示，各参数说明如下。

> 保存几何体吗？：确定平移后是否保留源目标。
> 选择：通过选择移动的方向和确定沿该方向移动的距离来移动模型。
> 坐标：通过设置沿 X、Y、Z 轴坐标的移动距离来移动模型。

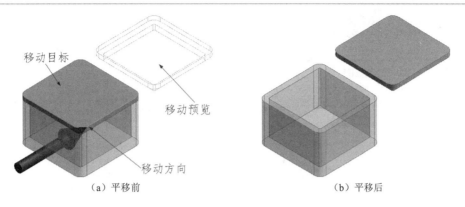

（a）平移前　　　　　　　　　　（b）平移后

图 3-72　平移操作

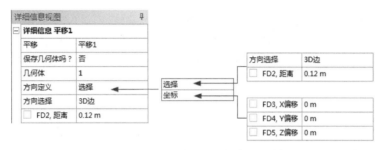

图 3-73　"平移"详细信息视图栏

3．旋转

旋转操作用于对模型的旋转，只能对模型绕某一轴由 A 状态旋转到 B 状态，同样不能对导入的外部几何结构文件进行对齐操作。

进行旋转操作步骤如下（可打开本小节源文件 3.4.11.3 进行操作）。

01 选择"创建"菜单栏中的"几何体转换"下一级菜单中的"旋转"命令，系统将会弹出"旋转"详细信息视图栏。

02 选择要旋转的模型。

03 设置"旋转"详细信息视图栏中的其他参数，如"轴定义""轴选择""旋转角度"等。

04 设置完成后单击工具栏中的"生成"按钮 ，完成操作。

图 3-74 为模型的旋转操作。

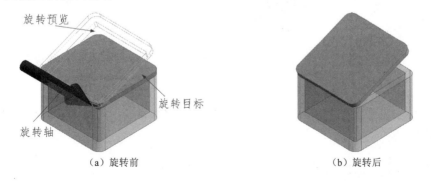

（a）旋转前　　　　　　　　　　（b）旋转后

图 3-74　旋转操作

"旋转"详细信息视图栏如图 3-75 所示，各参数说明如下。

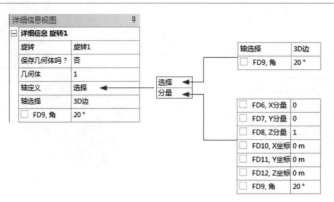

图 3-75 "旋转"详细信息视图栏

- 保存几何体吗？：确定旋转后是否保留源目标。
- 选择：通过选择旋转的轴和确定沿该轴旋转的角度来旋转模型。
- 分量：通过设置绕 X、Y、Z 分量旋转的角度和沿 X、Y、Z 轴移动的距离以及旋转角度来旋转模型。

4．镜像

镜像操作用于对具有对称性的模型进行镜像，极大地提高了建模效率。

进行镜像操作步骤如下（可打开本小节源文件 3.4.11.4 进行操作）。

01 选择"创建"菜单栏中的"几何体转换"下一级菜单中的"镜像"命令，系统将会弹出"镜像"详细信息视图栏。

02 选择要镜像的模型。

03 选择镜像面。

04 设置完成后单击工具栏中的"生成"按钮，完成操作。

图 3-76 为模型的镜像操作。

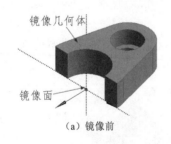

（a）镜像前　　　　　　　　（b）镜像后

图 3-76 镜像操作

图 3-77 "镜像"详细信息视图栏

注意：

不能通过直接选择模型本身的表面来作为镜像面，用户需要通过"新平面"操作，建立新的平面来进行镜像操作。

"镜像"详细信息视图栏如图 3-77 所示，各参数说明如下。

- 保存几何体吗？：确定镜像后是否保留源目标。
- 镜像面：用来进行模型镜像的平面。

5．比例

比例操作用于对现有模型进行比例缩放。

进行比例操作步骤如下（可打开本小节源文件 4.7.5 进行操作）。

01 选择"创建"菜单栏中的"几何体转换"下一级菜单中的"比例"命令，系统将会弹出"比例"详细信息视图栏。

02 选择要缩放的模型。

03 设置"比例"详细信息视图栏中的其他参数，如"缩放源""缩放类型""全局比例因子"等。

04 设置完成后单击工具栏中的"生成"按钮 ，完成操作。

图 3-78 为模型的比例操作。

"比例"详细信息视图栏如图 3-79 所示，各参数说明如下。

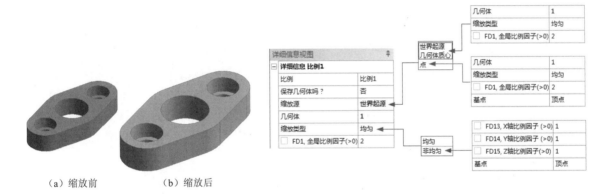

（a）缩放前　　　　（b）缩放后

图 3-78　比例操作　　　　　　　　图 3-79　"比例"详细信息视图栏

➢ 保存几何体吗？：确定缩放后是否保留源目标。
➢ 世界起源：以系统默认的全局坐标系原点为缩放点。
➢ 几何体质心：以要进行缩放的模型自身的质点为缩放点。
➢ 点：以用户选定的基点为缩放点。
➢ 全局比例因子：设置缩放比例的大小。
➢ 非均匀：对模型在 X、Y、Z 轴以不同比例进行缩放。

3.4.12　布尔运算

布尔运算是指使用布尔操作对现成的体做相加、相减或相交的操作。这里所指的体可以是实体、面体或线体（仅适用于布尔操作）。另外在操作时面体必须有一致的法向。

进行布尔操作步骤如下（可打开本小节源文件 3.4.12 进行操作）。

01 选择"创建"菜单栏中的 Boolean（布尔）命令，系统将会弹出"Boolean"详细信息视图栏。

02 选择进行布尔运算的几何体。

03 选择布尔运算的类型，如"单位（求和）""提取（求差）""交叉""压印面"等。

04 设置完成后单击工具栏中的"生成"按钮 ，完成操作。

图 3-80 为布尔求和操作，图 3-81 为布尔求差操作，图 3-82 为布尔求交操作，图 3-83 为布尔压印面操作。

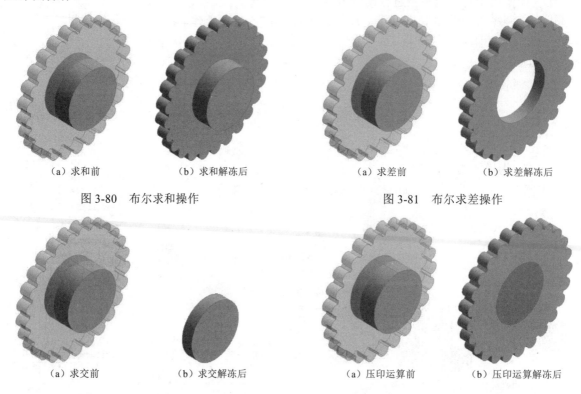

（a）求和前　　　　（b）求和解冻后　　　　　　（a）求差前　　　　（b）求差解冻后

图 3-80　布尔求和操作　　　　　　　　　　图 3-81　布尔求差操作

（a）求交前　　　　（b）求交解冻后　　　　　　（a）压印运算前　　　　（b）压印运算解冻后

图 3-82　布尔求交操作　　　　　　　　　　图 3-83　布尔压印面操作

"Boolean"详细信息视图栏如图 3-84 所示，各参数说明如下。

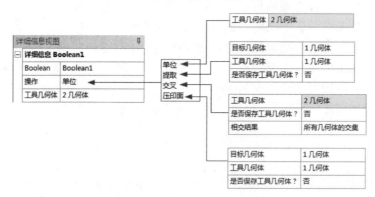

图 3-84　"Boolean"详细信息视图栏

➤ 单位：指布尔求和操作。
➤ 提取：指布尔求差操作。
➤ 交叉：指布尔求交操作。
➤ 压印面：用布尔运算进行压印面操作。
➤ 工具几何体：布尔运算过程中用来求和、求差、求交或者压印面使用的几何体。
➤ 目标几何体：布尔运算过程中对其进行求差或压印的几何体。

3.4.13 切片

切片工具仅用于模型完全由冰冻体组成时。

进行切片操作步骤如下（可打开本小节源文件 3.4.13 进行操作）。

01 选择"创建"菜单栏中的"切片"命令，系统弹出"切割"详细信息视图栏。

02 选择切割类型，如"按平面切割""切掉面""按表面切割""切掉边缘""按边循环切割"等。

03 按切割类型设置其他选项，如"基准平面""切割目标""面""目标面""边"等。

04 设置完成后单击工具栏中的"生成"按钮 ≠，完成操作。

图 3-85 为按平面切割操作，切割后模型变为冰冻体，模型被所选平面分为 2 个体。

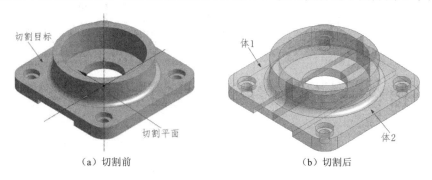

（a）切割前　　　　　　　　　　　（b）切割后

图 3-85　按平面切割操作

图 3-86 为切掉面操作，切片后将选中的表面切开，然后就可以用这些切开的面创建一个分离体，使模型分为 2 个体。

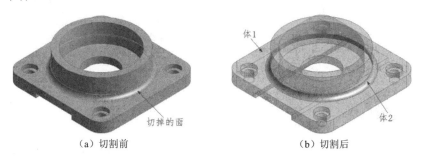

（a）切割前　　　　　　　　　　　（b）切割后

图 3-86　切掉面操作

图 3-87 为按表面切割操作，模型被所选表面分为 2 个体。

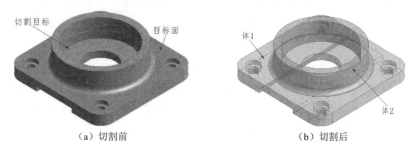

（a）切割前　　　　　　　　　　　（b）切割后

图 3-87　按表面切割操作

图 3-88 为按循环边切割操作，所选的边需要封闭边线，若是开放边线，则需将其闭合，模型被所选边线分为 2 个体。

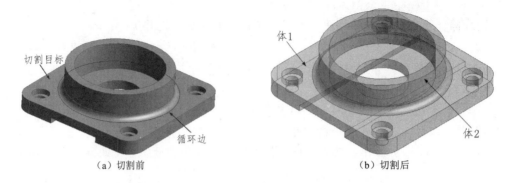

（a）切割前　　　　　　　　　　　　　　　　（b）切割后

图 3-88　按边循环切割操作

"切割"详细信息视图栏如图 3-89 所示。

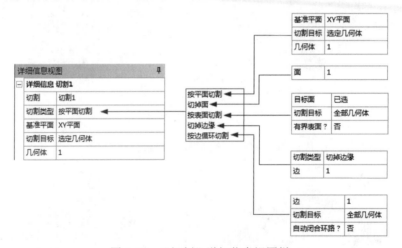

图 3-89　"切割"详细信息视图栏

3.4.14　单一几何体

单一几何体是直接创建几何模型，不需要绘制草图，而是直接设置几何体的属性创建，包括球体、平行六面体、圆柱体、圆锥体、圆环体等。

进行单一几何体操作步骤如下。

01 选择"创建"菜单栏中的"原语"下一级菜单中的"单一几何体"命令，如"球体""平行六面体""圆柱体"等，系统将会弹出相应命令的详细信息视图栏。

02 设置单一几何体的参数。

03 设置完成后单击工具栏中的"生成"按钮 ，完成操作。

直接创建的几何体与由草图生成的几何体的详细信息视图列表不同，图 3-90 为直接创建"圆柱体"详细信息视图栏，包括设置"基准平面""原点定义""轴定义（定义圆柱高度）""按照薄/表面？"等。生成的图形如图 3-91 所示。

图 3-90　"圆柱体"详细信息视图栏　　　　图 3-91　圆柱几何体

3.5　概念建模

概念建模用于创建和修改线和体,将它们变成有限元梁和板壳模型。图 3-92 为概念建模菜单。用概念建模工具创建线体的方法如下。

➢ 来自点的线。
➢ 草图线。
➢ 边线。
➢ 曲线。
➢ 分割边。

用概念建模工具创建表面体的方法如下。

➢ 边表面。
➢ 草图表面。
➢ 面表面。

图 3-92　概念建模菜单

概念建模中首先需要创建线体,而线体是概念建模的基础。

3.5.1　来自点的线

来自点的线中的点可以是任何二维草图的点,也可以是三维模型的顶点或其他特征点。一条由点生成的线通常是一条连接两个选定点的直线,并且允许在线体中通过选择点来添加或冻结生成的线。

进行来自点的线的操作步骤如下(可打开本小节源文件 3.5.1 进行操作)。

01 选择"概念"菜单栏中的"来自点的线"命令,系统将会弹出"来自点的线"详细信息视图栏。

02 选择"点段"。

03 设置操作,添加材料或者添加冻结。

04 设置完成后单击工具栏中的"生成"按钮,完成操作。

图 3-93 为创建的来自点的线。

"来自点的线"详细信息视图栏如图3-94所示，各参数说明如下。

➢ 添加冻结：新增线体不被合并到已有的线体中，而是作为冻结体加入。

➢ 添加材料：默认选项，将创建线体合并到激活线体中。

图3-93　来自点的线　　　　　图3-94　"来自点的线"详细信息视图栏

3.5.2　草图线

草图线命令是基于草图创建线体的。

进行草图的操作步骤如下（可打开本小节源文件3.5.2进行操作）。

01 选择"概念"菜单栏中的"草图线"命令，系统将会弹出"草图线"详细信息视图栏。

02 选择草图。

03 设置操作，添加材料或者添加冻结。

04 设置完成后单击工具栏中的"生成"按钮，完成操作。

图3-95为创建的草图线。

"草图线"详细信息视图栏和"来自点的线"类似，这里不再赘述。

图3-95　创建的草图线

3.5.3　边线

边线是基于已有的二维和三维模型边界创建线体的，取决于所选边和面的关联性质，可以创建多个线体，在树形目录中或模型上选择边或面，表面边界将变成线体。

进行边线的操作步骤如下（可打开本小节源文件3.5.3进行操作）。

01 选择"概念"菜单栏中的"边线"命令，系统将会弹出"边线"详细信息视图栏。

02 选择创建边线的边或面。

03 设置操作，添加材料或者添加冻结。

04 设置完成后单击工具栏中的"生成"按钮，完成操作。

图3-96为创建的边线。

"边线"详细信息视图栏如图3-97所示，各参数说明如下。

➢ 边：选择创建边线的边。

➢ 面：选择创建边线的面。

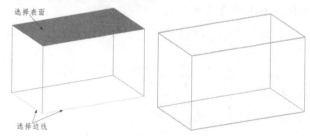

图3-96　创建的边线

图3-97　"边线"详细信息视图栏

3.5.4　曲线

曲线是可以基于点或坐标系文件创建曲线的。

进行曲线的操作步骤如下（可打开本小节源文件 3.5.4 进行操作）。

01 选择"概念"菜单栏中的"曲线"命令，系统将会弹出"曲线"详细信息视图栏。

02 选择创建曲线的点。

03 设置操作，添加材料或者添加冻结。

04 设置完成后单击工具栏中的"生成"按钮 ，完成操作。

图 3-98 为创建的曲线。

"曲线"详细信息视图栏如图 3-99 所示，各参数说明如下。

➢ 点选择：选择点创建曲线。

➢ 从坐标文件：通过选择事先创建的坐标文件创建曲线。

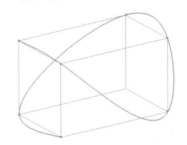
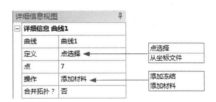

图 3-98　创建的曲线　　　　　图 3-99　"曲线"详细信息视图栏

3.5.5　分割边

分割边可以将创建的线进行分割。

进行分割边的操作步骤如下（可打开本小节源文件 3.5.5 进行操作）。

01 选择"概念"菜单栏中的"分割边"命令，系统将会弹出"分割边"详细信息视图栏。

02 选择要分割的边。

03 选择要分割边的类型，如"分数""按 Delta 分割""按 N 分割""按分割位置"。

04 设置要分割的其他参数，如"分数""Sigma""Delta""Omega""N"的值等。

05 设置完成后单击工具栏中的"生成"按钮 ，完成操作。

图 3-100 为按分数分割的边。

"分割边"详细信息视图栏如图 3-101 所示，各参数说明如下。

➢ 分数：按所选边的分割比例进行分割。

➢ 按 Delta 分割：按起始边长和边长增量进行分割。

➢ 按 N 分割：按起始边长、结束边长和总分数进行分割。

➢ 按分割位置：在要分割的边上选取一点，按该点的位置进行分割。

➢ FD1，分数：设置边长分割比例。

➢ FD2，Sigma：起始边长。

➢ FD5，Delta：增量。

➢ FD3，Omega：结束边长。

➢ FD4，N：分割总数量。
➢ FD6，分数：设置分割边长比例。
➢ X 坐标、Y 坐标、Z 坐标：按位置分割的 X、Y、Z 坐标值。

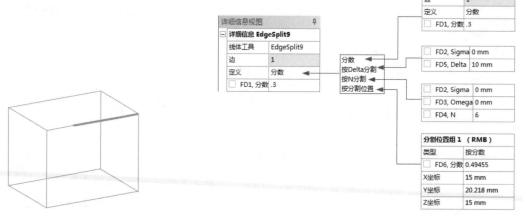

图 3-100　按分数分割的边　　　　　　　　图 3-101　"分割边"详细信息视图栏

3.5.6　边表面

边表面操作是指从边线建立面，由线体边必须没有交叉的闭合回路，每个闭合回路都创建一个冻结表面体，回路应该形成一个可以插入模型的简单表面形状，可以是平面、圆柱面、圆环面、圆锥面、球面和简单扭曲面等。

进行边表面的操作步骤如下（可打开本小节源文件 3.5.6 进行操作）。

01 选择"概念"菜单栏中的"边表面"命令，系统将会弹出"边表面"详细信息视图栏。

02 选择要创建面的边线。

03 设置要创建面的厚度。

04 设置完成后单击工具栏中的"生成"按钮，完成操作。

图 3-102 为创建的边表面。

"边表面"详细信息视图栏如图 3-103 所示，各参数说明如下。

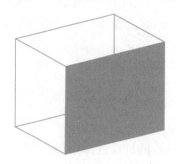

图 3-102　创建的边表面

图 3-103　"边表面"详细信息视图栏

➢ 边：创建边表面所选的边线。
➢ 翻转表面法线？：设置所创建面的法线方向，可理解为所建表面的正面在前还是反面在前。
➢ 厚度(>=0)：所创建面的厚度。

3.5.7 草图表面

草图表面是由所绘制的草图（单个或多个草图都可以）作为边界来创建面体，但所绘制的草图必须是封闭的且不自相交叉的草图。

进行草图表面的操作步骤如下（可打开本小节源文件 3.5.7 进行操作）。

01 选择"概念"菜单栏中的"草图表面"命令，系统将会弹出"草图表面"详细信息视图栏。

02 选择要创建草图表面的草图。

03 设置创建草图表面的其他参数，如"操作"和"厚度"等。

04 设置完成后单击工具栏中的"生成"按钮 ，完成操作。

图 3-104 为创建的草图表面。

"草图表面"详细信息视图栏如图 3-105 所示，各参数说明如下。

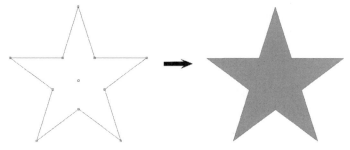

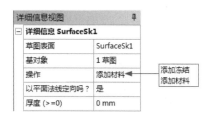

图 3-104　创建草图表面　　　　图 3-105　"草图表面"详细信息视图栏

➢ 基对象：选择创建草图表面的草图。

➢ 以平面法线定向吗？：设置所创建面的法线方向，可理解为所建表面的正面在前还是正面在后。

➢ 厚度：所建面的厚度。

3.5.8 面表面

面表面是在已有模型的外表面来创建一个新表面，可以用来对模型外表面进行修补。

进行面表面的操作步骤如下（可打开本小节源文件 3.5.8 进行操作）。

01 选择"概念"菜单栏中的"面表面"命令，系统将会弹出"面表面"详细信息视图栏。

02 选择要创建面表面的面。

03 设置创建草图面的其他参数，如"操作"和"孔修复方法"等。

04 设置完成后单击工具栏中的"生成"按钮 ，完成操作。

图 3-106 为创建的面表面。

"面表面"详细信息视图栏如图 3-107 所示，各参数说明如下。

➢ 无修复：不对表面的孔或缝隙进行修复。

➢ 自然修复：修复表面的孔或缝隙。

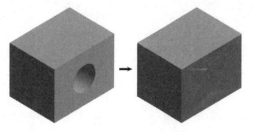

图 3-106　创建的面表面

图 3-107　"面表面"详细信息视图栏

3.6　横　截　面

横截面命令可以给线赋予梁的属性。此横截面可以使用草图描绘，并可以赋予它一组尺寸值，而且只能修改界面的尺寸值和横截面的尺寸位置，在其他情况下是不能编辑的。图 3-108 为横截面菜单。

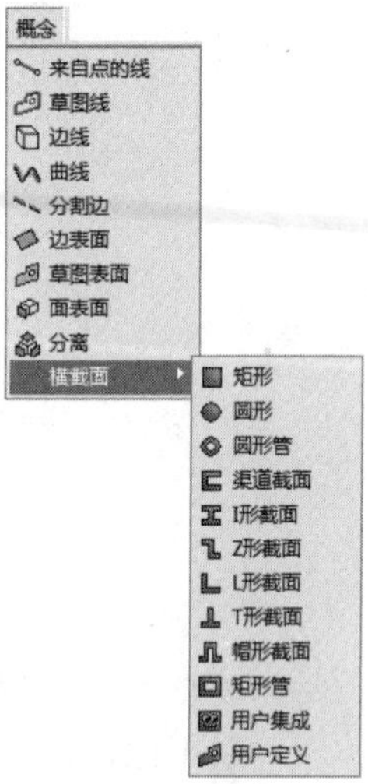

3.6.1　创建横截面

创建横截面和创建单一几何体类似，只是横截面创建的是面体。

创建横截面的操作步骤如下（可打开本小节源文件 3.6.1 进行操作）。

01 选择"概念"菜单栏"横截面"下一级菜单中的横截面类型，如"矩形""圆形""圆形管"等。

02 系统将会弹出相应的横截面的详细信息。

03 在详细信息列表中修改要创建横截面的参数。

04 设置完成后单击工具栏中的"生成"按钮 ，完成操作。

图 3-108　横截面菜单

3.6.2　将横截面赋给线体

将横截面赋给线体可以给线体创建梁属性，在创建梁壳模型时会经常用到。

将横截面赋给线体的操作步骤如下（可打开本小节源文件 3.6.2 进行操作）。

01 创建好线体零件后，再创建想要赋予线体的横截面。

02 选中线体零件。

03 在弹出的线体详细信息中出现横截面属性。

04 在横截面属性下拉列表中选择需要的横截面

05 设置完成后单击工具栏中的"生成"按钮 ，完成操作。

📢 注意:

　　将横截面赋给线体后，系统默认显示横截面的线体，并没有将带有横截面的梁作为一个实体显示，需要单击"查看"菜单栏中的"横截面固体"命令来显示带有梁的实体。

图 3-109 为将模截面赋给线体零件。

图 3-109　将横截面赋给线体零件

3.7 冻结和解冻

DesignModeler 会默认将新的几何体和已有的几何体合并来保持单个体。如果想要生成不合并的几何体模型，则可以用冻结和解冻来进行控制。将已有模型冻结后，再创建几何体模型，则生成独立的几何模型，可以对独立的几何模型进行阵列和布尔操作等；解冻后，独立的几何模型与元模型合并，通过使用冻结和解冻工具可以在冻结和解冻状态中进行切换。

冻结和解冻工具集成在工具菜单栏中，如图 3-110 所示。

在 DesignModeler 中有两种状态体，如图 3-111 所示。

➢ 冻结：主要目的是为仿真装配建模提供不同选择的方式。建模中的操作一般情况下均不能用于冻结。用冻结特征可以将所有的解冻转到冻结状态，选取体对象后用解冻特征可以解冻单个体。冻结在树形目录中显示成较淡的颜色。

➢ 解冻：在解冻的状态时，体可以进行常规的建模操作修改。解冻在特征树形目录中显示为蓝色，而体在特征树形目录中的图标取决于它的类型，包括实体、表面或线体。

图 3-110 冻结和解冻工具

图 3-111 冻结体和解冻体

扫一扫，看视频

3.8 实例——挤出机机头

该实例为利用本章所学的绘图内容绘制一个塑料挤出机机头，如图 3-112 所示。该机头材质为铸钢，是一个整体结构。由于结构比较复杂，不利于后期的网格划分，因此在建模时，将其分成两部分：一部分为整体的外环，另一部分为内部含有挤出孔的部分。这样分成两部分后有利于后期网格的划分。

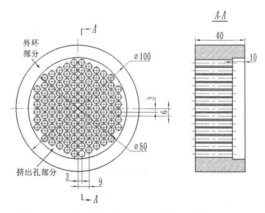

图 3-112 挤出机机头尺寸图（单位：mm）

01 打开 ANSYS Workbench 2022 R1，在左侧展开"分析系统"工具箱。

02 创建"流体流动（Fluent）"模块。将工具箱"分析系统"栏中的"流体流动（Fluent）"

模块拖放到右边的项目原理图中，此时项目原理图中会多出一个编号为 A 的"流体流动（Fluent）"模块，如图 3-113 所示。

03 启动 DesignModeler 应用程序。右击"几何结构"栏，在弹出的快捷菜单中选择"新的 DesignModeler 几何结构"命令，如图 3-114 所示，进入 DesignModeler 应用程序。此时左侧的树轮廓默认为建模状态，如图 3-115 所示。

图 3-113 添加"几何结构"模块　　　　图 3-114 选择"新的 DesignModeler 几何结构"命令

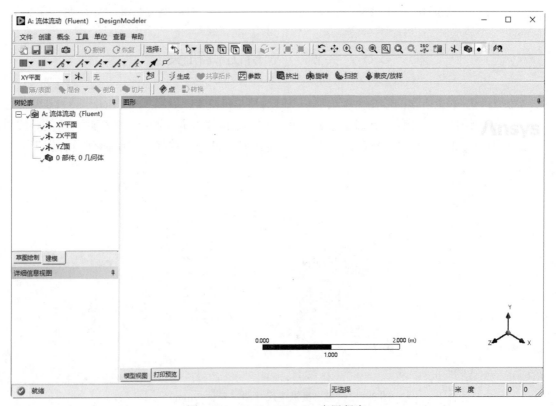

图 3-115 DesignModeler 应用程序

04 设置单位。选择"单位"下拉菜单中的"毫米"选项，设置绘图环境的单位为毫米，如图 3-116 所示。

05 新建草图。首先单击树轮廓中的"XY 平面"命令✦，或者单击工具栏中的"新草图"按钮🔲，新建一个草图。此时树轮廓中"XY 平面"分支下会多出一个名为"草图 1"的草图，然后右击"草图 1"，在弹出的快捷菜单中选择"查看"命令🔍，如图 3-117 所示，将视图切换为正视于"XY 平面"方向。

06 切换标签。单击树轮廓下端的"草图绘制"标签，如图 3-118 所示，打开"草图工具箱"，进入草图绘制环境。

图 3-116　设置单位　　　　图 3-117　草图快捷菜单　　　　图 3-118　"草图绘制"标签

07 绘制挤出孔主体草图。

（1）在"草图工具箱"中默认展开"绘制"工具栏，单击其中的"圆"按钮⊙，将光标移动到右边的绘图区域。此时光标变为一个铅笔的形状✏，移动此光标到视图中的原点附近，直到光标中出现"P"字符，表示自动点约束到原点。单击确定圆的中心点，然后拖动光标到任意位置绘制一个圆。

（2）在"草图工具箱"中展开"维度"工具栏，单击"显示"按钮🔳，取消"名称"选项框的勾选，然后选中"值"选项框，这样在标注时只显示标注数值，比较直观。

（3）单击"维度"工具栏中的"直径"按钮⊖，标注圆的直径尺寸，然后在左下角的"详细信息视图"中修改尺寸值为 80mm，结果如图 3-119 所示。

08 挤出主体。单击工具栏中的"挤出"按钮🔲，系统将会弹出"挤出"详细信息视图栏，设置"深度"为 30mm，其余为默认设置，如图 3-120 所示。单击工具栏中的"生成"按钮⚡，完成机头主体的挤出操作，结果如图 3-121 所示。

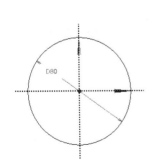
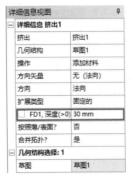

图 3-119　绘制挤出孔主体草图　　图 3-120　"挤出"详细信息视图栏　　图 3-121　挤出机头主体

09 绘制挤出孔草图。单击树轮廓中的"XY 平面"命令✦，然后单击工具栏中的"新草图"按钮🔲，新建一个草图。此时树轮廓中"XY 平面"分支下会多出一个名为"草图 2"的草图，然后右击"草图 2"，在弹出的快捷菜单中选择"查看"命令 🔍，将视图切换为正视于"XY 平面"方向，利用"草图绘制"标签中的绘制工具，绘制如图 3-122 所示的草图。

10 创建挤出孔 1。单击工具栏中的"挤出"按钮 🔲，系统将会弹出"挤出"详细信息视图栏，设置"操作"为"添加冻结"，"深度"为 30mm，其余为默认设置，如图 3-123 所示。单击工具栏中的"生成"按钮 🏏，创建挤出孔，结果如图 3-124 所示。

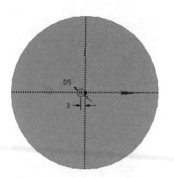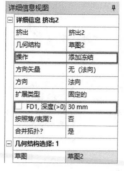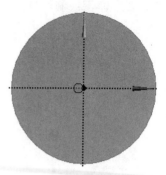

图 3-122　绘制挤出孔草图　　　图 3-123　"挤出"详细信息视图栏　　　图 3-124　创建挤出孔

11 阵列挤出孔 1。

（1）选择"创建"下拉菜单中的"模式"按钮 🔳，系统将会弹出"模式"详细信息视图栏，设置"方向图类型"为"线性的"，"几何结构"为步骤 10 创建的挤出孔，"方向"为 X 轴（水平向左），"偏移"为 12mm，"复制"为 2，其余为默认设置，如图 3-125 所示。单击工具栏中的"生成"按钮 🏏，水平阵列挤出孔，结果如图 3-126 所示。

📢 **注意：**

> 设置阵列方向时可通过"方向调整"按钮 ➡️，调整方向的指向。

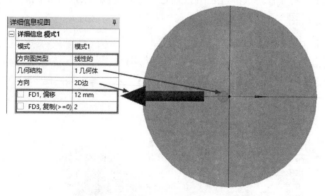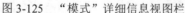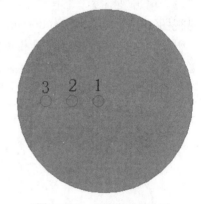

图 3-125　"模式"详细信息视图栏　　　图 3-126　水平阵列挤出孔

（2）选择"创建"下拉菜单中的"模式"按钮 🔳，系统将会弹出"模式"详细信息视图栏，设置"方向图类型"为"线性的"，"几何结构"为图 3-126 中的 1 号挤出孔，"方向"为 Y 轴（竖直向上），"偏移"为 6mm，"复制"为 6，其余为默认设置。单击工具栏中的"生成"按钮 🏏，垂直阵列挤出孔，结果如图 3-127 所示。

（3）同理将图 3-126 中的 2 号挤出孔向上复制阵列 5；将图 3-126 中的 3 号挤出孔向上复制阵列 4，结果如图 3-128 所示。

图 3-127　垂直阵列挤出孔

图 3-128　阵列结果

12 绘制其他挤出孔草图。选择树轮廓中的"XY 平面"命令，然后单击工具栏中的"新草图"按钮，新建一个草图。此时树轮廓中"XY 平面"分支下会多出一个名为"草图 3"的草图。然后右击"草图 3"，在弹出的快捷菜单中选择"查看"命令，将视图切换为正视于"XY 平面"方向，利用"草图绘制"标签中的绘制工具，绘制如图 3-129 所示的草图。

13 创建挤出孔 2。单击工具栏中的"挤出"按钮，系统将会弹出"挤出"详细信息视图栏，设置"操作"为"添加冻结"，"深度"为 30mm，其余为默认设置。单击工具栏中的"生成"按钮，创建挤出孔，结果如图 3-130 所示。

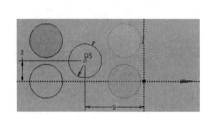

图 3-129　绘制挤出孔草图

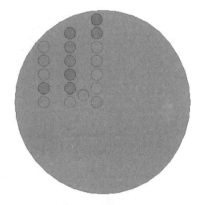

图 3-130　创建挤出孔

14 阵列挤出孔 2。

（1）选择"创建"下拉菜单中的"模式"按钮，系统弹出"模式"详细信息视图栏，设置"方向图类型"为"线性的"，"几何结构"为步骤 13 创建的挤出孔，"方向"为 X 轴（水平向左），"偏移"为 12mm，"复制"为 2，其余为默认设置。单击工具栏中的"生成"按钮，阵列挤出孔，结果如图 3-131 所示。

（2）选择"创建"下拉菜单中的"模式"按钮，系统弹出"模式"详细信息视图栏，设置"方向图类型"为"线性的"，"几何结构"为图 3-131 中的 4 号挤出孔，"方向"为 Y 轴（竖直向上），"偏移"为 6mm，"复制"为 5，其余为默认设置。单击工具栏中的"生成"按钮，阵列挤出孔，结果如图 3-132 所示。

（3）同理将图 3-131 中的 5 号挤出孔向上复制阵列 4；将图 3-131 中的 6 号挤出孔向上复制阵列 2，结果如图 3-133 所示。

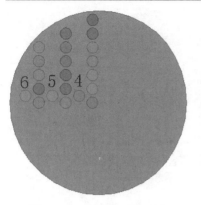
图 3-131　水平阵列挤出孔

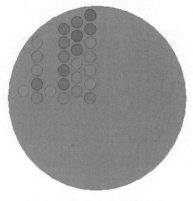
图 3-132　竖直阵列挤出孔

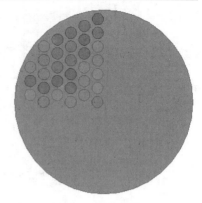
图 3-133　阵列结果

15 镜像挤出孔。

（1）选择"创建"下拉菜单"几何体转换"下一级菜单中的"镜像"按钮 Ｍ，系统将会弹出"镜像"详细信息视图栏，设置"保存几何体吗？"为"是"，"镜像面"为"ZX 面"，框选"几何体"为除去 X 轴上的所有挤出孔，如图 3-134 所示，其余为默认设置。单击工具栏中的"生成"按钮，镜像挤出孔，结果如图 3-135 所示。

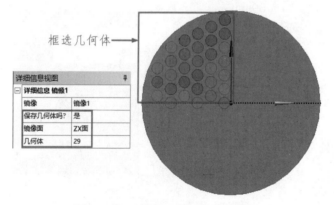
图 3-134　"镜像"详细信息视图栏

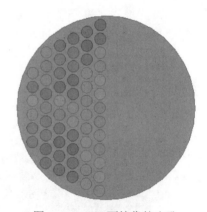
图 3-135　ZX 面镜像挤出孔

（2）同理以 YZ 平面为镜像面，镜像所有挤出孔，结果如图 3-136 所示。

16 布尔运算减去挤出孔。选择"创建"下拉菜单中的"Boolean"按钮，系统将会弹出"Boolean"详细信息视图栏，设置"操作"为"提取"，"目标几何体"为"挤出孔"主体，"工具几何体"为所有的挤出孔，设置"是否保存工具几何体？"为"否"，如图 3-137 所示，其余为默认设置。单击工具栏中的"生成"按钮，布尔运算减去挤出孔，结果如图 3-138 所示。

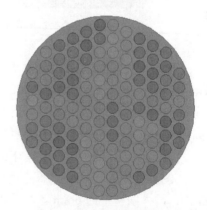
图 3-136　YZ 面镜像挤出孔

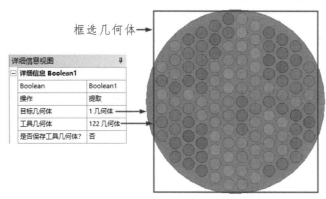

框选几何体 →

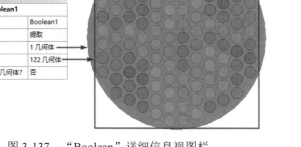

图 3-137 "Boolean"详细信息视图栏

图 3-138 布尔运算减去挤出孔

17 绘制整体外圆草图。选择树轮廓中的"XY 平面"命令✖，然后单击工具栏中的"新草图"按钮🔳，新建一个草图。此时树轮廓中"XY 平面"分支下会多出一个名为"草图 4"的草图。然后右击"草图 4"，在弹出的快捷菜单中选择"查看"命令🔍，将视图切换为正视于"XY 平面"方向，利用"草图绘制"标签中的绘制工具，绘制如图 3-139 所示的草图。

18 挤出整体外圆。单击工具栏中的"挤出"按钮🔳，系统将会弹出"挤出"详细信息视图栏，设置"操作"为"添加冻结"，"深度"为 40mm，其余为默认设置，如图 3-140 所示。单击工具栏中的"生成"按钮💥，完成机头主体的挤出操作，结果如图 3-141 所示。

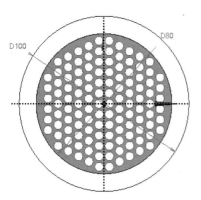

图 3-139 绘制整体外圆草图　　　图 3-140 "挤出"详细信息视图栏　　　图 3-141 挤出整体外圆

19 创建多体零件。在树轮廓中，展开"2 部件，2 几何体"分支，选择列表中的两个固体，然后右击，在弹出的快捷菜单中选择"形成新部件"命令，如图 3-142 所示。这样在划分网格时，可使零件作为一个整体来进行网格的划分。

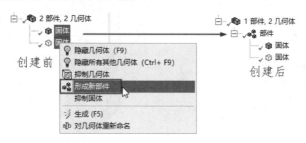

图 3-142 创建多体零件

第 4 章　划 分 网 格

内容简介

　　网格生成技术是流体机械内部流动数值模拟中的关键技术之一，直接影响数值计算的收敛性，决定着数值计算结果最终的精度及计算过程的效率。网格主要分为结构化网格和非结构化网格，本章在分析大量文献的基础上，对流体机械 CFD 中的网格生成方法中的结构化网格、非结构化网格进行了阐述。

　　本章重点介绍了 Meshing 网格划分工具的基本功能和用法。结合实例的学习，读者应该能用该软件进行一些简单网格的划分。划分网格是一个技巧性很强的工作，需要多多练习才能掌握其中的窍门。

内容要点

- ➢ 网格生成技术
- ➢ Meshing 网格划分模块
- ➢ 全局网格控制
- ➢ 局部网格控制
- ➢ 网格工具
- ➢ 网格划分方法
- ➢ 实例 ——挤出机机头网格划分

案例效果

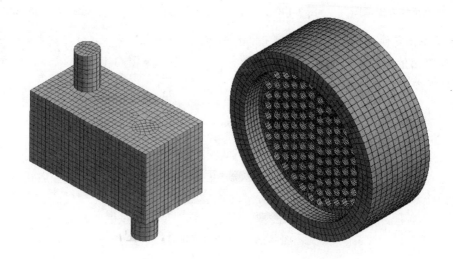

4.1 网格生成技术

在前面的章节中，我们提到计算流体力学的本质就是对控制方程在所规定的区域上进行点离散或区域离散，从而转变为在各网格节点或子区域上定义的代数方程组，最后用线性代数的方法迭代求解。网格生成技术是离散技术中的一个关键步骤，网格质量对 Fluent 计算精度和计算效率有直接的影响。对于复杂问题的 Fluent 计算，划分网格是一个极为耗时又容易出错的步骤，有时要占到整个软件使用时间的 80%。因此，我们有必要对网格生成技术给予足够的关注。

4.1.1 常用的网格单元

单元是构成网格的基本元素。在结构网格中，常用的二维网格单元为四边形单元，三维网格单元为六面体单元；而在非结构网格中，常用的二维网格单元还有三角形单元，三维网格单元还有四面体单元和五面体单元，其中五面体单元还可分为棱锥形（或楔形）和金字塔形单元等。图 4-1 为常用的二维网格单元，图 4-2 为常用的三维网格单元。

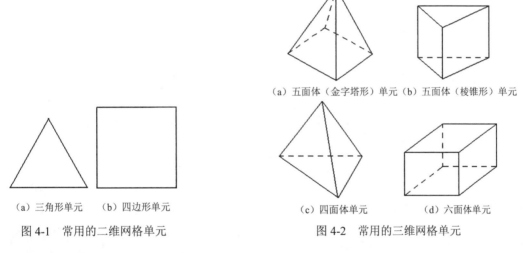

（a）五面体（金字塔形）单元 （b）五面体（棱锥形）单元

（a）三角形单元 （b）四边形单元

（c）四面体单元 （d）六面体单元

图 4-1 常用的二维网格单元　　　　图 4-2 常用的三维网格单元

4.1.2 网格生成方法分类

现有的生成复杂计算区域中网格的方法可以按图 4-3 所示的方式来分类。从总体上来说，流动与传热问题数值计算中采用的网格可以大致分为结构化网格、非结构化网格和混合网格三大类。

1. 结构化网格

一般数值计算中正交与非正交曲线坐标系中生成的网格都是结构化网格，其特点是每一节点与其邻点之间的连接关系固定不变且隐含在所生成的网格中，因而我们不必专门设置数据去确认节点与邻点之间的这种联系。从严格意义上讲，结构化网格是指网格区域内所有的内部点都具有相同的毗邻单元。结构化网格的主要优点有以下 5 点。

➢ 网格生成的速度快。
➢ 网格生成的质量好。

> ➢ 数据结构简单。
> ➢ 对曲面或空间的拟合大多数采用参数化或样条插值的方法得到，区域光滑，与实际的模型更容易接近。
> ➢ 它可以很容易地实现区域边界拟合，适于流体和表面应力集中等方面的计算。

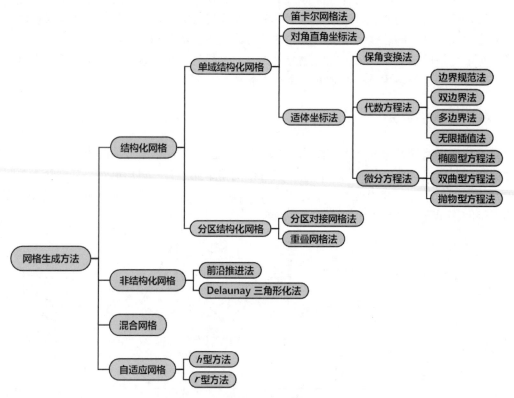

图 4-3　网格生成方法分类

　　结构化网格又可以分为单域结构化网格和分区结构化网格，如图 4-4 所示。较成熟的生成单域结构化网格的方法大致有保角变换法、代数方程法和微分方程法 3 类，具体如下。

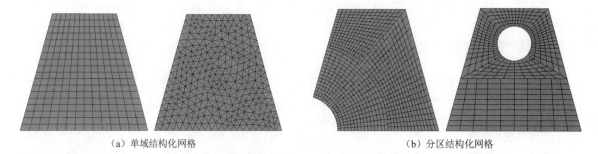

（a）单域结构化网格　　　　　　　　　　　　（b）分区结构化网格

图 4-4　结构化网格

> ➢ 保角变换法：利用解析的复变函数来完成物理平面到计算平面的映射。保角变换法的主要优点是能够精确地保证网格的正交性；主要缺点是对于比较复杂的边界形状，有时难以找到相应的映射关系式，且局限于二维问题，适用范围较小，已经逐渐被新的网格生成方法所取代。

➤ 代数方程法：通过采用特定的代数关系式进行中间插值的方式构造网格，不同的插值算法产生了性质不相同的代数网格，有边界规范法、双边界法、多边界法及无限插值法等。

➤ 微分方程法：在微分方程法中，物理空间坐标和计算空间坐标之间是通过偏微分方程组联系起来的。根据用来生成贴体网格的偏微分方程的类型不同，又可分为椭圆型方程法、双曲型方程法和抛物型方程法。最常用的是椭圆型方程法，因为对于大多数实际流体力学问题来说，物理空间中的求解域是几何形状比较复杂的已知封闭边界的区域，并且在封闭边界上的计算坐标对应值是给定的。最简单的椭圆型方程是拉普拉斯方程，但使用最广泛的是泊松方程，因为其中的非齐次项可用来调节求解域中网格密度的分布。

如果只在求解域的一部分边界上规定计算坐标值，则可采用抛物型或双曲型偏微分方程生成网格。例如，当流场的内边界给定，而外边界是任意的情况时。

2．非结构化网格

为了方便地进行数值模拟绕复杂外形的流动，20 世纪 80 年代末，人们提出了采用非结构化网格的技术手段，而且 Fluent 采用非结构化网格使它对处理复杂问题具有很强的适应性。所谓非结构化网格就是指这种网格单元和节点彼此没有固定的规律可循，其节点分布完全是任意的。

其基本思想基于这样的假设：任何空间区域都可以被四面体（三维）或三角形（二维）单元填满，即任何空间区域都可以被以四面体或三角形为单元的网格所划分。非结构化网格能够方便地生成复杂外形的网格，能够通过流场中的大梯度区域自适应来提高对间断（如激波）的分辨率，并且使得基于非结构化网格的网格分区以及并行计算比结构化网格更加直接。但是在同等的网格数量的情况下，非结构化网格比结构化网格所需的内存容量更大、计算周期更长，而且同样的区域可能需要更多的网格数。此外，在采用完全非结构化网格时，因为网格分布各向同性，会给计算结果的精度带来一定的损失，同时对于黏流计算而言，还会导致边界层附近的流动分辨率低。单元有二维的三角形、四边形，三维的四面体、六面体、三棱柱体、金字塔等多种形状。二维、三维的非结构化网格分别如图 4-5 和图 4-6 所示。

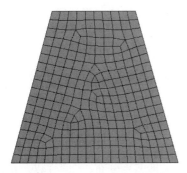

图 4-5　二维非结构化网格

图 4-6　三维非结构化网格

3．混合网格

非结构化网格是一类新型网格技术。由于非结构化网格省去了网格节点的结构性限制，网格节点和网格单元可以任意分布且很容易控制，因此能较好地处理复杂外形问题。近年来，该方法受到了高度的重视，但由于流场解算的效率与精度问题，流场求解器的改造问题以及非结构化网格自身的一些缺陷，使这些网格生成技术在目前的应用中还有一定的局限性。正是基于这个原因，结合了结构化与非结构化网格的混合网格技术近年来发展迅速，该技术将结构化网格与非结构化网格通过一定的方式结合起来，综合了结构化网格与非结构化网格优势，成为一种处理复杂外形的新型、有效的网格技术。

4.1.3 网格类型的选择

网格类型的选择依赖于具体的问题。在选择网格类型时，应该考虑下列问题：初始化的时间、计算量和数值的耗散。

1. 初始化的时间

很多实际问题具有复杂几何外形，对于这些问题采用结构化网格或块结构化网格可能要花费大量的时间，甚至根本无法得到结构化网格。复杂几何外形初始化时间的限制刺激了人们在非结构化网格中使用三角形网格和四面体网格。如果几何外形并不复杂，则两种方法所耗费的时间没有明显差别。

2. 计算量

当几何外形太复杂或者流动的长度尺度太大时，三角形网格和四面体网格所生成的单元会比等量的包含四边形网格和六面体网格的单元少得多。这是因为三角形网格和四面体网格允许单元聚集在流域的所选区域内，而四边形网格和六面体网格会在不需要加密的地方产生单元。非结构化的四边形网格和六面体网格为一般复杂外形提供了许多三角形/四面体网格所没有的单元。

四边形和六边形单元的一个特点就是它们在某些情况下可以允许有比三角形/四面体单元更大的比率。三角形/四面体单元的大比率总会影响单元的歪斜。因此，如有相对简单的几何外形，而且流动和几何外形很符合（如长管）时，即可使用大比率的四边形和六边形单元，这种网格可能会比三角形/四面体网格少很多单元。

3. 数值的耗散

多维条件下主要的误差来源是数值耗散，又称虚假耗散（因为耗散并不是真实现象，而是它和真实耗散系数影响流动的方式很类似）。

当流动和网格成一条直线时数值耗散最明显，使用三角形/四面体网格流动永远不会和网格成一条直线，而如果几何外形不是很复杂时，四边形网格和六面体网格可能就会出现流动和网格成一条线的情况。所以只有在简单的流动（如长管流动）中，才可以使用四边形/六面体网格来减少数值耗散，而且在这种情况下使用四边形/六面体网格有很多优点，与三角形/四面体网格相比可以用更少的单元得到更好的解。

4.1.4 网格质量

网格质量对计算精度和稳定性有很大的影响。网格质量包括节点分布、光滑性以及单元的形状等。

1. 节点分布

连续性区域被离散化，使流动的特征解（剪切层、分离区域、激波、边界层和混合区域）与网格上节点的密度和分布直接相关。在很多情况下，关键区域的弱解反而成了流动的主要特征。例如，由逆压梯度造成的分离流强烈地依靠边界层上游分离点的解。边界层解（即网格近壁面间距）在计算壁面切应力和热导率的精度时有重要意义，这一结论在层流流动中尤其准确，网格接近壁面需要满足：

$$y_p\sqrt{\frac{u_\infty}{vx}}\leqslant 1 \qquad\qquad (4\text{-}1)$$

式中：y_p 为从临近单元中心到壁面的距离；u_∞ 为自由流速度；v 为流体的动力黏度；x 为从边界层起始点开始沿壁面的距离。

网格的分辨率对于湍流也十分重要。由于平均流动和湍流的强烈作用，湍流的数值计算结果往往比层流更容易受到网格的影响。在近壁面区域，不同的近壁面模型需要不同的网格分辨率。

一般来说，无流动通道应该用少于 5 个单元来描述，大多数情况需要更多的单元来完全解决。大梯度区域如剪切层或者混合区域，网格必须被精细化以保证相邻单元的变量变化足够小。但是要提前确定流动特征的位置很困难，而且在复杂三维流动中，网格要受到 CPU 时间和计算机资源的限制，在求解运行和后处理时，若网格精度提高，则 CPU 时间和内存量也会随之增加。

2．光滑性

临近单元体积的快速变化会导致大的截断误差。截断误差是指控制方程偏导数和离散估计之间的差值。Fluent 可以改变单元体积或者网格体积梯度来精化网格从而提高网格的光滑性。

3．单元的形状

单元的形状能明显影响数值解的精度，包括单元的歪斜和比率。单元的歪斜可以定义为该单元和具有同等体积的等边单元外形之间的差别。单元的歪斜太大会降低解的精度和稳定性。四边形网格最好的单元就是顶角为 90°，三角形网格最好的单元就是顶角为 60°。比率是表征单元拉伸的度量，对于各向异性流动，较大的比率可以用较少的单元产生较为精确的结果，但是一般避免比率大于 5∶1。

4．流动流场相关性

分辨率、光滑性、单元的形状对于解的精度和稳定性的影响强烈依赖于所模拟的流场。例如，在流动开始的区域可以有过度歪斜的网格，但是在具有大流动梯度的区域内，过度歪斜的网格可能会使整个计算无功而返。由于大梯度区域是无法预知的，所以我们只能尽量使整个流域具有高质量的网格。高质量网格是指密度高、光滑性好、单元歪斜小的网格。

4.2　Meshing 网格划分模块

随着 CFD 计算能力的提高和网格问题的深入研究，网格生成技术处理的外形越来越复杂。在耗时的网格生成过程中，几何建模与表面网格处理占了其中大部分的人力时间，因此显得十分重要。国内外均有多家机构组织专人进行相应的专用软件开发，其主要软件包括 GAMBIT、TGrid、prePDF、ICEM-CFD、Meshing 等，其中 Meshing 网格划分模块是 ANSYS Workbench 常用的网格划分工具，能够划分 CFD 网格、CAE 分析网格和电磁分析网格。本章主要介绍利用 Meshing 网格划分模块进行 CFD 网格划分，然后导入 Fluent 中进行流体力学分析。

4.2.1　网格划分步骤

01 创建或导入要划分网格的模型：包括对模型的共享拓扑和模块的分类。

02 全局设置：包括目标物理环境（结构、CFD 等）的设置；网格最大值、最小值的设置以及曲率，狭缝的设置。

03 局部设置：包括网格划分方法设置、边和面尺寸设置、影响球的设定以及面网格划分。

04 边界层设置：其用于流体力学分析中，包括出入口边界命名、固体壁面边界条件命名以及对称边界条件的命名等。

05 生成网格。

4.2.2 分析类型

在 ANSYS Workbench 中，不同分析类型有不同的网格划分要求。在进行结构分析时，使用高阶单元划分较为粗糙的网格；在进行 CFD 分析时，需要平滑过渡的网格进行边界层的转化，另外，不同 CFD 求解器也有不同的要求；而在显示动力学分析时，需要均匀尺寸的网格。

表 4-1 中列出了通过设定物理优先选项来设置的默认值。

表 4-1 物理优先权

物理优先选项	自动设置下列各项			
	实体单元默认节点	关联中心默认值	平滑度	过渡
力学分析	保留	粗糙	中等	快
CFD	消除	粗糙	中等	慢
电磁分析	保留	中等	中等	快
显示分析	消除	粗糙	高	慢

在 ANSYS Workbench 中分析类型的设置是通过"网格"详细信息表来进行定义的，图 4-7 为定义不同物理环境的"网格"的详细信息。

（a）力学分析　　　　（b）CFD　　　　（c）电磁分析　　　　（d）显示分析

图 4-7 不同分析类型

4.3　全局网格控制

选择分析的类型后并不等于网格控制的完成，而仅仅是进行初步的网格划分，还可以通过"网格"详细信息中的其他选项继续进行精细的网格划分。

4.3.1　全局单元尺寸

全局单元尺寸的设置是通过在"网格"的详细信息中的"单元尺寸"设置整个模型使用的单元尺寸。这个尺寸将应用到所有的边、面和体的划分。单元尺寸栏可以采用默认设置，也可以通过输入尺寸的方式来定义。图 4-8 为两种不同的方式。

图 4-8　全局单元尺寸

4.3.2　全局尺寸调整

网格尺寸默认值描述了如何计算默认尺寸，以及修改其他尺寸值时这些值会得到相应的变化。使用的物理偏好不同，默认设置的内容也不相同。

➢ 当物理偏好为"机械""电磁"或"显式"时，"使用自适应尺寸调整"默认设置为"是"。

➢ 当物理偏好为"非线性机械"或"CFD"时，"捕捉曲率"默认设置为"是"。

➢ 当物理偏好为"流体动力学"时，只能设置"单元大小"和"破坏大小"。

当"使用自适应尺寸调整"设置为"是"时，它包括求解、网格特征清除（特征清除尺寸）、过渡、跨度角中心、初始尺寸种子、边界框对角线、平均表面积和最小边缘长度。

当"使用自适应尺寸调整"设置为"否"时，它包括增长率、最大尺寸、网格特征清除（特征清除尺寸）、捕捉曲率（曲率最小尺寸和曲率法向角）、捕获临近度（接近度最小值、穿过间隙的单元数和接近度大小函数源）、边界框对角线、平均表面积和最小边缘长度。

加载模型时，软件会使用模型的物理偏好和特性自动设置默认单元大小。当"使用自适应尺寸调整"设置为"是"时，该因子通过使用"物理偏好"和"初始大小"的组合来确定。其他默认网格大小设置（例如"失效大小""曲率大小""近似大小"）是根据单元大小设置的。从 ANSYS 18.2 版开始，可以依赖动态默认值来根据单元大小调整其他大小。修改单元大小时，其他默认大小会动态更新以响应，从而提供更直接的调整。

动态默认值由"机械最小尺寸因子""CFD 最小尺寸因子""机械失效尺寸因子"和"CFD 失效尺寸因子"选项控制，使用这些选项可以设置缩放的首选项，且这些选项在"选项"对话框中可用。

在 ANSYS Workbench 中进行设置跨度角中心来设定基于边的细化的曲度目标，如图 4-9 所示。

网格在弯曲区域细分，直到单独的单元跨越这个角，有以下 3 种选择。

- ➢ 大尺度：91°～60°。
- ➢ 中等：75°～24°。
- ➢ 精细：36°～12°。

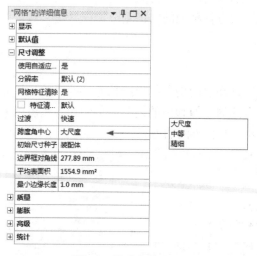

图 4-9　跨度角中心 1

　　跨度角中心只在高级尺寸函数关闭时使用，选择大尺度或精细的效果分别如图 4-10（a）和图 4-10（b）所示。

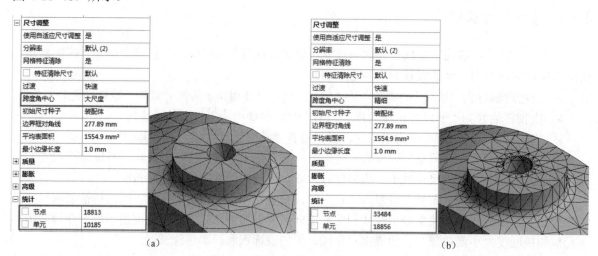

图 4-10　跨度角中心 2

　　在"网格"的详细信息中，可以通过设置"初始尺寸种子"来控制每一个部件的初始网格种子，如图 4-11 所示。初始尺寸种子有以下两个选项。

- ➢ 装配体：基于此设置，初始种子放入所有装配部件，不管抑制部件的数量，因为抑制部件网格不改变。
- ➢ 部件：基于此设置，初始种子在网格划分时放入个别特殊部件，因为抑制部件网格不改变。

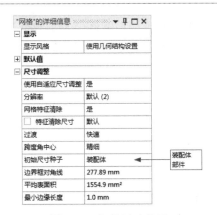

图 4-11 初始尺寸种子

4.3.3 质量

网格质量描述了配置网格质量的步骤。质量设置的内容包括检查网格质量、误差限值、目标质量、平滑和网格度量标准。

可以通过在"网格"的详细信息中设置"平滑"栏来控制网格的平滑,如图 4-12 所示;通过"网格度量标准"栏来查看网格质量标准的信息,如图 4-13 所示。

图 4-12 平滑

图 4-13 网格度量标准

1.平滑

平滑网格是通过移动周围的节点和单元的节点位置来改进网格质量。下列选项和网格划分器开始平滑的门槛尺度一起控制平滑迭代次数。

➢ 低。

➢ 中等。

➢ 高。

2.网格度量标准

网格度量标准选项允许查看网格度量标准信息,从而评估网格质量。生成网格后,可以选择查看有关以下任何网格度量标准的信息,包括单元质量,纵横比(三角形或四边形),雅可比比率(MAPDL、角节点或高斯点),翘曲系数,平行偏差,最大拐角角度,偏度,正交质量和特征长度。选择"无"将关闭网格度量查看。

选择网格度量标准时,其最小值、最大值、平均值和标准偏差值将在"详细信息"视图中报告,并在"几何图形"窗口下显示条形图。对于模型网格中表示的每个元素形状，图形用彩色编码条进行标记，并且可以进行操作以查看感兴趣的特定网格统计信息。

4.3.4 高级尺寸功能

前几节进行的设置均是在无高级尺寸功能时的设置。在无高级尺寸功能时，根据已定义的单元尺寸对边划分网格，对曲率和邻近度进行细化，对缺陷和收缩控制进行调整，然后通过面和体划分网格。

图 4-14 为采用标准尺寸功能和采用高级尺寸功能的对比图。

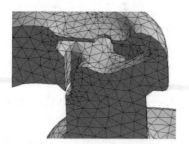
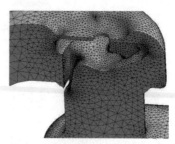

（a）标准尺寸功能　　　　　　　　　　　（b）高级尺寸功能

图 4-14　标准尺寸功能和高级尺寸功能

在"网格"的详细信息中，高级尺寸功能的选项和默认值包括"捕获曲率"和"捕获邻近度"，如图 4-15 所示。

➢ 捕获曲率：默认值为 60°。

➢ 捕获邻近度：默认值为每个间隙 3 个单元（2D 和 3D），默认精度为 0.5，若是邻近度不允许就增大到 1。

图 4-16 为有曲率与有曲率和邻近度网格划分后的图形。

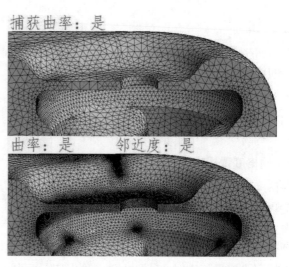

图 4-15　捕获曲率与捕获邻近度　　　　　　　图 4-16　有曲率与有曲率和邻近度网格划分

4.4　局部网格控制

局部网格控制包括（可用性取决于使用的网格划分方法）尺寸调整、接触尺寸、加密、面网格剖分、匹配控制、收缩和膨胀等。通过在树形目录中右击"网格"分支，弹出右键快捷菜单来进行局部网格控制，如图 4-17 所示。

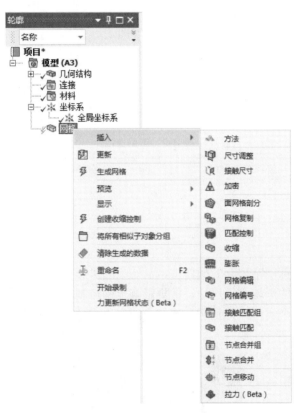

图 4-17　局部网格控制

4.4.1　局部尺寸调整

在树形目录中右击"网格"分支，选择"插入"→"尺寸调整"命令可以定义局部网格的划分，如图 4-18 所示。

在"尺寸调整"详细信息中设置要进行划分的线或体的选择，如图 4-19 所示。选择需要划分的对象后单击几何结构栏中的"应用"按钮。

局部尺寸中的类型主要包括以下 3 个选项。

➢ "单元尺寸"：定义体、面、边或顶点的平均单元边长。
➢ "分区数量"：定义边的单元分数。
➢ "影响范围"：球体内的单元给定平均单元尺寸。

以上可用选项取决于作用的实体。选择边与选择体所含的选项不同，表 4-2 为选择不同的作用对象"尺寸调整"详细信息中的选项。

图 4-18　局部尺寸命令

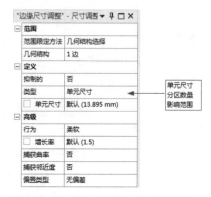

图 4-19　"尺寸调整"的详细信息

表 4-2　可用选项

作用对象	单元尺寸	分区数量	影响范围
体	√		√
面	√		√
边	√	√	√
顶点			√

在进行影响范围的局部网格划分的操作中，已定义的"影响范围" 面尺寸，如图 4-20 所示，位于球内的单元具有给定的平均单元尺寸。常规影响范围控制所有可触及面的网格。在进行局部尺寸网格划分时，可选择多个实体，并且所有球体内的作用实体受设定的尺寸的影响。

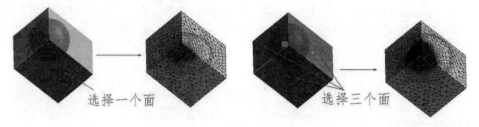

图 4-20　选择作用对象不同效果不同

边尺寸可以通过对一个端部、两个端部或中心的偏置把边离散化。在进行边尺寸时，源面使用了扫掠网格，如图 4-21 所示；源面的两对边定义了边尺寸，偏置边尺寸以在边附近得到更细化的网格，如图 4-22 所示。

顶点也可以定义尺寸，顶点尺寸即模型的一个顶点定义为影响范围的中心。尺寸将定义在球体内所有的实体上，如图 4-23 所示。

受影响的几何体只有在高级尺寸功能打开的时候被激活，它可以是任何的 CAD 线、面或实体。使用受影响的几何体划分网格其实没有真正划分网格，只是作为一个约束来定义网格划分的尺寸，如图 4-24 所示。

受影响的几何体的操作通过三部分来定义，分别是拾取几何、拾取受影响的几何体和指定参数，其中指定参数含有单元尺寸和增长率。

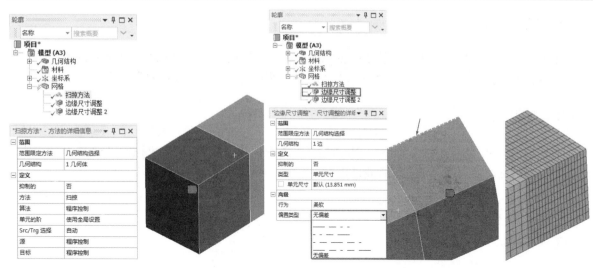

图 4-21 扫掠网格　　　　　　　　图 4-22 偏置边尺寸

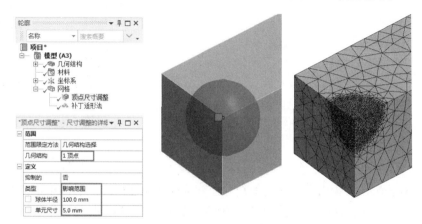

图 4-23 顶点影响范围

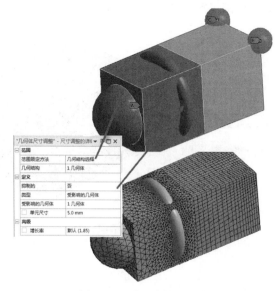

图 4-24 受影响的几何体

4.4.2 接触尺寸

接触尺寸命令提供了一种在部件之间接触面上产生近似尺寸单元的方式，如图 4-25 所示（网格的尺寸近似但不共形）。对给定的接触区域可定义"单元尺寸"或"分辨率"参数。

4.4.3 加密

单元加密即划分现有网格，如图 4-26 所示，并为在树形目录中右击"网格"分支，插入加密。网格的加密划分对面、边和顶点均有效，但对补丁独立四面体或 CFX-Mesh 不可用。

图 4-25 接触尺寸

图 4-26 加密

在进行加密划分时，首先由全局和局部尺寸控制形成初始网格，然后在指定位置单元加密。

加密水平可从 1（最小的）～3（最大的）改变。当加密水平为 1 时将初始网格单元的边一分为二。由于不能使用膨胀，所以在对 CFD 进行网格划分时不推荐使用加密。如图 4-27 所示，长方体左端采用了加密水平 1，而右边保留了默认的设置。

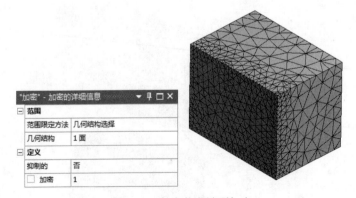

图 4-27 长方体左端面加密

4.4.4 面网格剖分

在局部网格划分时，面网格剖分可以在面上产生结构网格。

在树形目录中右击"网格"分支，选择"插入"→"面网格剖分"命令可以定义局部映射面网格的剖分，如图4-28所示。

图4-29中，面网格剖分的内部圆柱面有更均匀的网格模式。

如果面由于任何原因不能映射划分，划分则会继续，可以从树状略图中的图标上看出。

进行面网格剖分时，如果选择的面网格剖分的面是由两个回线定义的，就要激活径向的分割数，扫掠时指定穿过环形区域的分割数。

（a）无面网格剖分　　　　（b）有面网格剖分

图4-28　面网格剖分　　　　　　　　　　　　图4-29　面网格剖分对比

4.4.5　匹配控制

匹配控制一般用于在对称面上划分一致的网格，尤其适用于旋转机械的旋转对称分析，这是因为旋转对称所使用的约束方程其连接的截面上节点的位置除偏移外必须一致，如图4-30所示。

在树形目录中右击"网格"分支，选择"插入"→"匹配控制"命令可以定义局部匹配控制网格的划分，如图4-31所示。

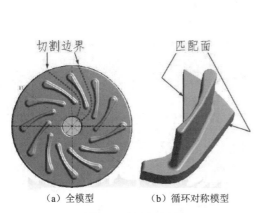

（a）全模型　　　　　（b）循环对称模型

图4-30　匹配控制

图4-31　插入匹配控制

下面是建立匹配控制的过程，结果如图 4-32 所示。

（1）在"网格"分支中插入"匹配控制"。

（2）识别对称边界的面。

（3）识别坐标系（Z轴是旋转轴）。

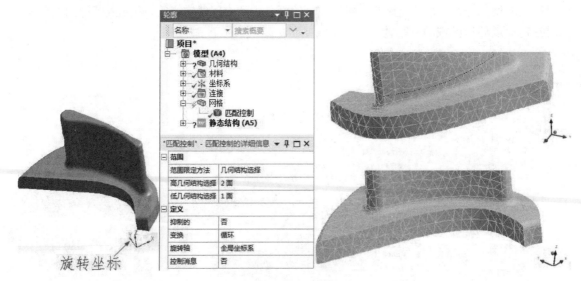

图 4-32　建立匹配控制

4.4.6　收缩

定义了收缩后，在网格生成时会产生缺陷。收缩只对顶点和边起作用，而面和体不能收缩。图 4-33 为运用收缩的结果。

在树形目录中右击"网格"分支，选择"插入"→"收缩"命令可以定义局部尺寸网格的收缩，如图 4-34 所示。

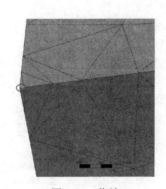

图 4-33　收缩

图 4-34　定义收缩控制

以下网格方法支持收缩特性。

➢ 补丁适形四面体。

➢ 薄实体扫掠。

➢ 六面体控制划分。

➢ 四边形控制表面网格划分。

➢ 所有三角形表面划分。

4.4.7 膨胀

当网格方法设置为四面体或多区域时，可以通过选择想要膨胀的面，来处理边界层处的网格，实现从膨胀层到内部网格的平滑过渡；而当网格方法设置为扫掠时，则可以通过选择源面上要膨胀的边来施加膨胀。

在树形目录中右击"网格"分支，选择"插入"→"膨胀"命令可以定义局部膨胀网格的划分，如图 4-35 所示。

添加膨胀后的"网格"的详细信息的选项如下。

（1）使用自动膨胀：当所有面无命名选择及共享体间没有内部面的情况下就可以使用自动膨胀。

（2）膨胀选项：在膨胀选项中包括平滑过渡（对 2D 和四面体划分是默认的）、第一层厚度和总厚度（对其他是默认的）。

（3）膨胀算法：前处理和后处理。

图 4-35　定义膨胀控制

4.5 网 格 工 具

对网格全局控制和局部控制之后需要生成网格并进行查看，这需要一些工具，本节中包括了生成网格、截面和命名选择。

4.5.1 生成网格

生成网格是划分网格不可缺少的步骤。利用生成网格命令可以生成完整的网格，对之前进行的网格划分进行最终的运算。生成网格命令可以在功能区中执行，也可以在树形目录中利用右键快捷菜单执行，如图 4-36 所示。

在划分网格之前通过"预览"→"表面网格"工具预览表面网格，对于大多数方法（除四面体补丁独立方法），这个选项更快，如图 4-37 所示的表面网格。

由于不能满足单元质量参数，网格的划分有可能生成失败，则预览表面网格将会十分有用。它允许看到表面网格，因此可以看到需要改进的地方。

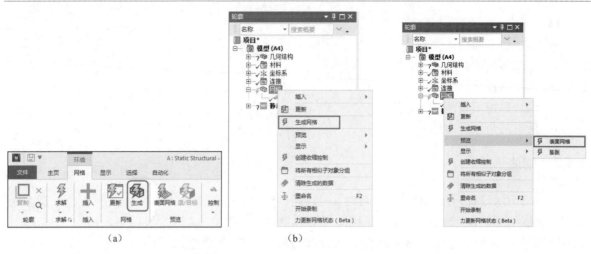

（a）　　　　　　　　　　　　（b）

图 4-36　生成网格
图 4-37　表面网格

4.5.2　截面

在网格划分程序中，截面可显示内部的网格，如图 4-38 所示的截面窗格，默认在程序的左下角。要执行截面命令，也可以找到功能区的"截面"按钮，如图 4-39 所示。

图 4-38　截面窗格
图 4-39　截面按钮

利用截面命令可以显示位于截面任一边的单元、切割或完整的单元及位面上的单元。

在利用截面工具时，可以通过使用多个位面生成需要的截面。如图 4-40 所示，利用两个位面得到 120º 剖视的截面。

截面的操作步骤如下。

01 在没有截面时，绘图区域只能显示外部网格，如图 4-41 所示。

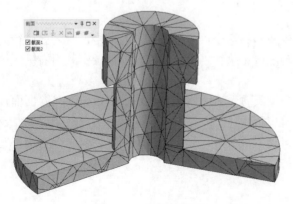
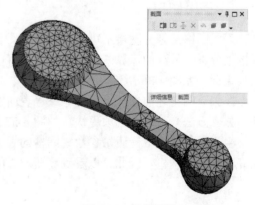

图 4-40　多位面截面
图 4-41　外部网格

02 在绘图区域创建截面后，将在绘图区域显示创建的截面的一边，如图 4-42 所示。

03 单击绘图区域中的虚线则转换显示截面边。也可以拖动绘图区域中的蓝方块调节位面的移动，如图 4-43 所示。

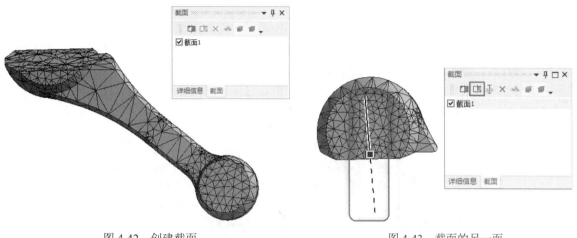

图 4-42　创建截面　　　　　　　　　　　　　　图 4-43　截面的另一面

04 在截面窗格中单击"显示完整单元"按钮，将显示完整的单元，如图 4-44 所示。

4.5.3　命名选择

命名选择允许用户对顶点、边、面或体创建组。命名选择可用来定义网格控制、施加载荷和结构分析中的边界等，如图 4-45 所示。

命名选择将在网格中输入 CFX-Pre 或 Fluent 时，以域的形式出现。在定义接触区、边界条件等时将非常容易选择。

另外，命名的选项组可从 DesignModeler 和某些 CAD 系统中输入。

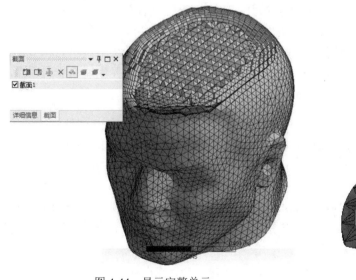

图 4-44　显示完整单元　　　　　　　　　　　　图 4-45　命名选择

4.6　网格划分方法

4.6.1　自动划分

自动划分方法是网格划分方法中最简单的划分方法，是系统自动进行网格的划分，但这是一种比较粗糙的方式，在实际运用中如果不要求精确的解，可以采用此种方式。自动进行四面体（补丁适形）或扫掠网格划分，取决于体是否可扫掠。如果几何体不规则，程序会自动产生四面体，如果几何体规则的话，就可以产生六面体网格，如图 4-46 所示。

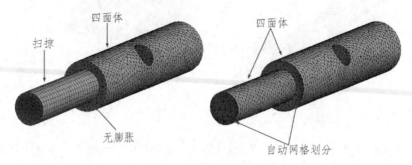

图 4-46　自动划分网格

4.6.2　四面体

四面体网格划分方法是基本的划分方法，其中包含了两种方法，即补丁适形法与补丁独立法。其中补丁适形法是 Workbench 自带的功能，而补丁独立法主要依靠 ICEMCFD 软件包来完成。

1. 四面体网格特点

利用四面体网格进行划分具有很多优点：任意体都可以使用四面体网格进行划分；利用四面体进行网格划分可以快速自动生成，并且适用于复杂几何；在关键区域容易使用曲度和近似尺寸功能自动细化网格；可使用膨胀细化实体边界附近的网格（边界层识别）。

当然，利用四面体网格进行划分还有一些缺点：在近似网格密度的情况下，单元和节点数要高于六面体网格；四面体一般不可能使网格在一个方向排列，由于几何和单元性能的非均质性，不适合于薄实体或环形体。

2. 四面体算法

（1）补丁适形：首先由默认的考虑几何所有面和边的 Delaunay 或 AdvancingFront 表面网格划分器生成表面网格（注意：一些内在缺陷在最小尺寸限度之下）。然后基于 TGRIDTetra 算法由表面网格生成体网格。

（2）补丁独立：生成体网格并映射到表面产生表面网格。如果没有载荷、边界条件或其他作用，面和它们的边界（边和顶点）不必考虑。这个方法更加兼容质量差的 CAD 几何。补丁独立算法基于 ICEMCFDTetra。

3. 补丁适形四面体

（1）在树形目录中右击网格，插入方法并选择应用此方法的体。

（2）将方法设置为四面体，将算法设置为补丁适形。

不同部分有不同的方法。多体部件可混合使用补丁适形四面体和扫掠方法生成共形网格，如图4-47所示。补丁适形方法可以联合PinchControls功能，有助于移除短边。其基于最小尺寸具有内在网格缺陷。

图 4-47　补丁适形

4．补丁独立四面体

补丁独立四面体的网格划分可以对CAD进行许多面的修补，例如碎面、差的面等，"补丁独立"的详细信息如图4-48所示。

可以使用四面体方法，设置算法为补丁独立。若没有载荷或命名选择，面和边可以不必考虑。这里除设置曲率和邻近度外，对所关心的细节部位有额外的设置，如图4-49所示。

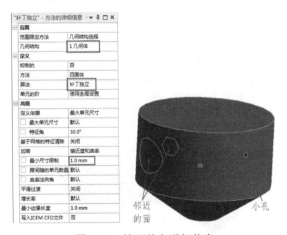

图 4-48　补丁独立详细信息

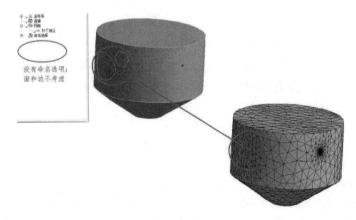

图 4-49　补丁独立网格划分

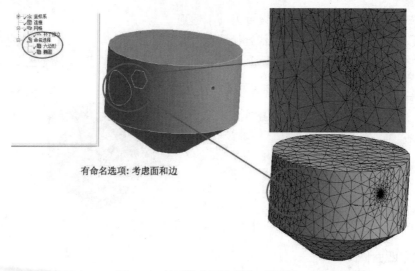

有命名选项：考虑面和边

图 4-49   补丁独立网格划分（续图）

4.6.3   扫掠

扫掠网格划分方法一般会生成六面体网格，可以在分析计算时缩短计算的时间，因为它所生成的单元与节点数要远远低于四面体网格。但扫掠网格划分方法要求体必须是可扫掠的。

膨胀可产生纯六面体或棱柱网格，扫掠网格划分方法可以手动或自动设定"源/目标"。通常是单个源面对应单个目标面。薄壁模型自动网格划分会有多个面，且厚度方向可划分为多个单元。

可以通过右击"网格"分支，在弹出的快捷菜单中选择"显示"下一级菜单中的"可扫掠的几何体"，即可显示可扫掠体。当创建六面体网格时，先划分源面，再延伸到目标面。扫掠方向或路径由侧面定义，源面和目标面间的单元层是由插值法建立并投射到侧面的，如图 4-50 所示。

图 4-50   扫掠

使用此技术，可扫掠体可以由六面体和楔形单元有效划分。在进行扫掠划分操作时，体相对侧源面和目标面的拓扑可以手动或自动选择；源面可划分为四边形和三角形面；源面网格复制到目标面；随体的外部拓扑，生成六面体或楔形单元连接两个面。

可对一个部件中多个体应用单一扫掠网格划分方法。

4.6.4   多区域

多区域方法是 ANSYS Workbench 网格划分的亮点之一。

多区域扫掠网格划分方法基于 ICEMCFD 六面体模块，其会自动进行几何分解。如果用扫掠网格划分方法，那么这个元件要被切成三个体来得到纯六面体网格，如图 4-51 所示。

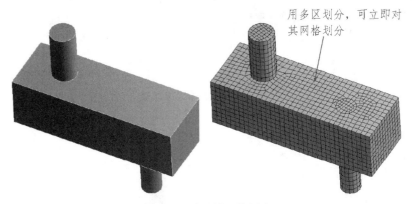

用多区划分，可立即对其网格划分

图 4-51　多区域网格划分

1．多区域方法

多区域的特征是自动分解几何，避免将一个体分裂成可扫掠体从而用扫掠网格划分方法得到六面体网格。

例如，几何需要分裂成三个体以扫掠得到六面体网格，如图 4-52 所示。用多区域方法可以直接生成六面体网格。

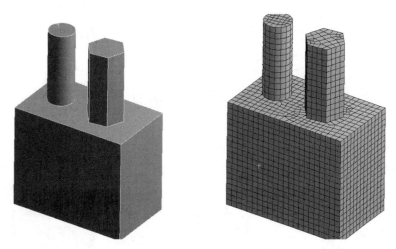

图 4-52　自动分裂得到六面体网格

2．多区域方法设置

多区域不利用高级尺寸功能，而是只用补丁适形四面体和扫掠网格划分方法。源面选择不是必须的，但是它是有用的。可以拒绝或允许自由网格程序块，如图 4-53 所示的"多区域"的网格详细信息。

3．多区域方法可以进行的设置

（1）映射的网格类型：可生成的映射网格有"六面体""六面体/棱柱"和"棱柱"。

（2）自由网格类型：在自由网格类型中含有五个选项，分别是"不允许""四面体""四面体/金字塔""六面体支配"和"六面体内核"。

（3）Src/Trg（源面/目标面）选择：包含有"自动"和"手动源"。

（4）高级：高级的栏中可以编辑"基于网格的特征清除"和"最小边缘长度"。

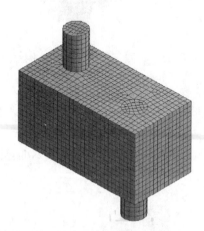

图 4-53　"多区域"的网格详细信息

4.7　实例——挤出机机头网格划分

扫一扫，看视频

如图 4-54 所示，本实例在第 3 章创建的挤出机机头模型的基础上，对该机头进行网格的划分，使大家对网格划分有更好的理解。

01 完成挤出机机头模型的创建后，关闭 DesignModeler 应用程序，返回 Workbench 界面，如图 4-55 所示。

02 启动 Meshing 网格工具。右击"网格"栏，在弹出的快捷菜单中选择"编辑"命令，如图 4-56 所示，打开 Meshing 网格工具应用程序，如图 4-57 所示。

03 设置单位。单击"主页"选项卡"工具"面板中的"单位"按钮mft，将会弹出"单位系统"下拉菜单，选择"度量标准（mm、kg、N、s、mV、mA）"命令，如图 4-58 所示。

图 4-54　划分网格

04 全局网格设置。在轮廓树中单击"网格"分支，系统将切换到"网格"选项卡。同时左下角弹出"网格"的详细信息，设置"单元尺寸"为 7.0mm，如图 4-59 所示。

05 设置划分方法。单击"网格"选项卡"控制"面板中的"方法"按钮，左下角将会弹出"自动方法"的详细信息，设置"几何结构"为机头的外圈主体，设置"方法"为"六面体主导"，此时该详细信息列表名称被改为"六面体主导法"，如图 4-60 所示。

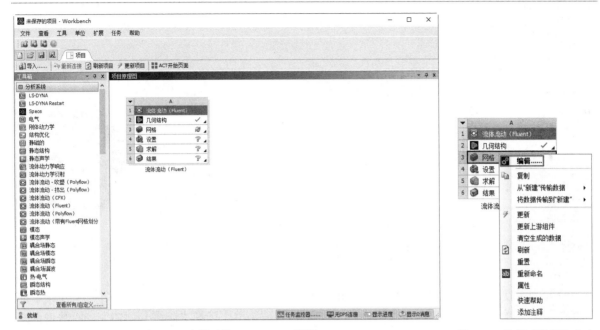

图 4-55　建模后的 Workbench 界面　　　　　图 4-56　选择"编辑"命令

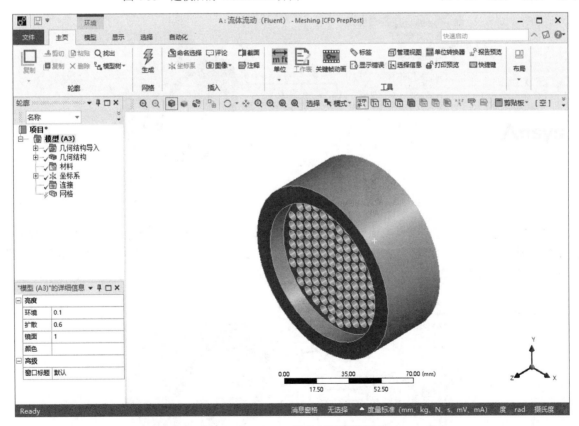

图 4-57　Meshing 网格工具应用程序

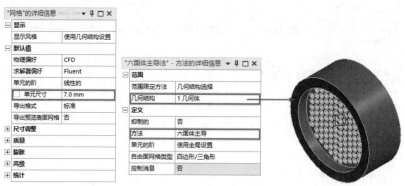

图 4-58　"单位系统"下拉菜单　图 4-59　"网格"的详细信息　　图 4-60　"六面体主导法"的详细信息

06 进行尺寸调整 1。

（1）为了便于选择，首先隐藏内部挤出孔部分。在"模型树"中展开"几何结构"分支中的"部件"，选择"固体"零件，然后右击，在弹出的快捷菜单中选择"隐藏几何体"，隐藏内部挤出孔部分，结果如图 4-61 所示。

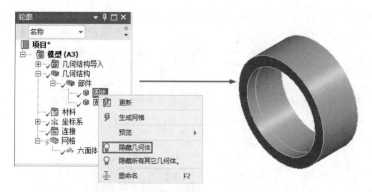

图 4-61　隐藏内部挤出孔

（2）单击"网格"选项卡"控制"面板中的"尺寸调整"按钮，左下角将弹出"尺寸调整"的详细信息，设置"几何结构"为机头外圈主体的轮廓边线，设置"类型"为"分区数量"，设置"分区数量"为 100，设置"行为"为"硬"，结果如图 4-62 所示。

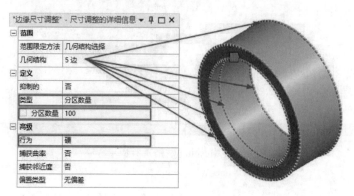

图 4-62　"尺寸调整"的详细信息

07 进行尺寸调整 2。

（1）切换模型显示。在"模型树"中展开"几何结构"分支中的"部件"，选择"固体"零件，然后右击，在弹出的快捷菜单中选择"逆可见性"，隐藏机头外圈主体，显示内部挤出孔部分，结果如图 4-63 所示。

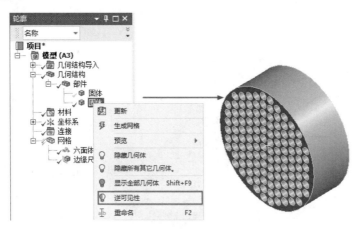

图 4-63　切换模型显示

（2）单击"网格"选项卡"控制"面板中的"尺寸调整"按钮，左下角将弹出"尺寸调整"的详细信息，设置"几何结构"为内部挤出孔的轮廓边线，设置"类型"为"分区数量"，设置"分区数量"为 100，设置"行为"为"硬"，结果如图 4-64 所示。

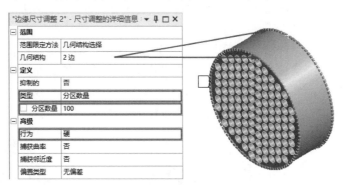

图 4-64　"尺寸调整"的详细信息

08 面网格剖分 1。单击"网格"选项卡"控制"面板中的"面网格剖分"按钮，左下角将弹出"面网格剖分"的详细信息，设置"几何结构"为内部挤出孔的所有圆环面，结果如图 4-65 所示。

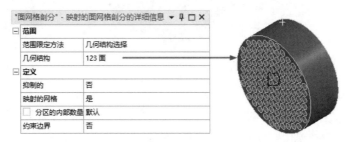

图 4-65　"面网格剖分"的详细信息

09 划分网格。

（1）显示所有几何模型。在"模型树"中展开"几何结构"分支中的"部件"，选择"固体"零件，然后右击，在弹出的快捷菜单中选择"显示主体"命令，重新显示隐藏的模型，结果如图 4-66 所示。

（2）划分网格。单击"网格"选项卡"网格"面板中的"生成"按钮 ，系统将自动划分网格，结果如图 4-67 所示。

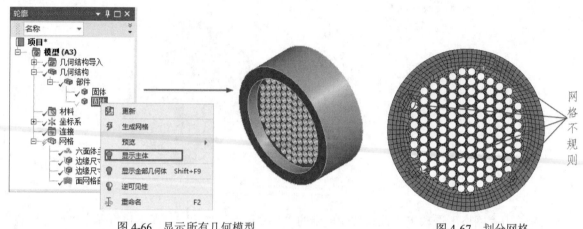

图 4-66　显示所有几何模型　　　　　图 4-67　划分网格

10 面网格剖分 2。

（1）完成网格划分后，发现图 4-67 中有几处网格不规则，可以通过添加面网格剖分，使网格划分更加规则。

（2）面网格剖分。单击"网格"选项卡"控制"面板中的"面网格剖分"按钮 ，左下角将弹出"面网格剖分 2"的详细信息，设置"几何结构"为机头外圈主体的前后端面，如图 4-68 所示。

11 重新划分网格。单击"网格"选项卡"网格"面板中的"生成"按钮 ，系统将自动划分网格，结果如图 4-69 所示，此时网格的划分更加规则了。

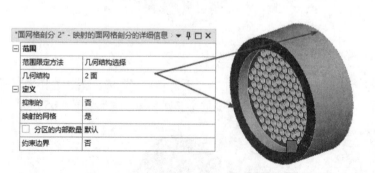
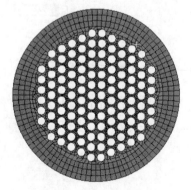

图 4-68　"面网格剖分 2"的详细信息　　　　图 4-69　重新划分网格

12 命名边界名称。

（1）命名入口壁面。选择模型的前端面，然后右击，在弹出的快捷菜单中选择"创建命名选择"命令，如图 4-70 所示；弹出"选择名称"对话框，然后在文本框中输入"in-wall"，如图 4-71 所示；设置完成后单击该对话框的"OK"按钮，完成入口壁面的命名。

图 4-70　选择"创建命名选择"命令

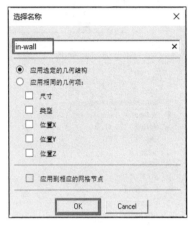

图 4-71　命名入口壁面

注意：

> 由于目前版本的 Fluent 无法识别中文状态的命名，因此对模型进行边界命名时只能输入英文。

（2）命名出口壁面。采用同样的方法，将模型的后端面命名为"out-wall"，如图 4-72 所示。

（3）命名圆环面。采用同样的方法，将模型的外圆面命名为"huan"，如图 4-73 所示。

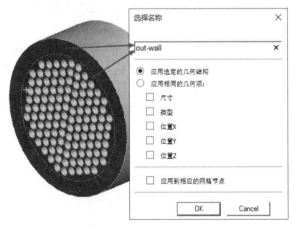

图 4-72　命名出口壁面

图 4-73　命名圆环面

（4）命名塑料与机头的接触面。首先隐藏不需要的面，选择零件的前后端面和外圆环面，然后右击，在弹出的快捷菜单中选择"隐藏面"命令，如图 4-74 所示，再隐藏内圆环面，结果如图 4-75 所示；在绘图区域右击，在弹出的快捷菜单中选择"选择所有"命令，如图 4-76 所示，继续右击，选择"创建命名选择"命令后弹出"选择名称"对话框后，输入名称"Plastic"，如图 4-77 所示。设置完成后单击该对话框的"OK"按钮，完成塑料与机头的接触面命名。

图 4-74　隐藏面

图 4-75　隐藏内圆环面

图 4-76　选择所有

图 4-77　命名塑料与机头接触面

（5）命名机头实体。首先显示所有面，在绘图区域中右击，在弹出的快捷菜单中选择"显示隐藏的面"命令，如图 4-78 所示；然后选择整个机头实体，右击后，在弹出的快捷菜单中选择"创建命名选择"命令，将弹出"选择名称"对话框，输入名称"Solid"，如图 4-79 所示。设置完成后单击该对话框的"OK"按钮，完成机头实体的命名。

13 将网格平移至 Fluent 中。完成网格划分及边界命名后，需要将划分好的网格平移到 Fluent。选择"模型树"中的"网格"分支，系统将自动切换到"网格"选项卡，然后单击"网格"面板中的"更新"按钮 ，系统弹出"信息"提示对话框，如图 4-80 所示，完成网格的平移。

图 4-78　显示隐藏的面

图 4-79　命名机头实体

图 4-80　"信息"提示对话框

第 5 章 Fluent 分析设置及求解

内容简介

完成模型的创建及网格划分后，就需要进入 Fluent 分析系统来进行 Fluent 分析设置及求解等操作。本章将详细介绍如何进行 Fluent 的分析及求解设置，分析设置包括通用设置、模型设置、定义材料、单元条件及边界条件的设置；求解设置包括求解方法设置、求解控制参数设置、初始条件设置及运行计算等。

内容要点

➢ 通用设置
➢ 模型设置
➢ 定义材料
➢ 边界条件设置
➢ 求解方法及控制参数设置
➢ 求解初始化
➢ 动画设置
➢ 求解设置
➢ 实例 ——挤出机机头分析求解

案例效果

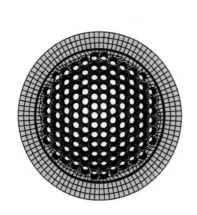

5.1 通 用 设 置

在完成网格划分和启动 Fluent 进入 Fluent 界面后，首先需要进行通用设置，通用设置的任务页面如图 5-1 所示，包括网格设置、求解器设置和重力设置。

5.1.1 网格设置

网格设置是对前面划分的网格进行设置，使其能够更加适合 Fluent 的运算，包括网格缩放、检查、报告质量、显示网格和设置单位。

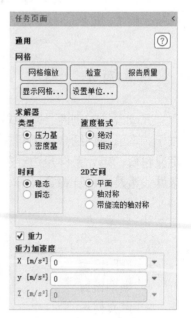

图 5-1 任务页面

1．网格缩放

单击"网格缩放"按钮，打开"缩放网格"对话框，如图 5-2 所示。Fluent 中默认的网格单位为 m，若在之前划分网格时采用的是其他单位，最好先进行单位转换或者比例缩放，使网格划分与导入 Fluent 中的网格单位保持一致，具体操作如下。

01 在"域范围"中查看网格单位与前面划分网格的单位是否一致，若不一致则通过下方的"查看网格单位"下拉菜单，选择合适的单位。

02 调整好单位后，再次查看"域范围"中的数值与要进行分析的模型大小是否一致，若不一致，则通过右侧的"比例"栏进行模型的缩放，在"网格生成单位"中选择合适的单位后，单击"比例"按钮，进行相应单位的缩放，若选择"mm"，则缩小 1000 倍；若选择"cm"，则缩小 100 倍，除此之外还可以通过"指定比例因子"来进行模型的缩放。

图 5-2 "缩放网格"对话框

2．网格检查

单击"网格检查"按钮后，网格检查的信息会出现在控制台窗口，如图 5-3 所示。检查过程中，在"控制台"窗口中可以看到区域范围、体积统计和面的统计信息，在信息中所有的单位都是 m。检查网格最主要的作用是查看是否有负体积的网格单元，若存在负体积的网格单元则将影响分析过程中的收敛，这时就需要修改网格来减少求解域的非物理离散。

```
控制台
 Domain Extents:
   x-coordinate: min (m) = -4.999994e-02, max (m) = 5.000000e-02
   y-coordinate: min (m) = -5.000000e-02, max (m) = 4.999998e-02
   z-coordinate: min (m) = 0.000000e+00, max (m) = 4.000000e-02
 Volume statistics:
   minimum volume (m3): 1.157645e-11
   maximum volume (m3): 3.320064e-09
     total volume (m3): 1.928266e-04
 Face area statistics:
   minimum face area (m2): 7.504175e-08
   maximum face area (m2): 4.853924e-06
 Checking mesh...........................
Done.
```

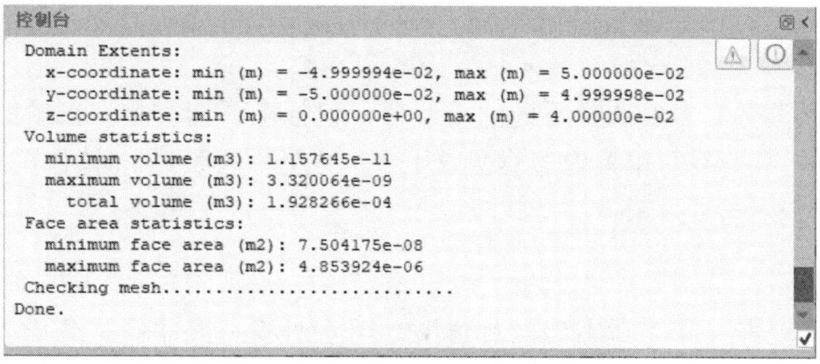

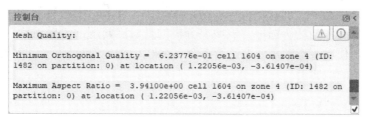

图 5-3　网格检查的信息

3．报告质量

单击“网格检查”按钮后在控制台中显示与网格相关的各种量，比如最小正交量和最大纵横比等，如图 5-4 所示，此功能应用较少，这里不再赘述。

```
控制台
Mesh Quality:

Minimum Orthogonal Quality =  6.23776e-01 cell 1604 on zone 4 (ID:
1482 on partition: 0) at location ( 1.22056e-03, -3.61407e-04)

Maximum Aspect Ratio =  3.94100e+00 cell 1604 on zone 4 (ID: 1482 on
partition: 0) at location ( 1.22056e-03, -3.61407e-04)
```

图 5-4　报告质量

4．显示网格

单击“显示网格”按钮后弹出“网格显示”对话框，如图 5-5 所示，其中包括“选项”“边类型”“收缩系数”“特征角”和“表面”等设置。

- 选项：用于选择要显示网格的类型，如显示节点、边、面、分区和重叠等。
- 边类型：该选项只有在“选项”中勾选了“边”类型才会被激活，用于控制边的显示，包括显示全部网格的边、显示特性的边和显示所有网格轮廓的边。
- 收缩系数：用于指定面和单元的收缩量，一般采用默认设置。
- 特征角：该选项只有在“边类型”中勾选了“特性”后才会被激活，它用于控制添加到特性轮廓显示的特征角的细节，或对三维模型边角的控制。
- 表面：在该列表中选择需要显示的网格的曲面。

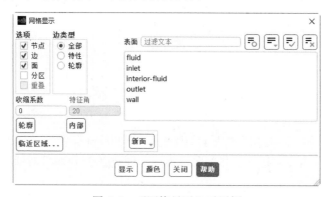

图 5-5　“网格显示”对话框

5.1.2　求解器设置

对于不同的分析类型，需要选择不同的求解器，包括求解器类型、求解时间、速度格式以及 2D 空间等，其中求解器类型的相关内容详见 2.4 节，这里不再赘述。本小节主要对求解时间、速度格式以及 2D 空间进行介绍。

1．求解时间

求解时间包括"稳态"和"瞬态"两种类型，用于对稳态或非稳态分析类型进行设置。

2．速度格式

速度格式包括"绝对"和"相对"两种类型，用于指定分析时要使用的速度公式。"绝对"速度是默认设置，而"相对"速度只有在使用"压力基"求解器时才被允许使用。

3．2D 空间

该选项只有在分析二维模型时才可以使用，包括"平面""轴对称"和"带旋流的轴对称"三个选项。其中"平面"是默认选项，表明要分析的是二维问题；"轴对称"表明要分析的二维模型是轴对称图形，使用该选项需要在边界条件任务栏中指定对称轴；"带旋流的轴对称"用于求解轴对称几何模型的旋转流。

5.1.3　重力设置

如果分析的问题需要考虑重力的影响，则需要勾选"重力"单选按钮，激活重力设置，并在 X、Y、Z 方向上分别设置重力加速度的值，地球上标准的重力加速度一般设置为 $9.81m/s^2$。

5.2　模型设置

当完成通用设置后，接下来就根据分析的问题选择合适的模型。Fluent 提供了多种模型结构，包括辐射模型、黏性模型、多相流模型、组分模型、离散相模型、结构模型、声学模型等，主要集中在"物理模型"选项卡中的"模型"面板中，如图 5-6 所示。由于本书主要涉及黏性模型、多相流模型、组分模型、离散相模型，因此对其他模型不再介绍。而对于书中涉及的 4 种模型介绍详见第 7 章～第 10 章。

图 5-6　"模型"面板

5.3　定 义 材 料

由于不同的材料具有不同的物理性质，因此在进行 Fluent 分析之前需要结合分析的具体情况选择、设置或新建合适的材料。这些操作主要集中在"创建/编辑材料"对话框中，如图 5-7 所示。

图 5-7　"创建/编辑材料"对话框

5.3.1　选择材料

Fluent 中提供了许多定义好的材料，包括流体材料、固体材料和混合材料，大多数情况下可以找到分析所需要的材料，具体操作如下。

01 在"创建/编辑材料"对话框中单击"Fluent 数据库"按钮 [Fluent数据库...]，打开"Fluent数据库材料"对话框，如图 5-8 所示。

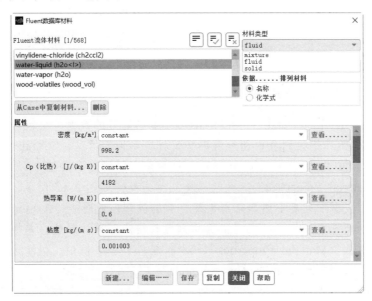

图 5-8　"Fluent 数据库材料"对话框

02 在"材料类型"下拉列表中选择要加载材料的类型，包括"mixture"（混合材料）、"fluid"（流体材料）和"solid"（固体材料）3 种类型。当选择不同材料类型后，在"Fluent 流体材料"列表中就会出现相应类型的材料，并且可以看到 Fluent 中提供的"mixture"（混合材料）有 41 种，"fluid"（流体材料）有 568 种，"solid"（固体材料）有 13 种。

03 在"材料类型"下拉列表中选择要加载材料的类型后，单击"复制"按钮 复制 ，就可以将所选材料加载到当前的分析中，然后单击"关闭"按钮 关闭 ，关闭"Fluent 数据库材料"对话框。

5.3.2　设置材料属性

大多数情况下在"Fluent 数据库材料"中加载的材料就可以满足分析的需要，但对于一些特定的材料属性还需要通过设置材料的属性来达到所需材料的物理属性，具体操作如下。

01 在"创建/编辑材料"对话框的"材料类型"下拉列表中选择需要修改材料属性的类型，如"mixture"（混合材料）、"fluid"（流体材料）或"solid"（固体材料）。

02 在"Fluent 流体材料"下拉列表中选择要修改属性的材料。

03 在"属性"面板中修改所需的物理属性，如"密度""比热""热导率"等，设置完成后单击"更改/创建"按钮 更改/创建 ，完成材料属性的修改。

5.3.3　新建材料

如果"Fluent 数据库材料"中没有分析所需要的材料，则需要新建一个材料，具体操作如下。

01 在"创建/编辑材料"对话框中单击"用户自定义数据库"按钮 用户自定义数据库...... ，系统将会弹出"打开数据库"对话框，如图 5-9 所示；在"数据库名称"中输入新建材料的名称后，单击"OK"按钮 OK ，弹出一个"Question"（问题）对话框，如图 5-10 所示，单击"Yes"按钮 Yes 即可。

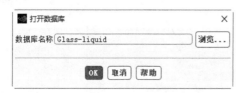

图 5-9　"打开数据库"对话框

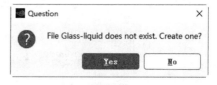

图 5-10　"Question"对话框

02 弹出"User-Defined Database Materials"（用户定义的数据库材料）对话框，如图 5-11 所示。首先在"材料类型"下拉列表中选择需要修改材料属性的类型，如"mixture"（混合材料）、"fluid"（流体材料）或"solid"（固体材料），然后单击"新建"按钮 新建... 。

03 弹出"Material Properties"（材料属性）对话框，如图 5-12 所示，在"名称"栏中输入材料的名称，在"类型"列表中选择需要创建材料的类型。此时在"Available Properties"（可用属性）列表中出现所选材料类型的属性，选择创建材料所需要的属性，单击"导入"按钮 >> ，将所选的材料属性导入"Material Properties"（材料属性）列表框中。依次选择导入的属性，单击"编辑"按钮 编辑...... ，打开"Edit Property Methods"（编辑属性方法）对话框，如图 5-13 所示，在"Available Properties"列表中选择材料属性的参数，单击"导入"按钮 >> ，将所选的材料属性导入到"Material Properties"列表中。然后在"Edit Properties"下方输入属性参数值，单击"OK"按钮 OK ，关闭"Edit Property Methods"对话框，返回"Material Properties"对话框。同理编辑其他属性，完成后单击"应用"按钮 应用 ，再单击"关闭"按钮 关闭 。

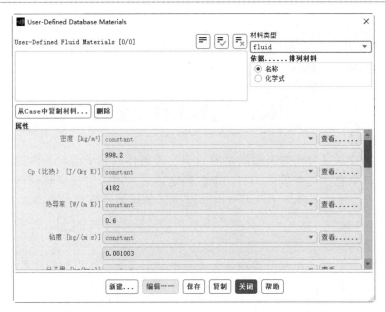

图 5-11　"User-Defined Database Materials"对话框

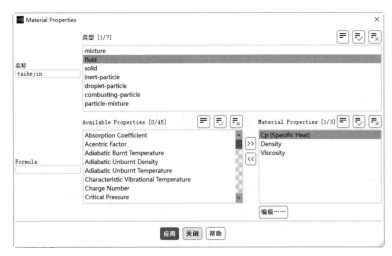

图 5-12　"Material Properties"对话框

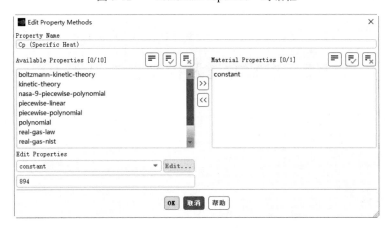

图 5-13　"Edit Property Methods"对话框

04 返回"User-Defined Database Materials"对话框，单击"保存"按钮 保存 和"复制"按钮 复制 ，再单击"关闭"按钮 关闭 ，返回"创建/编辑材料"对话框。此时新建的材料出现在"User-Defined Database Materials"列表中，然后单击"更改/编辑"按钮，完成新材料的创建。

5.4 边界条件设置

边界条件是流场变量在分析时需要满足的数学物理条件。完成边界条件的设置后还需要对边界条件进行初始化，只有在边界条件和初始条件确定后，才可以进行求解分析。对于边界条件的具体内容详见 2.6 节，这里不再赘述。本节主要对边界条件的设置进行介绍，具体操作如下。

01 单击"物理模型"选项卡"区域"面板中的"边界"按钮 ，任务页面切换为"边界条件"，如图 5-14 所示。

02 在"区域"列表中选择在网格划分时命名的边界名称，然后选择边界条件的"相"和"类型"，单击"编辑"按钮，弹出相应类型边界条件的对话框（这里以速度入口为例），如图 5-15 所示。在该对话框中进行速度入口的设置，包括"速度定义方法""速度大小""湍流强度"和"湍流黏度比"等，设置完成后单击"应用"按钮 应用 ，再单击"关闭"按钮 关闭 ，关闭该对话框即可。

图 5-14 "边界条件"任务页面

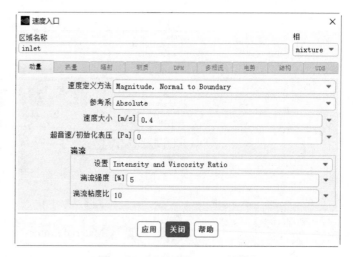

图 5-15 "速度入口"对话框

5.5 求解方法及控制参数设置

在完成了网格、计算模型、材料和边界条件的设置后，理论上就可以进行 Fluent 计算求解了，但是为了更好地控制计算过程，提高计算精度，需要在求解器中进行相应的设置，包括求解方法和控制参数的设置。

5.5.1 求解方法设置

单击"求解"选项卡"求解"面板中的"方法"按钮 ，任务页面切换为"求解方法"，如

图 5-16 所示。求解方法主要进行"压力速度耦合"和"空间离散"的设置。

1. 压力速度耦合

压力速度耦合有 4 种选择方案，分别为 SIMPLE、SIMPLEC、PISO、Coupled。

- ➤ SIMPLE：该方案是软件默认的设置，常用于稳态计算。
- ➤ SIMPLEC：该方案稳定性较好，在计算时可以将亚松弛因子适当放大，所以在很多情况下可以优先考虑使用该方案。尤其是在层流计算时，当没有在计算中使用辐射模型等辅助方程时，用该方案可以极大地加快计算速度。
- ➤ PISO：该方案通常用于瞬态计算，但是当网格畸变很大时也可以使用此方案。使用该方案进行瞬态计算时，允许使用较大的时间步长来进行计算，所以在允许使用较大的时间步长的计算中可以缩短求解时间。

PISO 方案的另一个优势是可以处理网格畸变较大的问题。如果在 PISO 格式中使用相邻校正时，可以将亚松弛因子设为 1.0 或接近于 1.0 的值。而在使用偏度校正时，则应该将动量和压强的亚松弛因子之和设为 1.0。例如，将压强的亚松弛因子设为 0.3，将动量的亚松弛因子设为 0.7。如果同时采用两种修正形式，则应将所有松弛因子设为 1.0 或接近于 1.0 的值。

图 5-16 "求解方法"任务页面

- ➤ Coupled：适用于高速可压流、有强体积力的耦合流以及密网格问题，耦合求解流动和能量方程可以快速收敛。

2. 空间离散

在使用有限体积法时，需要将控制体积界面上的物理量及其导数通过节点的物理量插值求出，从而建立离散方程。因此，插值方式常称为离散格式。Fluent"求解方法"任务页面中的"空间离散"栏包括"梯度""压力""动量""湍流动能"和"湍流耗散率"，其中"动量""湍流动能""湍流耗散率"都涉及离散化常用的 4 种离散格式。

（1）梯度：梯度插值主要针对扩散相，包括 Green-Gause Cell Based（基于单元的格林-高斯）方案、Green-Gause Node Based（基于节点的格林-高斯）方案和 Least Squares Cell Based（基于单元体的最小二乘法插值）方案。

- ➤ Green-Gause Cell Based 方案：该方案可能会出现伪扩散。
- ➤ Green-Gause Node Based 方案：该方案可以最大程度降低伪扩散，求解更精确，尤其适用于三角形网格。
- ➤ Least Squares Cell Based 方案：该方案与 Green-Gause Node Based 方案具有相同的精度，但该方案多用于多面体网格。

（2）压力：该选项只有选择基于压力的求解器时才会被激活，包括 PRESTO（压力交错）、Modified Body Force Weighted（修正体积力加权）和 Body Force Weighted（体积力加权）3 种算法。

> ➤ PRESTO：主要用于高旋流、压力急剧流（如多孔介质、风扇模型等）或剧烈弯曲的区域。
> ➤ Modified Body Force Weighted：该算法可以代替 PRESTO 和 Body Force Weighted 算法，对网格和时间步长的敏感性较低，适用于非迭代求解器或存在较大的体积力的分析。
> ➤ Body Force Weighted：当体积力很大时采用该算法，如高雷诺数自然对流或高回旋流动。

（3）动量、湍流动能和湍流耗散率：这三项都涉及离散化常用的 4 种离散格式，分别是 First Order Upwind（一阶迎风格式）、Second Order Upwind（二阶迎风格式）、QUICK（二阶迎风插值格式）和 Third-Order MUSCL（三阶 MUSCL 格式）。

> ➤ First Order Upwind：该格式是 Fluent 默认的离散格式，其容易收敛，但是精度较差，主要用于初值计算。
> ➤ Second Order Upwind：相较于一阶迎风格式收敛较慢，但是具有更小的截断误差，适用于三角形、四面体网格或流动与网格不在同一直线上。
> ➤ QUICK：当此格式用于四边形/六面体网格时具有三阶精度，用于交错网格或三角形/四面体网格时只具有二阶精度。
> ➤ Third-Order MUSCL：主要用于非结构网格，在预测二次流、漩涡和力时较精确。

5.5.2 控制参数设置

单击"求解"选项卡"控制"面板中的"控制"按钮✂️，任务页面切换为"解决方案控制"，如图 5-17 所示[①]。求解方法控制主要进行"亚松弛因子"的设置。

Fluent 中各流场变量的迭代都由松弛因子控制，因此计算的稳定性与松弛因子紧密相关。在大多数情况下，可以不必修改松弛因子的默认设置，因为这些默认值是根据各种算法的特点优化得出的。在某些复杂流动中，默认设置不能满足稳定性要求时，计算过程中可能出现振荡、发散等情况，此时需要适当减小松弛因子的值，以保证计算收敛。

在实际计算中可以用默认设置先进行计算，如果发现残差曲线向上发展，则中断计算，适当调整松弛因子后再继续计算。在修改计算控制参数前，应该先保存当前的计算结果。调整参数后，计算需要经过几步调整才能适应新的参数。亚松弛因子的设置对于不同的求解方式或不同求解模型有不同的参数值，这里给出了以下 4 种经验值。

图 5-17 "解决方案控制"任务页面

> ➤ 能量方程亚松弛因子：当能量场影响流体流动时，默认的能量亚松弛因子为 1.0，当该值不能满足求解导致不收敛时应当减小亚松弛因子值，一般为 0.8～1.0；对于燃烧后的烟灰和流场的耦合计算，应该使用更小的亚松弛因子，一般用 0.2 比较合适。
> ➤ 燃烧模拟困难：燃烧求解难以收敛的一个主要原因是温度的剧烈变化引起密度的剧烈变化，从而导致流动求解不稳定，此时可以将默认的密度亚松弛因子由 1 改到 0.5～1.0。
> ➤ VOF 多相流模型：如果使用稳态隐式的 VOF 模型，为了提高收敛的稳定性，可以将所有

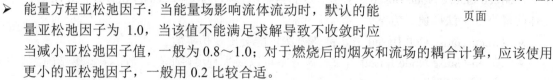

[①] 编者注：该图中的"驰"为软件汉化错误，应为"弛"。正文中均使用"弛"，图片中保持不变，余同。

变量的亚松弛因子设置在 0.2～0.5。

➢ Mixture 多相流模型：应当为滑移速度选用较低的亚松弛因子进行混合模型的计算。一般设置滑移速度的亚松弛因子为 0.2 或更小。如果计算结果较好，可以逐渐加大滑移速度的亚松弛因子。

5.6　求解初始化

在开始进行计算之前，必须为流场设定一个初始值，设定初始值的过程被称为"初始化"。如果把每步迭代得到的流场解按次序排列成一个数列，则初始值就是此数列中的第一个数，而达到收敛条件的解则是最后一个数。显然，如果初始值比较靠近最后的收敛解，则会加快计算过程，反之，则会增加迭代步数，使计算过程加长。更重要的是，如果初始值给得不好，有可能得不到收敛解。

在"求解"选项卡"初始化"面板中勾选"标准"单选按钮，然后单击"选项"命令，任务页面切换为"解决方案初始化"，如图 5-18 所示。

Fluent 中有"标准初始化""混合初始化"和"局部湍流初始化"三种方法。

图 5-18　"解决方案初始化"任务页面

5.6.1　标准初始化

标准初始化是通过指定"计算参考位置"列表中的各个参数的值来实现整个计算域初始化的。常用的"计算参考位置"选择"all-zones"，给定流场中的是一个平均值，每个网格上的值都是一样的，也可以选择具有代表性的"inlet"来进行初始化。对于"计算参考位置"的选择，一般在扩散严重的流场中采用"all-zones"较多，在对流强烈的流场中采用"inlet"较多。

5.6.2　混合初始化

在"解决方案初始化"任务面板中选择"混合初始化"单选按钮，切换为"混合初始化"任务页面，如图 5-19 所示。混合初始化方法通过收集用户指定的边界信息，通过拉普拉斯方程求解得出计算域中压力场与速度场初始分布。对于其他的物理量（如温度、湍流、组分、体积分数等）则自动基于区域平均插值得到。混合初始化不需要指定任何参数，软件通过读取用户设定的边界参数自动估算初始值，在使用过程中，只需要直接单击"初始化"按钮即可。对于单相稳态问题，Fluent 默认采用混合初始化，而对于多相流或者瞬态问题，Fluent 默认采用标准初始化，但是也可以使用混合初始化。

图 5-19　"混合初始化"任务页面

5.6.3 局部初始化

在进行初始化的过程中，有时候需要针对某一局部区域或部件进行特殊指定，此时则需要使用到局部初始化，但在局部初始化之前，需要先进行全局初始化来激活局部初始化。

1. 区域标记

首先需要有一个能够进行局部初始化的区域，创建该区域的步骤如下。

01 单击"域"选项卡"自适应"面板中的"自动"按钮，将会弹出"网格自适应"对话框，如图 5-20 所示。

图 5-20 "网格自适应"对话框

02 单击"网格自适应"对话框中的"单元标记"下一级菜单中的"创建"→"区域"命令，打开"区域标记"对话框，如图 5-21 所示。在该对话框中输入名称、创建区域的形状及坐标位置后，单击"保存"按钮 保存，创建区域标记。

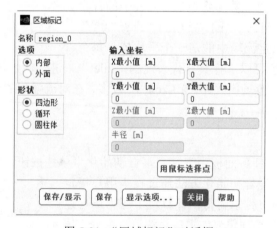

图 5-21 "区域标记"对话框

2. 局部初始化

完成全局初始化和区域标记后，就可以进行局部初始化了。在"解决方案初始化"任务页面中单击"局部初始化"按钮 局部初始化...，打开"局部初始化"对话框，如图 5-22 所示。在该对话框中设置"相""Variable""值"和"待局部初始化的标记"等参数，然后单击"局部初始化"按钮 局部初始化 进行初始化。

图 5-22　"局部初始化"对话框

5.7　动 画 设 置

对于瞬态分析，在计算过程中添加动画记录，可以在求解完成后通过观看求解动画直观地查看求解过程及流动效果，具体步骤如下。

01 单击"求解"选项卡"活动"面板中的"创建"下一级菜单中的"解决方案动画"命令，打开"动画定义"对话框，如图 5-23 所示。

02 在该对话框中设置"记录间隔""存储类型"和"动画对象"，然后单击"使用激活"按钮激活动画对象，单击"OK"按钮完成动画的定义。

如果"动画对象"列表中没有所需要的对象，那么需要创建一个合适的新对象，具体操作如下。

在"动画定义"对话框中选择"新对象"命令，在弹出的下拉菜单中选择所需要的对象类型，如图 5-24 所示。这里以创建"云图"为例，当选择"新对象"为"云图"时，将会弹出"云图"对话框，如图 5-25 所示。在对话框中进行"云图名称""选项"和"着色变量"等设置后，单击"保存/显示"按钮，创建动画对象。

图 5-23　"动画定义"对话框

图 5-24　"新对象"列表

图 5-25　"云图"对话框

5.8 求解设置

在完成边界条件及初始条件的设置后，就可以进行求解设置了。求解设置主要有稳态求解设置和瞬态求解设置。单击"求解"选项卡"运行计算"面板中的"运行计算"按钮，任务页面切换为"运行计算"。

5.8.1 稳态求解设置

稳态求解"运行计算"任务页面如图 5-26 所示，在该页面中设置"迭代次数"和"报告间隔"的参数，然后单击"开始计算"按钮 开始计算，进行求解计算。

5.8.2 瞬态求解设置

瞬态求解"运行计算"任务页面如图 5-27 所示，在该页面中设置"时间步数""时间步长""最大迭代数/时间步"和"报告间隔"的参数，然后单击"开始计算"按钮 开始计算，进行求解计算。

图 5-26 稳态求解"运行计算"任务页面

图 5-27 瞬态求解"运行计算"任务页面

5.9 实例——挤出机机头分析求解

扫一扫，看视频

第 4 章完成了对模型的创建和网格的划分等操作，接下来对该模型进行分析设置和求解。

5.9.1 分析设置

01 启动 Fluent 应用程序。右击"流体流动（Fluent）"项目模块中的"设置"栏，在弹出的快捷菜单中选择"编辑"命令，如图 5-28 所示。弹出"Fluent Launcher 2022 R1（Setting Edit Only）"对话框，由于该模型为三维模型，系统将自动切换为"3D"分析，然后勾选"Double Precision"（双精度）复选框，单击"Start"（启动）按钮，启动 Fluent 应用程序，如图 5-29 所示。

图 5-28 启动 Fluent 网格应用程序 　　　图 5-29 "Fluent Launcher 2022 R1（Setting Edit Only）"对话框

02 检查网格。单击任务页面"通用"设置"网格"栏中的"检查"按钮 检查 来检查网格。当"控制台"中显示"Done."（完成）时，表示网格可用，如图 5-30 所示。从这里可以看出网格文件几何区域的大小。注意，这里的 minimum volume（最小体积）必须大于 0，否则不能进行后续的计算；若是出现最小体积小于零的情况，就要重新划分网格。

03 设置计算区域尺寸。单击任务页面"通用"设置"网格"栏中的"网格缩放"按钮 网格缩放，将会弹出"缩放网格"对话框，如图 5-31 所示，其对计算区域尺寸进行设置。由于在第 4 章中进行网格划分时设置的单位为 mm，而 Fluent 中默认的单位为 m，为了方便查看，将"查看网格单位"改为 mm，然后单击"关闭"按钮，关闭该对话框。

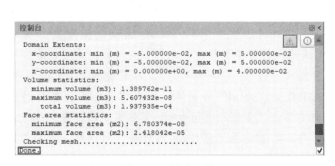

图 5-30 检查网格 　　　　　　　　　　图 5-31 "缩放网格"对话框

04 显示网格。单击任务页面"通用"设置"网格"栏中的"显示网格"按钮 显示网格...，将会弹出"网格显示"对话框，如图 5-32 所示。当网格满足最小体积的要求以后，可以在 Fluent 中显示网格。在"表面"列表中选择要显示的部分，单击"显示"按钮，在图形区域中显示如图 5-33 所示的网格图。

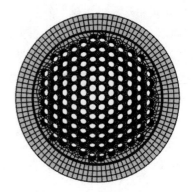

图 5-32 "网格显示"对话框　　　　　　　　图 5-33 网格显示图

05 设置求解类型。在任务页面"通用"设置"求解器"栏中勾选"压力基"类型，勾选"时间"为"稳态"，如图 5-34 所示。

06 启动能量。单击"物理模型"选项卡，在该选项卡的"模型"面板中勾选"能量"选项，启动能量，如图 5-35 所示。

图 5-34 设置求解类型　　　　　　　　　图 5-35 启动能量

07 定义材料。单击"物理模型"选项卡"材料"面板中的"创建/编辑"按钮，弹出"创建/编辑材料"对话框，如图 5-36 所示。系统默认的流体材料为"air"（空气），需要再添加一个"钢铁"材料。单击对话框中的"Fluent 数据库"按钮 Fluent数据库... ，将会弹出"Fluent 数据库材料"对话框，在"材料类型"下拉列表中选择"solid"（固体），在"Fluent 固体材料"栏中选择"steel"（钢铁），如图 5-37 所示。然后单击"复制"按钮 复制 ，复制该材料，再单击"关闭"按钮 关闭 ，关闭"Fluent 数据库材料"对话框，之后返回"创建/编辑材料"对话框，单击"关闭"按钮 关闭 ，关闭"创建/编辑材料"对话框。

08 设置边界条件。

（1）设置区域。单击"物理模型"选项卡"区域"面板中的"单元区域"按钮，任务页面切换为"单元区域条件"，如图 5-38 所示。在"单元区域条件"下方的"区域"列表中选择"solid"（固体）选项，然后单击"编辑"按钮 编辑…… ，弹出"固体"对话框，设置"材料名称"为 steel，如图 5-39 所示。单击"应用"按钮 应用 ，再单击"关闭"按钮 关闭 ，关闭"固体"对话框。

图 5-36　"创建/编辑材料"对话框

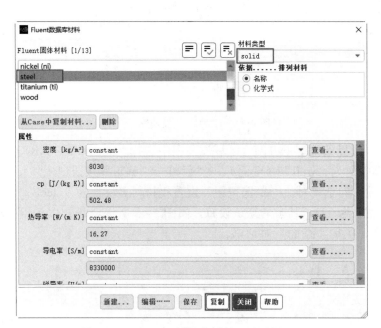

图 5-37　"Fluent 数据库材料"对话框

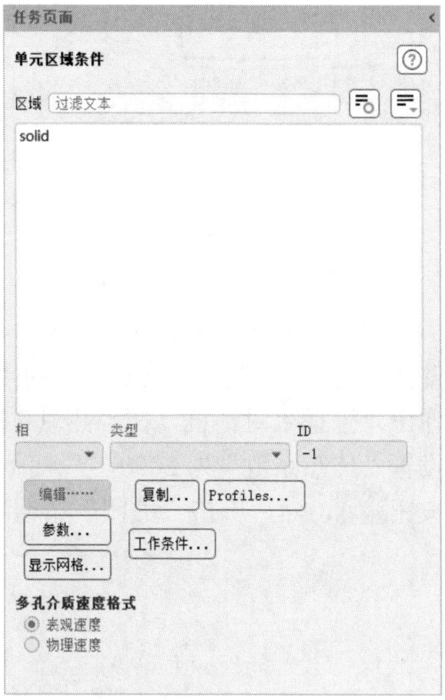

图 5-38　"单元区域条件"任务页面

图 5-39　"固体"对话框

（2）设置入口壁面边界条件。单击"物理模型"选项卡"区域"面板中的"边界"按钮⊞，任务页面切换为"边界条件"。在"边界条件"下方的"区域"列表中选择"in-wall"（入口壁面）选项，显示"in-wall"的"类型"为"wall"（壁面），如图5-40所示。然后单击"编辑"按钮 编辑……，弹出"壁面"对话框，在"热量"面板中勾选"热通量"单选按钮，设置"材料名称"为"steel"，其余为默认设置，如图5-41所示。单击"应用"按钮 应用，然后单击"关闭"按钮 关闭，关闭"壁面"对话框。

图5-40 入口壁面边界条件

图5-41 "壁面"对话框

（3）设置出口壁面边界条件。在"边界条件"下方的"区域"列表中选择"out-wall"（出口壁面）选项，显示"out-wall"的"类型"为"wall"（壁面），然后单击"编辑"按钮 编辑……，弹出"壁面"对话框，在"热量"面板中勾选"对流"单选按钮，设置"材料名称"为"steel"，设置"传热系数"为2000，"来流温度"为323，其余为默认设置，如图5-42所示。单击"应用"按钮 应用，然后单击"关闭"按钮 关闭，关闭"壁面"对话框。

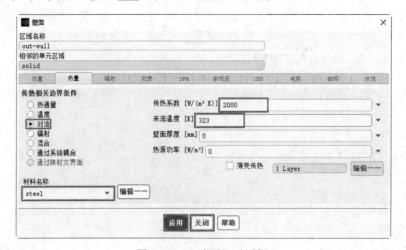

图5-42 "壁面"对话框

（4）设置环壁面边界条件。在"边界条件"下方的"区域"列表中选择"huan"（环）选项，显示"huan"（环）的"类型"为"wall"（壁面），然后单击"编辑"按钮 编辑……，弹出"壁面"对话框，在"热量"面板中勾选"对流"单选按钮，设置"材料名称"为"steel"，设置"传热系数"为 30，"来流温度"为 303，其余为默认设置。单击"应用"按钮 应用，然后单击"关闭"按钮 关闭，关闭"壁面"对话框。

（5）设置塑料壁面边界条件。在"边界条件"下方的"区域"列表中选择"plastic"（塑料）选项，显示"plastic"（塑料）的"类型"为"wall"（壁面），然后单击"编辑"按钮 编辑……，弹出"壁面"对话框，在"热量"面板中勾选"对流"单选按钮，设置"材料名称"为"steel"，设置"传热系数"为 500，"来流温度"为 500，其余为默认设置。单击"应用"按钮 应用，然后单击"关闭"按钮 关闭，关闭"壁面"对话框。

5.9.2 求解设置

01 设置求解控制。单击"求解"选项卡"控制"面板中的"控制"按钮，任务页面切换为"解决方案控制"，如图 5-43 所示。单击"方程"按钮，弹出"方程"对话框，在"方程"列表中选择"Energy"（方程）选项，如图 5-44 所示。单击"OK"按钮，关闭该对话框。

图 5-43 "解决方案控制"任务页面   图 5-44 "方程"对话框

02 初始化。在"求解"选项卡"初始化"面板中勾选"标准"单选按钮，然后单击"选项"命令，"任务面板"切换为"解决方案初始化"，在"计算参考位置"列表中选择"huan"（环），其余为默认设置，如图 5-45 所示。单击"初始化"按钮 初始化，进行初始化。

5.9.3 求解

单击"求解"选项卡"运行计算"面板中的"运行计算"按钮，任务页面切换为"运行计算"，如图 5-46 所示。在"参数"栏中设置"迭代次数"为 6，其余为默认设置，然后单击"开始计算"按钮开始求解，计算完成后弹出提示对话框，如图 5-47 所示。单击"OK"按钮，完成求解。

图 5-45　"解决方案初始化"任务页面

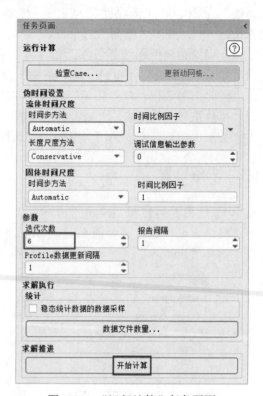

图 5-46　"运行计算"任务页面

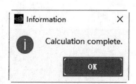

图 5-47　求解完成提示对话框

第6章 计算后处理

内容简介

求解完成后，用户就需要进行后处理，对求解后的数据进行图形化显示和统计处理，从而对计算结果进行分析。后处理可以生成点、点样本、直线、平面、体、等值面等，显示云图和矢量图，也可通过动画功能制作动画短片等。

内容要点

➢ Fluent 的后处理功能
➢ 实例——挤出机机头后处理

案例效果

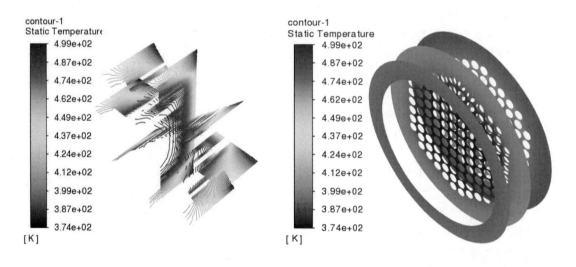

6.1 Fluent 的后处理功能

Fluent 可以用多种方式显示和输出计算结果，例如，显示速度矢量图、压力等值线图、等温线图、压力云图、流线图，绘制 XY 散点图、残差图，生成流场变化的动画，报告流量、力、界面积分、体积分及离散相信息等。

6.1.1 创建云图

在 Fluent 中，可以在求解对象上绘制云图。云图是由某个选定的变量（如速度、温度、压力等）为固定值沿一个参考向量并按照一定的比例投影到某个面上形成的。具体操作步骤如下。

01 单击"结果"选项卡"图形"面板中的"云图"下一级菜单中的"创建"命令，将会弹出"云图"对话框，如图 6-1 所示。

02 在"云图名称"下方输入创建云图的名称；在"选项"栏中选择云图显示的类型；在"着色变量"列表中选择一个变量或函数作为绘制对象，其中，在上面的列表中选择云图分类，在下面的列表中选择相关变量；在"表面"列表中选择要绘制云图的曲面，对于 2D 情况，如果没有选取任何面，则会在整个求解对象上绘制等值线或轮廓，而对于 3D 情况，至少需要选择一个表面。

03 设置完成后，单击"保存/显示"按钮 保存/显示 ，显示相应的云图。

图 6-1 "云图"对话框

6.1.2 创建矢量图

在 Fluent 中，可以在求解对象上绘制矢量图。默认情况下，速度矢量图被绘制在每个单元的中心（或在每个选中的表面的中心），用长度和箭头的颜色代表其梯度。具体操作步骤如下。

01 单击"结果"选项卡"图形"面板中的"矢量"下一级菜单中的"创建"命令，弹出"矢量"对话框，如图 6-2 所示。

02 在"矢量名称"下方输入创建矢量图的名称；在"选项"栏中选择矢量图显示的类型；在"着色变量"列表中选择一个变量或函数作为绘制对象，其中，在上面的列表中选择矢量分类，在下面的列表中选择相关变量；在"表面"列表中选择要绘制矢量图的曲面。

图 6-2 "矢量"对话框

03 设置完成后，单击"保存/显示"按钮 保存/显示 ，显示相应的矢量图。

6.1.3 创建迹线图

迹线图被用来显示求解对象的质量微粒流。粒子是由在表面列表中定义的一个或多个表面中释放出来。具体操作步骤如下。

01 单击"结果"选项卡"图形"面板中的"迹线"下一级菜单中的"创建"命令,弹出"迹线"对话框,如图 6-3 所示。

02 在"迹线名称"下方输入创建迹线图的名称;在"选项"栏中选择迹线图显示的类型;在"着色变量"列表中选择一个变量或函数作为绘制对象,设置"步长"和"步骤"的参数;在"从表面释放"列表中选择要绘制迹线图的曲面。

03 设置完成后,单击"保存/显示"按钮 保存/显示 ,显示相应的迹线图。

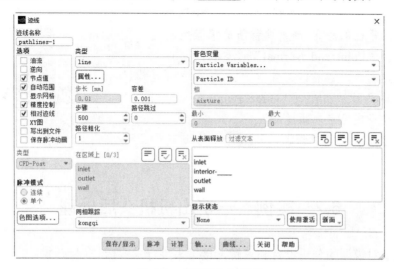

图 6-3 "迹线"对话框

6.1.4 创建颗粒轨迹图

颗粒轨迹能够追踪离散相颗粒的轨迹。具体操作步骤如下。

01 单击"结果"选项卡"图形"面板中的"颗粒轨迹"下一级菜单中的"创建"命令,弹出"颗粒轨迹"对话框,如图 6-4 所示。

02 在"颗粒轨迹名称"下方输入创建颗粒轨迹图的名称;在"选项"列表中选择迹线图显示的类型;在"着色变量"列表中选择一个变量或函数作为绘制对象;在"从喷射源释放"列表中选择喷射源。

03 设置完成后,单击"保存/显示"按钮 保存/显示 ,显示相应的颗粒轨迹图。

图 6-4 "颗粒轨迹"对话框

6.1.5 创建平面

二维模型的仿真后处理一般不需要创建平面，但是对于三维模型，在后处理过程中为了更好地查看三维模型内部的情况，通常需要创建一些穿过模型的平面，然后在这些平面上绘制图形，如绘制云图、绘制矢量图等。具体操作步骤如下。

01 单击"结果"选项卡"表面"面板中的"创建"下一级菜单中的"平面"命令，弹出"平面"对话框，如图 6-5 所示。

02 在"新面名称"下方输入创建平面图的名称；在"方法"列表中选择创建平面的方法，若选择"YZ Plane"（YZ 平面）、"ZX Plane"（ZX 平面）或"XY Plane"（XY 平面）方法，则在"X""Y"或"Z"文本框中输入与所选平面的距离，通过偏移所选平面来创建新平面；若选择"Point and Normal"（点和法向）方法，则通过指定一点，和沿该点在 X、Y 或 Z 方向偏移的距离来新建平面；若选择"Three Points"（三点）方法，则通过指定三点来新建平面。

03 设置完成后，单击"创建"按钮，创建新平面。

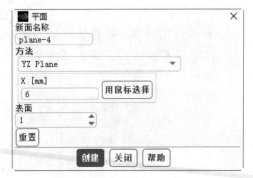

图 6-5 "平面"对话框

扫一扫，看视频

6.2 实例——挤出机机头后处理

第 5 章完成了对模型的分析设置和求解，接下来进行求解后处理。

6.2.1 创建平面

（1）通过偏移平面创建新平面。单击"结果"选项卡中的"表面"面板"创建"下拉菜单中的"平面"命令，打开"平面"对话框，如图 6-6 所示。设置"名称"为"plane-4"（平面 4），设置"方法"为"XY Plane"（XY 平面），在"Z"文本框中输入 5。单击"创建"按钮，创建平面 4。

同理，分别沿 XY 平面偏移 20 和 35，创建"plane-5"（平面 5）和"plane-6"（平面 6）。

（2）通过三点创建新平面。在"平面"对话框中设置"新面名称"为"plane-7"（平面 7），设置"方法"为"Three Points"（三点），然后在点 1 的"X""Y""Z"文本框中输入（0,0,0）、在点 2 的"X""Y""Z"文本框中输入（0,0,100），在点 3 的"X""Y""Z"文本框中输入（100,0,0），如图 6-7 所示。单击"创建"按钮，创建平面 7。

同理，分别输入三点坐标{（0,0,0）、（0,0,100）、（0,100,0）}、{（0,0,0）、（0,0,100）、（100,100,0）}、{（0,0,0）、（0,0,100）、（100,-100,0）}，创建"plane-8"（平面 8）、"plane-9"（平面 9）和"plane-10"（平面 10）。

图 6-6　通过偏移平面创建新平面

图 6-7　通过三点创建新平面

6.2.2　查看径向温度等值线和云图

　　单击"结果"选项卡中的"图形"面板"云图"下拉菜单中的"创建"命令，打开"云图"对话框，如图 6-8 所示。设置"云图名称"为"contour-1"（等高线-1）；在"选项"栏中勾选"全局范围"和"自动范围"复选框；设置"着色变量"为"Temperature"（温度）和"Static Temperature"（静态温度），在"表面"列表中选择创建的平面 7～平面 10。单击"保存/显示"按钮，显示径向温度等值线图，如图 6-9 所示。在"选项"列表中勾选"填充""节点值""全局范围"和"自动范围"复选框，其余保持不变，然后单击"保存/显示"按钮，显示径向温度云图，如图 6-10 所示。

图 6-8　"云图"对话框

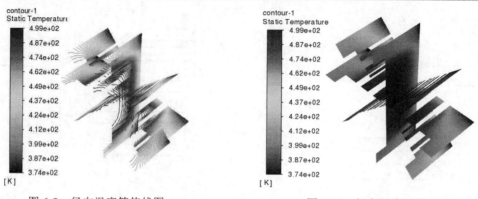

图 6-9　径向温度等值线图　　　　　　　　图 6-10　径向温度云图

6.2.3　查看轴向温度等值线和云图

在"云图"对话框中的"选项"列表中勾选"全局范围"和"自动范围"复选框，设置"着色变量"为"Temperature"（温度）和"Static Temperature"（静态温度），在"表面"列表中选择创建的平面 4～平面 6，然后单击"保存/显示"按钮，显示轴向温度等值线图，如图 6-11 所示。在"选项"栏中勾选"填出""节点值""全局范围"和"自动范围"复选框，其余保持不变，然后单击"保存/显示"按钮，显示轴向温度云图，如图 6-12 所示。

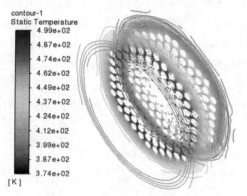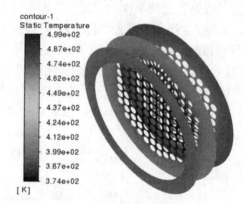

图 6-11　轴向温度等值线图　　　　　　　　图 6-12　轴向温度云图

第 7 章　无黏模型与层流模型模拟

内容简介

　　Fluent 软件中的黏性模型是进行流体力学分析的最基本的模型，主要包括无黏模型、层流模型以及湍流模型。其中，无黏模型模拟的是理想流体，在流动时各层之间没有相互作用的切应力，即没有内摩擦力；层流模型用于进行层流模拟，层流同无黏流动一样，不需要设置计算的相关参数。

内容要点

- ➤ ANSYS Fluent 物理模型概述
- ➤ 连续性和动量方程
- ➤ Fluent 中的流体分类
- ➤ 无黏模型概论
- ➤ 层流模型概论
- ➤ 三角形腔体内层流流动
- ➤ 层流实例——空气绕流

案例效果

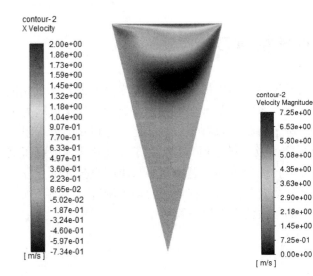

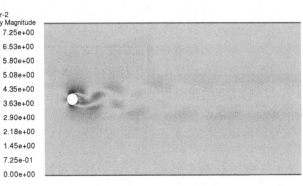

7.1   ANSYS Fluent 物理模型概述

Fluent 为各种不可压缩和可压缩、层流和湍流流体流动问题提供了全面的模拟能力，可以进行稳态或瞬态分析。在 Fluent 中，大量传输现象的数学模型（如传热和化学反应）与复杂几何模型的能力相结合。Fluent 应用实例包括工艺设备层流非牛顿流，叶轮机械与汽车发动机部件的共轭传热，电站锅炉中煤粉燃烧的分析，外部空气动力学，通过压缩机、泵和风扇的流量及气泡塔和流化床中的多相流等。

为了模拟工业设备和过程中的流体流动和相关的运输现象，ANSYS Fluent 提供了各种有用的特性，包括多孔介质、集总参数（风扇和热交换器）、流向周期性流动和传热、涡流和移动参考系模型等。模型的移动参照系包括对单个或多个参照系建模的能力。此外，还提供了一种时间精确的滑动网格方法，其用于叶轮机械应用中的多级建模，例如，计算时间平均流场的混合平面模型。

Fluent 中另一组非常有用的模型是自由面和多相流模型，它可用于分析气-液、气-固、液-固和气-液-固流动。针对这类问题，Fluent 提供了 VOF、混合模型、欧拉模型以及离散相模型（DPM）。DPM 对分散相（粒子、液滴或气泡）进行拉格朗日轨迹计算，包括与连续相耦合。

多相流的例子包括明渠流、喷雾、沉降、分离和空化。

在 Fluent 中，鲁棒性和准确性是湍流模型至关重要的组成部分。所提供的湍流模型具有广泛的适用性，而且还包括其他物理现象，如浮力和压缩性。通过使用壁面函数和分区处理模型来求解近壁区域。

各种传热模式可以模拟，包括自然对流、强迫对流、混合对流和多孔介质等。辐射模型和一些子模型都是可以使用的，还可以计算燃烧。Fluent 的一个特别的优点是它能够使用多种模型来模拟燃烧现象，包括涡流耗散模型和概率密度函数模型。还有许多其他模型对于反应流应用非常有用，包括煤和液滴燃烧、表面反应和污染物形成模型。总之，Fluent 提供了丰富的模型模拟多种问题。

7.2   连续性和动量方程

流体流动要受物理守恒定律的支配，即流动要满足质量守恒方程、动量守恒方程及能量守恒方程。如果流动包含有不同成分的混合或相互作用，系统还要遵守组分守恒定律。如果流动处于湍流状态，系统还要遵守附加的湍流输运方程。本节将给出求解多维流体运动与传热的方程组。

对于所有流动问题，ANSYS Fluent 求解质量守恒及动量守恒方程；对于涉及热传递或可压缩问题，求解关于能量守恒的方程；对于涉及组分混合或反应的问题，则必须求解组分守恒方程；如果使用了非预混燃烧模型，则还必须求解混合分数及其守恒方程。当流动为湍流时，则必须求解额外的输运方程。这里主要讨论惯性坐标系中的层流流动守恒方程。

7.2.1   物质导数

把流场中的物理量看成是空间和时间的函数：

$$T = T(x, y, z, t), \quad p = p(x, y, z, t), \quad v = v(x, y, z, t) \tag{7-1}$$

研究各物理量对时间的变化率，例如，速度分量 u 对时间 t 的变化率有：

$$\frac{\mathrm{d}u}{\mathrm{d}t} = \frac{\partial u}{\partial t} + \frac{\partial u}{\partial x}\frac{\mathrm{d}x}{\mathrm{d}t} + \frac{\partial u}{\partial y}\frac{\mathrm{d}y}{\mathrm{d}t} + \frac{\partial u}{\partial z}\frac{\mathrm{d}z}{\mathrm{d}t} = \frac{\partial u}{\partial t} + u\frac{\partial u}{\partial x} + v\frac{\partial u}{\partial y} + w\frac{\partial u}{\partial z} \tag{7-2}$$

式中：u、v、w 分别为速度沿 x、y、z 方向的速度矢量。

将式（7-2）中的 u 替换为 N，代表任意物理量，得到任意物理量 N 对时间 t 的变化率如下：

$$\frac{\mathrm{d}N}{\mathrm{d}t} = \frac{\partial N}{\partial t} + u\frac{\partial N}{\partial x} + v\frac{\partial N}{\partial y} + w\frac{\partial N}{\partial z} \tag{7-3}$$

这就是任意物理量 N 的物质导数，也称为质点导数。

7.2.2　质量守恒方程（连续性方程）

任何流动问题都要满足质量守恒方程，即连续性方程。其定律表述为：单位时间内流体微元体中质量的增加，等于同一时间间隔内流入该微元体的净质量。按照这一定律，可以得出质量守恒方程：

$$\frac{\partial \rho}{\partial t} + \frac{\partial}{\partial x_i}(\rho u_i) = S_m \tag{7-4}$$

式（7-4）是质量守恒方程的一般形式，它适用于可压流动和不可压流动，源项 S_m 是从分散的二级相中加入连续相的质量（比如液滴的蒸发），源项也可以是任何的自定义源项。

二维轴对称问题的连续性方程如下：

$$\frac{\partial \rho}{\partial t} + \frac{\partial(\rho u)}{\partial x} + \frac{\partial(\rho v)}{\partial y} + \frac{\partial(\rho w)}{\partial z} = 0 \tag{7-5}$$

连续性方程的适用范围没有限制，无论是可压缩或不可压缩流体，黏性或无黏性流体，定常或非定常流体都可适用。

对于定常流体，密度 ρ 不随时间的变化而变化，式（7-4）变为

$$\frac{\partial(\rho u)}{\partial x} + \frac{\partial(\rho v)}{\partial y} + \frac{\partial(\rho w)}{\partial z} = 0 \tag{7-6}$$

对于定常不可压缩流体，密度 ρ 为常数，式（7-4）变为

$$\frac{\partial u}{\partial x} + \frac{\partial v}{\partial y} + \frac{\partial w}{\partial z} = 0 \tag{7-7}$$

7.2.3　动量守恒方程（N-S 方程）

动量守恒方程也是任何流动系统都必须满足的基本定律。其定律表述为：任何控制微元体中流体动量对时间的变化率等于外界作用在微元体上各种力之和。该定律实际上是牛顿第二定律。

按照这一定律，可导出动量守恒方程：

$$\frac{\partial}{\partial t}(\rho u_i) + \frac{\partial}{\partial x_j}(\rho u_i u_j) = -\frac{\partial p}{\partial x_i} + \frac{\partial \tau_{ij}}{\partial x_j} + \rho g_i + F_i \tag{7-8}$$

式中：p 为静压；τ_{ij} 为应力张量；g_i 和 F_i 分别为 i 方向上的重力体积力和外部体积力（如离散相互作用产生的升力）；F_i 包含其他模型相关源项（如多孔介质和自定义源项）。

应力张量由下式给出：

$$\tau_{ij} = \left[\mu \left(\frac{\partial u_i}{\partial x_j} + \frac{\partial u_j}{\partial x_i} \right) \right] - \frac{2}{3} \mu \frac{\partial u_l}{\partial x_l} \delta_{ij} \tag{7-9}$$

由流体的黏性本构方程得到直角坐标系下的动量守恒方程，即 N-S 方程：

$$\rho \frac{\mathrm{d}u}{\mathrm{d}t} = \rho F_x - \frac{\partial p}{\partial x} + \frac{\partial}{\partial x}\left(\mu \frac{\partial u}{\partial x}\right) + \frac{\partial}{\partial y}\left(\mu \frac{\partial u}{\partial y}\right) + \frac{\partial}{\partial z}\left(\mu \frac{\partial u}{\partial z}\right) + \frac{\partial}{\partial x}\left[\frac{\mu}{3}\left(\frac{\partial u}{\partial x} + \frac{\partial v}{\partial y} + \frac{\partial w}{\partial z}\right)\right]$$

$$\rho \frac{\mathrm{d}v}{\mathrm{d}t} = \rho F_y - \frac{\partial p}{\partial y} + \frac{\partial}{\partial x}\left(\mu \frac{\partial v}{\partial x}\right) + \frac{\partial}{\partial y}\left(\mu \frac{\partial v}{\partial y}\right) + \frac{\partial}{\partial z}\left(\mu \frac{\partial v}{\partial z}\right) + \frac{\partial}{\partial y}\left[\frac{\mu}{3}\left(\frac{\partial u}{\partial x} + \frac{\partial v}{\partial y} + \frac{\partial w}{\partial z}\right)\right] \tag{7-10}$$

$$\rho \frac{\mathrm{d}w}{\mathrm{d}t} = \rho F_z - \frac{\partial p}{\partial z} + \frac{\partial}{\partial x}\left(\mu \frac{\partial w}{\partial x}\right) + \frac{\partial}{\partial y}\left(\mu \frac{\partial w}{\partial y}\right) + \frac{\partial}{\partial z}\left(\mu \frac{\partial w}{\partial z}\right) + \frac{\partial}{\partial z}\left[\frac{\mu}{3}\left(\frac{\partial u}{\partial x} + \frac{\partial v}{\partial y} + \frac{\partial w}{\partial z}\right)\right]$$

对于不可压缩常黏度的流体，式（7-10）可简化为

$$\rho \left(\frac{\partial u}{\partial t} + u\frac{\partial u}{\partial x} + v\frac{\partial u}{\partial y} + w\frac{\partial u}{\partial z} \right) = \rho F_x - \frac{\partial \rho}{\partial x} + \mu \left(\frac{\partial^2 u}{\partial x^2} + \frac{\partial^2 u}{\partial y^2} + \frac{\partial^2 u}{\partial z^2} \right)$$

$$\rho \left(\frac{\partial v}{\partial t} + u\frac{\partial v}{\partial x} + v\frac{\partial v}{\partial y} + w\frac{\partial v}{\partial z} \right) = \rho F_y - \frac{\partial \rho}{\partial y} + \mu \left(\frac{\partial^2 v}{\partial x^2} + \frac{\partial^2 v}{\partial y^2} + \frac{\partial^2 v}{\partial z^2} \right) \tag{7-11}$$

$$\rho \left(\frac{\partial w}{\partial t} + u\frac{\partial w}{\partial x} + v\frac{\partial w}{\partial y} + w\frac{\partial w}{\partial z} \right) = \rho F_z - \frac{\partial \rho}{\partial z} + \mu \left(\frac{\partial^2 w}{\partial x^2} + \frac{\partial^2 w}{\partial y^2} + \frac{\partial^2 w}{\partial z^2} \right)$$

在不考虑流体黏性的情况下，由式（7-10）可得出欧拉方程：

$$\frac{\mathrm{d}u}{\mathrm{d}t} = \frac{\partial u}{\partial t} + u\frac{\partial u}{\partial x} + v\frac{\partial u}{\partial y} + w\frac{\partial u}{\partial z} = F_x - \frac{\partial \rho}{\rho \partial x}$$

$$\frac{\mathrm{d}v}{\mathrm{d}t} = \frac{\partial v}{\partial t} + u\frac{\partial v}{\partial x} + v\frac{\partial v}{\partial y} + w\frac{\partial v}{\partial z} = F_y - \frac{\partial \rho}{\rho \partial y} \tag{7-12}$$

$$\frac{\mathrm{d}w}{\mathrm{d}t} = \frac{\partial w}{\partial t} + u\frac{\partial w}{\partial x} + v\frac{\partial w}{\partial y} + w\frac{\partial w}{\partial z} = F_z - \frac{\partial \rho}{\rho \partial z}$$

N-S 方程比较准确地描述了实际的流动，黏性流体的流动分析可归结为对此方程的求解。N-S 方程有 3 个分式，加上不可压缩流体连续性方程式，共 4 个方程，有 4 个未知数，分别是 u、v、w 和 p。方程组是封闭的，加上适当的边界条件和初始条件，原则上可以求解。但由于 N-S 方程存在非线性项，求一般解析解非常困难，只有在边界条件比较简单的情况下，才能求得解析解。

7.2.4　能量守恒方程

能量守恒定律是包含有热交换的流动系统必须满足的基本定律。其定律表述为：微元体中能量的增加率等于进入微元体的净热流量加上体积力与表面力对微元体所做的功。该定律实际是热力学第一定律。

流体的能量 E 通常是内能 i、动能 $K = \dfrac{1}{2}(u^2 + v^2 + w^2)$ 和势能 P 的三项之和。内能 i 与温度 T 之间存在一定关系，即 $i = c_p T$，其中 c_p 为比热容。这样可以得到以温度 T 为变量的能量守恒方程：

$$\frac{\partial(\rho T)}{\partial t} + div(\rho u T) = div\left(\frac{k}{c_p}\, gradT\right) + S_T \tag{7-13}$$

式中：c_p 为比热容；T 为温度；k 为流体的传热系数；S_T 为流体内热源及由于黏性作用流体机械能转换为热能的部分，有时简称 S_T 为黏性耗散项。

📢 注意：

> 虽然能量方程是流体流动与传热的基本控制方程，但对于不可压缩流动，若热交换量很小，甚至可以忽略时，可以不考虑能量守恒方程。此外，这是针对牛顿流体得出的，对于非牛顿流体，应使用其他形式的能量守恒方程。

7.3　Fluent 中的流体分类

在 Fluent 中将流体的流动状态分为无黏流动、层流和湍流，这些流动状态的设置集中在"黏性模型"中，如图 7-1 所示。本节将介绍无黏流动和层流，湍流将在第 8 章介绍，下面进行分类概述。

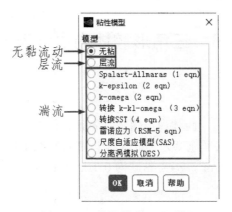

图 7-1　"黏性模型"对话框

7.4　无黏模型概论

理想流体是一种设想的没有黏性的流体，在流动时各层之间没有相互作用的切应力，即没有内摩擦力。十分明显，理想流体对于切向变形没有任何抗拒能力。应该强调指出，真正的理想流体在客观实际中是不存在的，它只是实际流体在某些条件下的一种近似模型。

无黏流动分析忽略了流体流动的黏性效应，且主要适用于高雷诺数流动中惯性力起主导地位的问题。一个关于无黏流动计算的例子是空气动力学分析中的一些高速弹射问题。在这类问题中，作用在几何体上压力主导黏性力，因此，利用无黏流动分析可以快速估计作用在物体上的主要力。当改变体形以增大升力及降低阻力时，可以再通过包含了流体黏性和湍流黏性的黏性分析进行升力及阻力计算。

无黏流动分析可以为一些涉及复杂流动或复杂几何问题提供一个好的初始解。在类似这类问题中，黏性力是非常重要的。然而在初步的计算中，动量方程的黏性项将会被忽略。一旦计算开始且残差持续降低，则可以打开黏性项（通过激活层流或湍流流动）继续计算直至收敛。对于许多复杂的问题，这是开始计算的唯一方法。

在无黏流动模型应用方面，无黏流动忽略了黏性对流动的影响，这对高雷诺数的流动是合适的，因为高雷诺数流动惯性力的作用远大于黏性力的作用，黏性力可以忽略，所以可以将其考虑成无黏流动。无黏流动的求解更快，其激波在某些值上预测得偏高。无黏流动能对流动状态和激波位置进行快速预测。

7.5　层流模型概论

层流是流体的一种流动状态。当流速很小时，流体分层流动，互不混合，称为层流。对于黏性流体的层流运动，流体微团的轨迹没有明显的不规则脉动。相邻流体层间只有分子热运动造成的动量交换。层流只出现在雷诺数 Re(Re = ρUL/μ) 较小的情况中，即流体密度 ρ、特征速度 U 和物体特征长度 L 都很小，或流体黏度 μ 很大的情况中。常见的层流现象有毛细现象或多孔介质中的流动、轴承润滑膜中的流动、微小颗粒在黏性流体中运动时引起的流动、液体或气体流经物体表面附近形成的边界层中的流动等。

扫一扫，看视频

7.6　三角形腔体内层流流动

7.6.1　问题分析

本案例利用 Fluent 计算三角形腔体内层流流动特征。图 7-2 为三角形腔体模型，其上部顶盖水平速度为 2m/s，验证竖直轴线上速度分布。腔体内介质密度为 1kg/m³，动力黏度为 0.01kg/(m·s)。

7.6.2　创建几何模型

01 启动 DesignModeler 建模器。打开 Workbench 程序，展开左侧工具箱中的"分析系统"栏，拖动工具箱里中"流体流动（Fluent）"选项到"项目原理图"界面中，创建一个含有"流体流动（Fluent）"的项目模块，然后右击"几何结构"栏，在弹出的快捷菜单中选择"新的 DesignModeler 几何结构"选项，启动

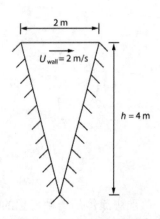
图 7-2　三角形腔体模型

DesignModeler 建模器，如图 7-3 所示。

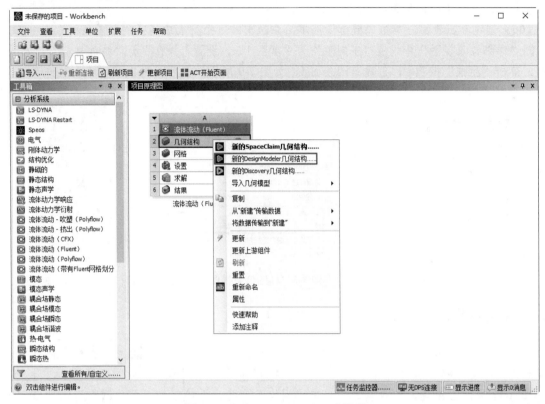

图 7-3　启动 DesignModeler 建模器

02 设置单位。进入 DesignModeler 建模器后，首先设置单位。单击"单位"菜单，在弹出的下拉菜单中选择"毫米"选项，如图 7-4 所示，设置绘图环境的单位为毫米。

03 新建草图。选择树轮廓中的"XY 平面"命令 ，然后单击工具栏中的"新草图"按钮 ，新建一个草图。此时树轮廓中"XY 平面"分支下会多出一个名为"草图 1"的草图。右击"草图 1"，在弹出的快捷菜单中选择"查看"命令 ，如图 7-5 所示，将视图切换为正视于"XY 平面"方向。

04 切换标签。单击树轮廓下端的"草图绘制"标签，如图 7-6 所示，打开"草图工具箱"，进入草图绘制环境。

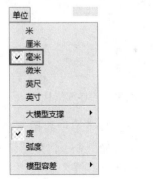

图 7-4　选择"毫米"选项

图 7-5　草图快捷菜单

图 7-6　"草图绘制"标签

05 绘制草图。利用"草图工具箱"中的工具绘制三角形草图，如图 7-7 所示，然后单击"生成"按钮 ，完成草图的绘制。

06 创建草图表面。单击"概念"菜单，在弹出的下拉列表中选择"草图表面"命令 ，在弹出的"详细信息视图"中设置"基对象"为"草图 1"，设置"操作"为"添加材料"，如图 7-8 所示。单击"生成"按钮 ，创建草图表面 1，如图 7-9 所示，最后关闭 DesignModeler 建模器。

| 图 7-7 绘制草图 | 图 7-8 详细信息视图 | 图 7-9 创建草图表面 1 |

7.6.3 划分网格及边界命名

01 启动 Meshing 网格应用程序。右击"流体流动（Fluent）"项目模块中的"网格"栏，在弹出的快捷菜单中选择"编辑"命令，启动 Meshing 网格应用程序，如图 7-10 所示。

02 全局网格设置。在树轮廓中单击"网格"分支，系统将切换到"网格"选项卡。同时左下角弹出关于"网格"的详细信息，设置"单元尺寸"为 10.0mm，如图 7-11 所示。

图 7-10 启动 Meshing 网格应用程序   图 7-11 "网格"的详细信息

03 添加尺寸控制。在树轮廓中仍处于选中状态的情况下，单击图形显示中的图形以将其选中。在图形区域中右击，从弹出的快捷菜单中选择"插入"→"尺寸调整"命令，如图 7-12 所示。在树轮廓的"网格"下会出现一个新的"尺寸调整"条目，单击"尺寸调整"。在"尺寸调整"的详细信息中输入"20.0mm"作为"单元尺寸"，如图 7-13 所示，最后按 Enter 键。

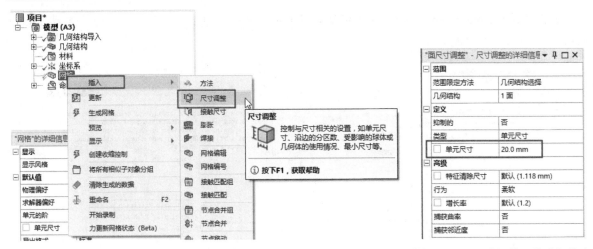

图 7-12 尺寸调整快捷菜单　　　　　　图 7-13 "尺寸调整"的详细信息

04 划分网格。单击"网格"选项卡"网格"面板中的"生成"按钮 ，系统将自动划分网格，结果如图 7-14 所示。

05 边界命名。选择模型的上边线，然后右击，在弹出的快捷菜单中选择"创建命名选择"命令，弹出"选择名称"对话框，在文本框中输入"movewall"，如图 7-15 所示。设置完成后单击该对话框的"OK"按钮，完成入口的命名。

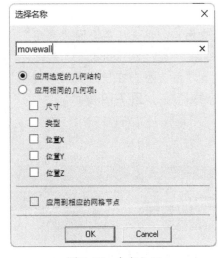

图 7-14 划分网格　　　　　　　　　　图 7-15 命名入口

06 完成网格划分及命名边界后，需要将划分好的网格平移到 Fluent 中。选择"模型树"中的"网格"分支，系统将自动切换到"网格"选项卡，然后单击"网格"面板中的"更新"按钮 ，系统将会弹出提示对话框，完成网格的更新。

7.6.4 分析设置

01 启动 Fluent 应用程序。右击"流体流动（Fluent）"项目模块中的"设置"栏，在弹出的快捷菜单中选择"编辑"选项，如图 7-16 所示。弹出"Fluent Launcher 2022 R1（Setting Edit Only）"

对话框，勾选"Double Precision"（双精度）复选框，单击"Start"（启动）按钮，启动 Fluent 应用程序，如图 7-17 所示。

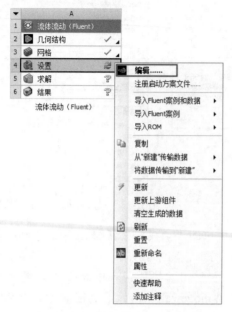

图 7-16   启动 Fluent 网格应用程序

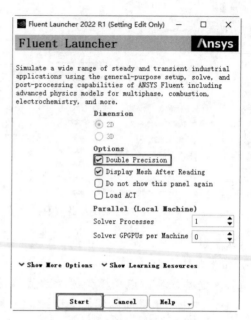

图 7-17   "Fluent Launcher 2022 R1
（Setting Edit Only）"对话框

02 检查网格。单击任务页面"通用"设置"网格"栏中的"检查"按钮 检查，检查网格，当"控制台"中显示"Done."（完成）时，表示网格可用，如图 7-18 所示。

03 设置求解类型。在任务页面"通用"设置"求解器"栏中勾选"压力基"类型，勾选"时间"为"瞬态"，如图 7-19 所示。

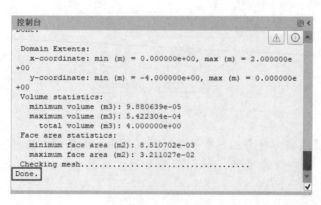

图 7-18   检查网格

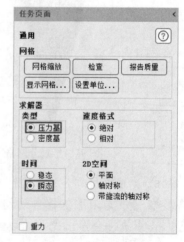

图 7-19   设置求解类型

04 定义空气材料。单击"物理模型"选项卡"材料"面板中的"创建/编辑"按钮 🧪，弹出"创建/编辑材料"对话框，如图 7-20 所示，设置"密度"为 1，设置"黏度"为 0.01，单击"更改/创建"按钮 更改/创建，更改空气的密度和黏度。

图 7-20　"创建/编辑材料"对话框

05 设置边界条件。单击"物理模型"选项卡"区域"面板中的"边界"按钮田，任务页面切换为"边界条件"，在"边界条件"下方的"区域"列表中选择"movewall"选项，显示"类型"为"wall"，如图 7-21 所示。单击"编辑"按钮[编辑……]，弹出"壁面"对话框，设置"壁面运动"为"移动壁面"，设置"运动"为"平移的"，设置"速度"为 2，如图 7-22 所示。单击"应用"按钮[应用]，然后单击"关闭"按钮[关闭]，关闭"壁面"对话框。

图 7-21　设置入口边界条件

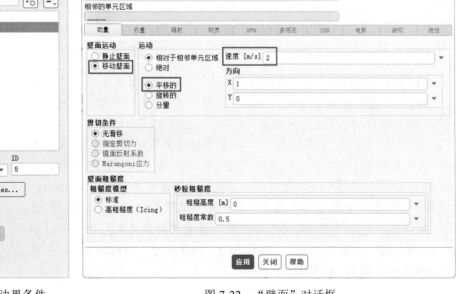

图 7-22　"壁面"对话框

139

7.6.5 求解设置

01 设置求解方法。单击"求解"选项卡"求解"面板中的"方法"按钮💠，任务页面切换为"求解方法"。在"压力速度耦合"栏中设置"方案"为"Coupled"算法，勾选"Warped-Face梯度校正（WFGC）"及"高阶项松弛"复选框，其余为默认设置，如图 7-23 所示。

02 修改残差。单击"求解"选项卡"报告"面板中的"残差"按钮〰，打开"残差监控器"对话框，修改所有参数的残差标准为 1e-06，其余采用默认设置，如图 7-24 所示，单击"OK"按钮，完成残差设置。

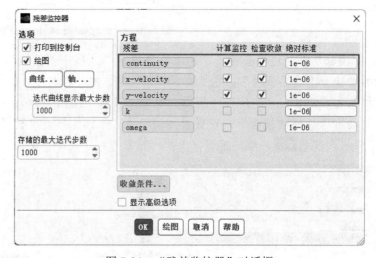

图 7-23 设置求解方法   图 7-24 "残差监控器"对话框

03 流场初始化。在"求解"选项卡"初始化"面板中单击"初始化"按钮，进行初始化。

04 设置解决方案动画。单击"求解"选项卡"活动"面板"创建"下拉列表中的"解决方案动画"命令，如图 7-25 所示，将会弹出"动画定义"对话框，如图 7-26 所示。单击"新对象"按钮 新对象 ，在弹出的列表中选择"云图"命令，弹出"云图"对话框，如图 7-27 所示。设置"云图名称"为"contour-2"（等高线-2），设置"着色变量"为"Velocity"（速度）。单击"保存/显示"按钮，再单击"关闭"按钮 关闭 ，关闭"云图"对话框，返回"动画定义"对话框。设置"动画对象"为创建的云图"contour-2"（等高图-2），然后单击"使用激活"按钮 使用激活 ，再单击"OK"按钮 ok ，关闭该对话框。

图 7-25 解决方案动画

图 7-26　新建云图

图 7-27　"云图"对话框

7.6.6　求解

单击"求解"选项卡"运行计算"面板中的"运行计算"按钮 ，任务页面切换为"运行计算"，在"参数"栏中设置"时间步数"为 500，其余为默认设置，如图 7-28 所示。单击"开始计算"按钮，开始求解。计算完成后，弹出提示对话框，如图 7-29 所示，单击"OK"按钮，完成求解。

图 7-28　求解设置

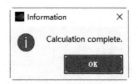

图 7-29　求解完成提示对话框

7.6.7 查看求解结果

01 查看云图。单击"结果"选项卡"图形"面板"云图"下拉菜单中的"创建"命令，打开"云图"对话框，设置"云图名称"为"contour-2"（等高线-2），设置"着色变量"为"Velocity"（速度）和"X Velocity"（X方向），然后单击"保存/显示"按钮显示速度云图，如图7-30所示。

02 查看残差图。单击"结果"选项卡"绘图"面板中的"残差"按钮，打开"残差监控器"对话框，采用默认设置，单击"绘图"按钮显示残差图，如图7-31所示。

03 查看动画。单击"结果"选项卡"动画"面板中的"求解结果回放"按钮，弹出"播放"对话框，按照图7-32中的内容进行设置后，单击"播放"按钮播放动画。

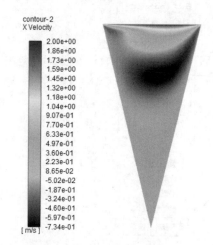

图 7-30　速度云图

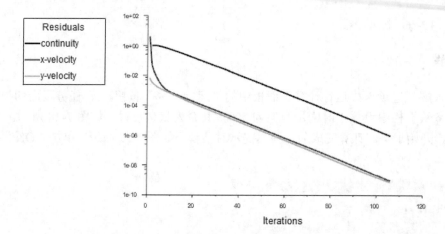

图 7-31　残差图

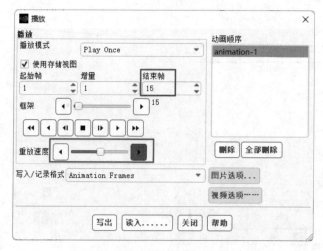

图 7-32　"播放"对话框

扫一扫，看视频

7.7　层流实例——空气绕流

7.7.1　问题分析

图 7-33（a）为红旗在风中飘扬的真实情况。当风向不变时，红旗并不会随着风向舒展开来，而是随着风向来回摇摆，这是因为当风吹过旗杆时出现了绕流现象。本例我们就利用 Fluent 的层流模型来模拟这一现象，简化后的模型如图 7-33（b）所示。

（a）红旗飘扬

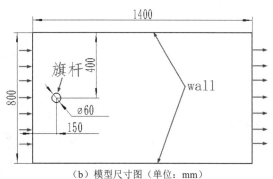

（b）模型尺寸图（单位：mm）

图 7-33　空气绕流

7.7.2　创建几何模型

01 启动 DesignModeler 建模器。打开 Workbench 程序，展开左侧工具箱中的"分析系统"栏，拖动工具箱中的"流体流动（Fluent）"选项到"项目原理图"界面中，创建一个含有"流体流动（Fluent）"的项目模块。右击"几何结构"栏，在弹出的快捷菜单中选择"新的 DesignModeler 几何结构"命令，启动 DesignModeler 建模器，如图 7-34 所示。

02 设置单位。进入 DesignModeler 建模器后，首先设置单位。单击"单位"菜单，在弹出的下拉菜单中选择"毫米"选项，如图 7-35 所示，设置绘图环境的单位为毫米。

03 新建草图。选择树轮廓中的"XY 平面"命令 ，然后单击工具栏中的"新草图"按钮 ，新建一个草图。此时树轮廓中"XY 平面"分支下会多出一个名为"草图 1"的草图，然后右击"草图 1"，在弹出的快捷菜单中选择"查看"命令 ，如图 7-36 所示，将视图切换为正视于"XY 平面"方向。

04 切换标签。单击树轮廓下端的"草图绘制"标签，如图 7-37 所示，打开"草图工具箱"，进入草图绘制环境。

图 7-34　启动 DesignModeler 建模器

图 7-35　选择"毫米"选项

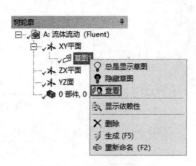

图 7-36　草图快捷菜单

图 7-37　"草图绘制"标签

05 绘制草图。利用"草图工具箱"中的工具绘制模型草图，单击"生成"按钮 ，完成草图的绘制，如图 7-38 所示。

06 创建草图表面。单击"概念"菜单，在弹出的下拉列表中选择"草图表面"命令 ，在弹出的"详细信息视图"中设置"基对象"为"草图 1"，设置"操作"为"添加材料"，如图 7-39 所示，单击"生成"按钮 ，创建草图表面 1，如图 7-40 所示，最后关闭 DesignModeler 建模器。

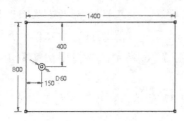

图 7-38　绘制模型草图（单位：mm）

详细信息视图

详细信息 SurfaceSk1	
草图表面	SurfaceSk1
基对象	1 草图
操作	添加材料
以平面法线定向吗？	是
厚度 (>=0)	0 mm

图 7-39　详细信息视图

图 7-40　创建草图表面

7.7.3　划分网格及边界命名

01 启动 Meshing 网格应用程序。右击"流体流动（Fluent）"项目模块中的"网格"栏，在弹出的快捷菜单中选择"编辑"命令，启动 Meshing 网格应用程序，如图 7-41 所示。

02 全局网格设置。在树轮廓中单击"网格"分支，系统将切换到"网格"选项卡。同时左下角弹出"网格"的详细信息，设置"单元尺寸"为 10.0mm，如图 7-42 所示。

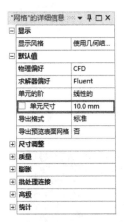

图 7-41　启动 Meshing 网格应用程序　　　　图 7-42　"网格"的详细信息

03 设置边缘尺寸。单击"网格"选项卡"控制"面板中的"尺寸调整"按钮，左下角弹出"尺寸调整"的详细信息，设置"几何结构"为旗杆边线，设置"类型"为"分区数量"，设置"分区数量"为 30，如图 7-43 所示。

04 设置膨胀方法。单击"网格"选项卡"控制"面板中的"膨胀"按钮，左下角弹出"膨胀"的详细信息，设置"几何结构"为整个模型面，设置"边界"为旗杆边线，设置"膨胀选项"为"第一层厚度"，设置"第一层高度"为 1.0mm，设置"最大层数"为 10，设置"增长率"为 1.1，如图 7-44 所示。

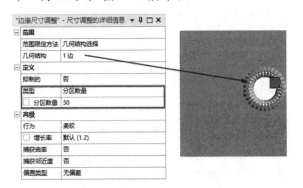

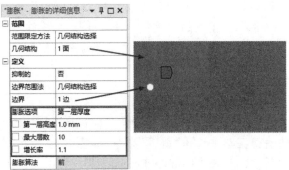

图 7-43　"尺寸调整"的详细信息　　　　　　图 7-44　"膨胀"的详细信息

05 划分网格。单击"网格"选项卡"网格"面板中的"生成"按钮，系统将自动划分网格，结果如图 7-45 所示。

06 边界命名。

（1）命名入口名称。选择模型的左边线，然后右击，在弹出的快捷菜单中选择"创建命名选择"命令，如图 7-46 所示；弹出"选择名称"对话框，然后在文本框中输入"inlet"（入口），如图 7-47 所示，设置完成后单击该对话框的"OK"按钮，完成入口的命名。

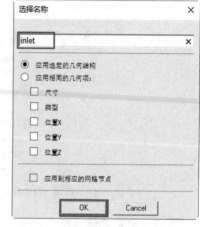

图 7-45　划分网格　　　图 7-46　选择"创建命名选择"命令　　　图 7-47　命名入口

（2）命名出口名称。采用同样的方法，选择模型的右边线，命名为"outlet"（出口）。

（3）命名壁面 1 名称。采用同样的方法，选择模型的上、下两条边，命名为"wall1"（壁面 1）。

（4）命名壁面 2 名称。采用同样的方法，选择模型的旗杆边，命名为"wall2"（壁面 2）。

07 将网格平移至 Fluent 中。完成网格划分及命名边界后，需要将划分好的网格平移到 Fluent 中。选择"模型树"中的"网格"分支，系统将自动切换到"网格"选项卡，然后单击"网格"面板中的"更新"按钮![icon]，系统弹出"信息"提示对话框，如图 7-48 所示，完成网格的平移。

图 7-48　"信息"提示对话框

7.7.4　分析设置

01 启动 Fluent 应用程序。右击"流体流动（Fluent）"项目模块中的"设置"栏，在弹出的快捷菜单中选择"编辑"命令，如图 7-49 所示。弹出"Fluent Launcher 2022 R1（Setting Edit Only）"对话框，勾选"Double Precision"（双精度）复选框，单击"Start"（启动）按钮，启动 Fluent 应用程序，如图 7-50 所示。

02 检查网格。单击任务页面"通用"设置"网格"栏中的"检查"按钮 检查 ，检查网格，当"控制台"中显示"Done."（完成）时，表示网格可用，如图 7-51 所示。

03 设置求解类型。在任务页面"通用"设置"求解器"栏中勾选"压力基"类型，勾选"时间"为"瞬态"，如图 7-52 所示。

图 7-49　启动 Fluent 应用程序

图 7-50　"Fluent Launcher 2022 R1
（Setting Edit Only）"对话框

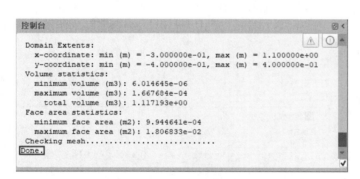

图 7-51　检查网格

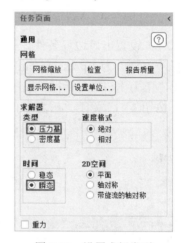

图 7-52　设置求解类型

04 设置黏性模型。单击"物理模型"选项卡"模型"面板中的"黏性"按钮，弹出"黏性模型"对话框，在"模型"栏中勾选"层流"单选按钮，其余为默认设置，如图 7-53 所示。单击"OK"按钮，关闭该对话框。

05 定义材料。由于系统默认的材料为空气，因此这里不作修改。

06 设置边界条件。

（1）设置入口边界条件。单击"物理模型"选项卡"区域"面板中的"边界"按钮，任务页面切换为"边界条件"。在"边界条件"下方的"区域"列表中选择"inlet"（入口）选项，选择"类型"为"velocity-inlet"（速度入口），如图 7-54 所示。单击"编

图 7-53　"黏性模型"对话框

辑"按钮 编辑……，弹出"速度入口"对话框，设置"速度大小"为4，如图7-55所示。单击"应用"按钮 应用，然后单击"关闭"按钮 关闭，关闭"速度入口"对话框。

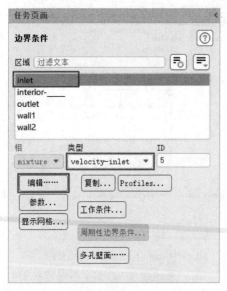

图 7-54　入口边界条件

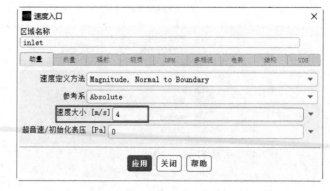

图 7-55　"速度入口"对话框

（2）设置出口边界条件。在"边界条件"下方的"区域"列表中选择"outlet"（出口）选项，选择"类型"为"pressure-outlet"（压力出口），如图 7-56 所示。单击"编辑"按钮 编辑……，弹出"压力出口"对话框，采用默认设置，如图7-57所示。单击"应用"按钮 应用，然后单击"关闭"按钮 关闭，关闭"压力出口"对话框。

图 7-56　出口边界条件

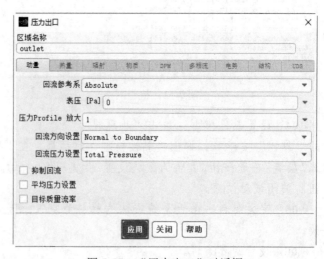

图 7-57　"压力出口"对话框

07 设置参考值。单击"结果"选项卡"报告"面板中的"参考值"按钮，任务页面切换为"参考值"，在"计算参考位置"的下拉菜单中选择"inlet"（入口），如图 7-58 所示。

7.7.5　求解设置

01 设置求解方法。单击"求解"选项卡"求解"面板中的"方法"按钮，任务页面切换为"求解方法"。在"压力速度耦合"栏中设置"方案"为"PISO"算法，设置"压力"为"PRESTO!"，设置"动量"为"QUICK"（快速），设置"时间项离散格式"为"Second Order Implicit"（二阶隐式），其余为默认设置，如图 7-59 所示。

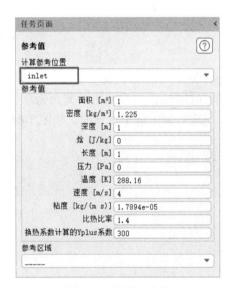

图 7-58　设置参考值　　　　　　图 7-59　设置求解方法

02 流场初始化。在"求解"选项卡"初始化"面板中勾选"混合"单选按钮，然后单击"初始化"面板中的"初始化"按钮，进行初始化。

03 设置解决方案动画。单击"求解"选项卡"活动"面板"创建"下拉列表中的"解决方案动画"命令，如图 7-60 所示，弹出"动画定义"对话框，如图 7-61 所示。单击"新对象"按钮，在弹出的列表中选择"云图"命令，弹出"云图"对话框，如图 7-62 所示。设置"云图名称"为"contour-1"（等高线-1），设置"着色变量"为"Velocity"（速度）。单击"保存/显示"按钮，再单击"关闭"按钮，关闭"云图"对话框。返回"动画定义"对话框。设置"动画对象"为创建的云图"contour-1"（等高线-1），然后单击"使用激活"按钮，再单击"OK"按钮，关闭该对话框。

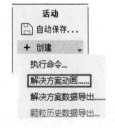

图 7-60　解决方案动画

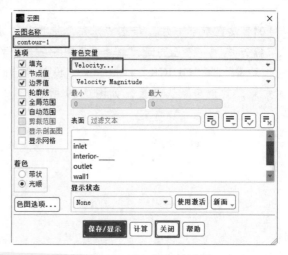

图 7-61　新建云图	图 7-62　"云图"对话框

7.7.6　求解

单击"求解"选项卡"运行计算"面板中的"运行计算"按钮，任务页面切换为"运行计算"，在"参数"栏中设置"时间步数"为 200，设置"时间步长"为 0.01，其余为默认设置，如图 7-63 所示。单击"开始计算"按钮开始求解，计算完成后弹出提示对话框，如图 7-64 所示。单击"OK"按钮，完成求解。

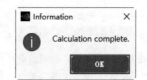

图 7-63　求解设置	图 7-64　求解完成提示对话框

7.7.7　查看求解结果

01 查看云图。单击"结果"选项卡"图形"面板"云图"下拉菜单中的"创建"命令，打开"云图"对话框，设置"云图名称"为"contour-2"（等高线-2），设置"着色变量"为"Velocity"

（速度），然后单击"保存/显示"按钮，显示速度云图，如图 7-65 所示。从图中可以看到空气流过旗杆时产生的绕流与红旗飘荡相一致。

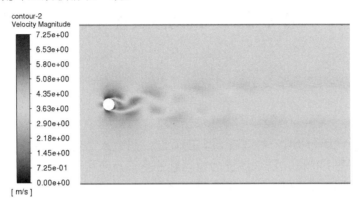

图 7-65 速度云图

02 查看残差图。单击"结果"选项卡"绘图"面板中的"残差"按钮 ，打开"残差监控器"对话框，采用默认设置，如图 7-66 所示，然后单击"绘图"按钮显示残差图，如图 7-67 所示。

03 查看动画。单击"结果"选项卡"动画"面板中的"求解结果回放"按钮 ▤，弹出"播放"对话框，如图 7-68 所示。单击"播放"按钮 ▸，播放动画。

图 7-66 "残差监控器"对话框

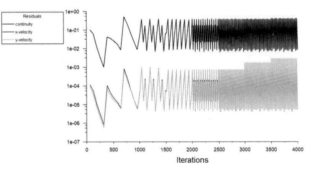

图 7-67 残差图

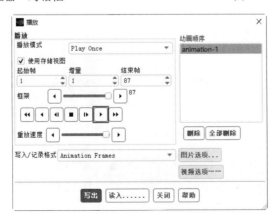

图 7-68 "播放"对话框

第 8 章　湍流模型模拟

内容简介

湍流分析问题是流场分析中一个非常经典的问题，研究人员对此问题进行了很多理论分析和探索。本章重点介绍在 Fluent 中解决湍流分析问题的基本方法和思路。其中，卡曼漩涡重点结合了定常流动，而卡曼涡街重点结合了非定常流动。

内容要点

➤ 湍流模型概述
➤ 壁面函数概论
➤ 实例——混合弯头中的流体流动和传热

案例效果

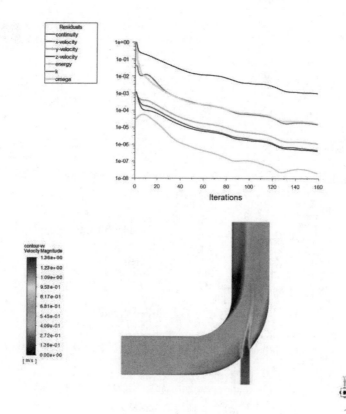

8.1　湍流模型概述

湍流出现在速度变动的地方。这种波动使得流体介质之间相互交换动量、能量和浓度变化，并且引起了数量的波动。由于这种波动是小尺度且是高频率的，因此在实际工程计算中直接模拟对计算机的要求很高。实际上，瞬时控制方程可能在时间、空间上是均匀的，或者可以人为地改变尺度，这样修改后的方程耗费较少。但是，修改后的方程可能包含我们不知道的变量，湍流模型需要用已知变量来确定这些变量。

Fluent 提供的湍流模型包括单方程（Spalart-Allmaras）模型、双方程模型 [标准 k-ε 模型、重整化群（RNG）k-ε 模型、可实现（Realizable）k-ε 模型]及雷诺（Reynolds）应力模型和大涡模拟（LES），如图 8-1 所示。下面的几节具体介绍一下这几种模型。

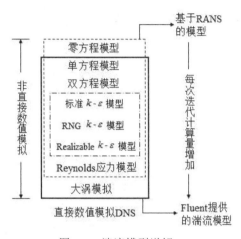

图 8-1　湍流模型详解

8.1.1　单方程（Spalart-Allmaras）模型

单方程模型求解的变量是 $\tilde{v}$，表征出了近壁（黏性影响）区域以外的湍流运动黏性系数。$\tilde{v}$ 的输运方程为

$$\rho \frac{\mathrm{d}\tilde{v}}{\mathrm{d}t} = G_v + \frac{1}{\sigma_{\tilde{v}}}\left[\frac{\partial}{\partial x_j}\left\{ (\mu + \rho\tilde{v})\frac{\partial \tilde{v}}{\partial x_j} \right\} + C_{b2}\left(\frac{\partial \tilde{v}}{\partial x_j} \right) \right] - Y_v \tag{8-1}$$

式中：G_v 为湍流黏性产生项；Y_v 为由于壁面阻挡与黏性阻尼引起的湍流黏性的减少；$\sigma_{\tilde{v}}$ 和 C_{b2} 为常数；v 为分子运动黏性系数。

湍流黏性系数 $\mu_t = \rho\tilde{v}f_{v1}$，其中，$f_{v1}$ 为黏性阻尼函数，定义为 $f_{v1} = \dfrac{\chi^3}{\chi^3 + C_{v1}^3}$，$\chi \equiv \dfrac{\tilde{v}}{v}$。而湍流黏性产生项 G_v 模拟为 $G_v = C_{b1}\rho\tilde{S}\tilde{v}$，其中 $\tilde{S} \equiv S + \dfrac{\tilde{v}}{k^2 d^2}f_{v2}$，$f_{v2} = 1 - \dfrac{\chi}{1 + \chi f_{v1}}$，$C_{b1}$ 和 k 为常数，d 是计算点到壁面的距离；$S \equiv \sqrt{2\Omega_{ij}\Omega_{ij}}$，$\Omega_{ij} = \dfrac{1}{2}\left(\dfrac{\partial u_j}{\partial x_i} - \dfrac{\partial u_i}{\partial x_j} \right)$。在 Fluent 软件中，考虑到平均应变率

对湍流产生也起到很大作用，$S \equiv |\Omega_{ij}| + C_{prod} \min(0,|S_{ij}| - |\Omega_{ij}|)$，其中，$C_{prod} = 2.0$，$|\Omega_{ij}| \equiv \sqrt{2\Omega_{ij}\Omega_{ij}}$，$|S_{ij}| \equiv \sqrt{2S_{ij}S_{ij}}$，平均应变率 $S_{ij} = \dfrac{1}{2}\left(\dfrac{\partial u_j}{\partial x_i} + \dfrac{\partial u_i}{\partial x_j}\right)$。

在涡量超过应变率的计算区域计算出来的涡旋黏性系数变小。这适合涡流靠近涡旋中心的区域，那里只有单纯的旋转，湍流受到抑制。包含应变张量的影响，其更能体现旋转对湍流的影响。忽略了平均应变，估计的涡旋黏性系数产生项偏高。

湍流黏性系数减少项 Y_v 为 $Y_v = C_{w1}\rho f_w \left(\dfrac{\tilde{v}}{d}\right)^2$，其中，$f_w = g\left(\dfrac{1 + C_{w3}^6}{g_6 + C_{w3}^6}\right)^{1/6}$，$g = r + C_{w2}(r^6 - r)$，$r \equiv \dfrac{\tilde{v}}{\tilde{S}k^2 d^2}$，$C_{w1}$、$C_{w2}$、$C_{w3}$ 是常数，在计算 r 时用到的 $\tilde{S}$ 受平均应变率的影响。

上面的模型常数在 Fluent 软件中默认值为 $C_{b1} = 0.1335$，$C_{b2} = 0.622$，$\sigma_{\tilde{v}} = 2/3$，$C_{v1} = 7.1$，$C_{w1} = C_{b1}/k^2 + (1 + C_{b2})/\sigma_{\tilde{v}}$，$C_{w2} = 0.3$，$C_{w3} = 2.0$，$k = 0.41$。

8.1.2　标准 k-ε 模型

标准 k-ε 模型需要求解湍动能及其耗散率方程。湍动能输运方程是通过精确的方程推导得到的，但耗散率方程是通过物理推理，并在数学上模拟相似原形方程得到的。该模型假设流动为完全湍流，分子黏性的影响可以忽略。因此，标准 k-ε 模型只适合完全湍流的流动过程模拟。标准 k-ε 模型的湍动能 k 和耗散率 ε 方程为如下形式：

$$\rho \frac{\mathrm{d}k}{\mathrm{d}t} = \frac{\partial}{\partial x_i}\left[\left(\mu + \frac{\mu_t}{\sigma_k}\right)\frac{\partial k}{\partial x_i}\right] + G_k + G_b - \rho\varepsilon - Y_M \tag{8-2}$$

$$\rho \frac{\mathrm{d}\varepsilon}{\mathrm{d}t} = \frac{\partial}{\partial x_i}\left[\left(\mu + \frac{\mu_t}{\sigma_\varepsilon}\right)\frac{\partial \varepsilon}{\partial x_i}\right] + C_{1\varepsilon}\frac{\varepsilon}{k}(G_k + C_{3\varepsilon}G_b) - C_{2\varepsilon}\rho\frac{\varepsilon^2}{k} \tag{8-3}$$

式中：G_k 表示由于平均速度梯度引起的湍动能产生；G_b 表示由于浮力影响引起的湍动能产生；Y_M 表示可压缩湍流脉动膨胀对总的耗散率的影响。湍流黏性系数 $\mu_t = \rho C_\mu \dfrac{k^2}{\varepsilon}$。

在 Fluent 中，作为默认值常数，$C_{1z} = 1.44$，$C_{2z} = 1.92$，$C_{3z} = 0.09$，湍动能 k 与耗散率 ε 的湍流普朗特数分别为 $\sigma_k = 1.0$，$\sigma_\varepsilon = 1.3$。

8.1.3　重整化群（RNG）k-ε 模型

重整化群 k-ε 模型是对瞬时的 Navier-Stokes 方程用重整化群的数学方法推导出来的模型。模型中的常数与标准 k-ε 模型不同，而且方程中也出现了新的函数或者项。其湍动能与耗散率方程与标准 k-ε 模型有相似的形式，如下：

$$\rho \frac{\mathrm{d}k}{\mathrm{d}t} = \frac{\partial}{\partial x_i}\left[(\alpha_k \mu_{eff})\frac{\partial k}{\partial x_i}\right] + G_k + G_b - \rho\varepsilon - Y_M \tag{8-4}$$

$$\rho \frac{\mathrm{d}\varepsilon}{\mathrm{d}t} = \frac{\partial}{\partial x_i}\left[(\alpha_\varepsilon \mu_{eff})\frac{\partial \varepsilon}{\partial x_i}\right] + C_{1\varepsilon}\frac{\varepsilon}{k}(G_k + C_{3\varepsilon}G_b) - C_{2\varepsilon}\rho\frac{\varepsilon^2}{k} - R \tag{8-5}$$

式中：G_k、G_b、Y_M 等参数与标准 k-ε 模型中相同，这里不再赘述。α_k 和 α_ε 分别是湍动能 k 和耗散率 ε 的有效湍流普朗特数的倒数。

湍流黏性系数计算公式为

$$d\left(\frac{\rho^2 k}{\sqrt{\varepsilon\mu}}\right) = 1.72 \frac{\tilde{v}}{\sqrt{\tilde{v}^3 - 1 - Cv}} d\tilde{v} \tag{8-6}$$

式中：$\tilde{v} = \mu_{\mathrm{eff}} / \mu$，$C_v \approx 100$。对于前面方程的积分，可以精确到有效雷诺数（涡旋尺度）对湍流输运的影响，这有助于处理低雷诺数和近壁流动问题的模拟。对于高雷诺数，式（8-6）可以给出 $\mu_t = \rho C_\mu \dfrac{k^2}{\varepsilon}$，$C_\mu = 0.0845$。这个结果非常有意思，和标准 k-ε 模型的半经验推导给出的常数 $C_\mu = 0.09$ 非常近似。在 Fluent 中，如果是默认设置，用重整化群 k-ε 模型时是针对的高雷诺数流动问题。如果对低雷诺数问题进行数值模拟，必须进行相应的设置。

8.1.4　可实现（Realizable）k-ε 模型

可实现 k-ε 模型的湍动能及其耗散率输运方程为

$$\rho\frac{\mathrm{d}k}{\mathrm{d}t} = \frac{\partial}{\partial x_i}\left[\left(\mu + \frac{\mu_t}{\sigma_k}\right)\frac{\partial k}{\partial x_i}\right] + G_k + G_b - \rho\varepsilon - Y_M \tag{8-7}$$

$$\rho\frac{\mathrm{d}\varepsilon}{\mathrm{d}t} = \frac{\partial}{\partial x_i}\left[\left(\mu + \frac{\mu_t}{\sigma_\varepsilon}\right)\frac{\partial \varepsilon}{\partial x_i}\right] + \rho C_1 S\varepsilon - \rho C_{2\varepsilon}\frac{\varepsilon^2}{k + \sqrt{v\varepsilon}} + C_{1\varepsilon}\frac{\varepsilon}{k}C_{3\varepsilon}G_b \tag{8-8}$$

式中：$C_1 = \max\left[0.43, \dfrac{\eta}{\eta + 5}\right]$，$\eta = Sk / \varepsilon$。

在式（8-7）和式（8-8）中，G_k、G_b、Y_M 等参数与标准 k-ε 模型中相同，这里不再赘述。$C_{2\varepsilon}$ 和 $C_{1\varepsilon}$ 为常数；σ_k 和 σ_ε 分别为湍动能及其耗散率的湍流普朗特数。在 Fluent 中，作为默认值常数，$C_{2\varepsilon} = 1.9$，$C_{1\varepsilon} = 1.44$，$\sigma_k = 1.0$，$\sigma_\varepsilon = 1.2$。

该模型的湍流黏性系数与标准 k-ε 模型相同。不同的是，黏性系数中的 C_μ 不是常数，而是通过公式计算得到 $C_\mu = \dfrac{1}{A_0 + A_s \dfrac{U^* K}{\varepsilon}}$，其中，$U^* = \sqrt{S_{ij}S_{ij} + \tilde{\Omega}_{ij}\tilde{\Omega}_{ij}}$，$\tilde{\Omega}_{ij} = \Omega_{ij} - 2\varepsilon_{ijk}\omega_k$，$\Omega_{ij} = \bar{\Omega}_{ij} + 2\varepsilon_{ijk}\omega_k$，$\tilde{\Omega}_{ij}$ 表示在角速度 ω_k 旋转参考系下的平均旋转张量率。模型常数 $A_0 = 4.04$，$A_s = \sqrt{6}\cos\phi$，$\phi = \dfrac{1}{3}\arccos(\sqrt{6}W)$，其中，$W = \dfrac{S_{ij}S_{jk}S_{ki}}{\tilde{S}}$，$\tilde{S} \equiv \sqrt{S_{ij}S_{ij}}$，$S_{ij} = \dfrac{1}{2}\left(\dfrac{\partial u_j}{\partial x_i} + \dfrac{\partial u_i}{\partial x_j}\right)$。从这些式子中发现，$C_\mu$ 是平均应变率与旋度的函数。在平衡边界层惯性底层，可以得到 $C_\mu = 0.09$，与标准 k-ε 模型中采用的常数一样。

该模型适合的流动类型比较广泛，包括有旋均匀剪切流、自由流（射流和混合层）、腔道流动和边界层流动。对以上流动过程模拟结果都比标准 k-ε 模型的结果好，特别是可实现 k-ε 模型中对圆口射流和平板射流模拟，能给出较好的射流扩张角。

双方程模型中，无论是标准 k-ε 模型、重整化群 k-ε 模型还是可实现 k-ε 模型，三个模型有类似的形式，即都有 k 和 ε 的输运方程。它们的区别在于计算湍流黏性的方法不同；控制湍流扩散的湍流普朗特数不同；ε 方程中的产生项和 G_k 关系不同。但都包含了相同的表示由于平均速度梯度引起的湍动能产生 G_k，表示由于浮力影响引起的湍动能产生 G_b，表示可压缩湍流脉动膨胀对总的耗散率的影响 Y_M。

湍动能产生项如下：

$$G_k = -\rho \overline{u_i' u_j'} \frac{\partial u_j}{\partial x_i} \qquad (8\text{-}9)$$

$$G_b = \beta g_i \frac{\mu_t}{P_{rt}} \frac{\partial T}{\partial x_i} \qquad (8\text{-}10)$$

式中：P_{rt} 是能量的湍流普特朗数，对于可实现 $k\text{-}\varepsilon$ 模型，默认设置值为 0.85；对于重整化群 $k\text{-}\varepsilon$ 模型，$P_{rt} = 1/\alpha$，$\alpha = 1/P_{rt} = \text{k}/\mu C_p$。热膨胀系数 $\beta = -\frac{1}{\rho}\left(\frac{\partial \rho}{\partial T}\right)_p$，对于理想气体，浮力引起的湍动能产生项变为

$$G_b = -g_i \frac{\mu_t}{\rho P_{rt}} \frac{\partial \rho}{\partial x_i} \qquad (8\text{-}11)$$

8.1.5　雷诺（Reynolds）应力模型

雷诺应力模型中没有采用涡黏度的各向同性假设，因此从理论上来说比湍流模式理论要精确得多。雷诺应力模型不采用 Boussinesq（布西奈斯克）假设，而是直接求解雷诺平均 N-S 方程中的雷诺应力项，同时求解耗散率方程，因此在二维问题中需要求解 5 个附加方程，在三维问题中需要求解 7 个附加方程。

从理论上说，雷诺应力模型应该比一方程模型和二方程模型的计算精度更高，但实际上雷诺应力模型的精度受限于模型的封闭形式，因此雷诺应力模型在实际应用中并没有在所有的流动问题中都体现出优势。只有在雷诺应力明显具有各向异性的特点时才必须使用雷诺应力模型，比如漩涡、燃烧室内流动等带强烈旋转的流动问题。

雷诺应力模型是求解雷诺应力张量的各个分量的输运方程，具体形式为

$$\frac{\partial}{\partial t}(\rho \overline{u_i u_j}) + \frac{\partial}{\partial x_k}(\rho U_k \overline{u_i u_j}) = -\frac{\partial}{\partial x_k}\left[\rho \overline{u_i u_j u_k} + \overline{p(\delta_{kj} u_i + \delta_{ik} u_j)}\right] +$$

$$\frac{\partial}{\partial x_k}\left(\mu \frac{\partial}{\partial x_k} \overline{u_i u_j}\right) - \rho\left(\overline{u_i u_k}\frac{\partial U_j}{\partial x_k} + \overline{u_j u_k}\frac{\partial U_i}{\partial x_k}\right) - \rho\beta(g_i \overline{u_j \theta} + g_j \overline{u_i \theta}) + \qquad (8\text{-}12)$$

$$p\left(\frac{\partial u_i}{\partial x_j} + \frac{\partial u_j}{\partial x_i}\right) - 2\mu \overline{\frac{\partial u_i}{\partial x_k} \frac{\partial u_j}{\partial x_k}} - 2\rho\Omega_k(\overline{u_j u_m}\varepsilon_{ikm} + \overline{u_i u_m}\varepsilon_{jkm})$$

式中：左边的第二项是对流项 C_{ij}；右边第一项是湍流扩散项 D_{ij}^r，第二项是分子扩散项 D_{ij}^L，第三项是应力产生项 P_{ij}，第四项是浮力产生项 G_{ij}，第五项是压力应变项 Φ_{ij}，第六项是耗散项 ε_{ij}，第七项是系统旋转产生项 F_{ij}。

在式（8-12）中，C_{ij}、D_{ij}^L、P_{ij}、F_{ij} 不需要模拟，而 D_{ij}^r、G_{ij}、Φ_{ij}、ε_{ij} 需要模拟以封闭方程。下面简单对几个需要进行模拟的项模拟。

D_{ij}^r 可以用 B.J.Delay 和 F.H.Harlow 的梯度扩散模型来模拟，但是这个模型会导致数值不稳定。在 Fluent 中是采用标量湍流扩散模型：

$$D_{ij}{}^r = \frac{\partial}{\partial x_k}\left(\frac{\mu_t}{\sigma_k}\frac{\partial \overline{u_i u_j}}{\partial x_k}\right) \quad\quad (8\text{-}13)$$

式中：湍流黏性系数用 $\mu_t = \rho C_\mu \dfrac{k^2}{\varepsilon}$ 来计算，根据将广义梯度扩散模型方程应用于平面均匀剪切流的情况得出的值；σ_k=0.82，这和标准 k-ε 模型中选取 1.0 有所不同。

压力应变项 Φ_{ij} 可以分解为三项，即：

$$\Phi_{ij} = \Phi_{i,j,1} + \Phi_{ij,2} + \Phi_{ij}{}^w \quad\quad (8\text{-}14)$$

式中：$\Phi_{i,j,1}$、$\Phi_{ij,2}$ 和 $\Phi_{ij}{}^w$ 分别是慢速项、快速项和壁面反射项。

浮力引起的产生项 G_{ij} 模拟如下：

$$G_{ij} = \beta \frac{\mu_t}{P_{rt}}\left(g_i\frac{\partial T}{\partial x_j} + g_j\frac{\partial T}{\partial x_i}\right) \quad\quad (8\text{-}15)$$

耗散张量 ε_{ij} 模拟如下：

$$\varepsilon_{ij} = \frac{2}{3}\delta_{ij}(\rho\varepsilon + Y_M) \qu\quad (8\text{-}16)$$

式中：$Y_M = 2\rho\varepsilon M_t^2$，$M_t$ 是马赫数；标量耗散率 ε 用标准 k-ε 模型中采用的耗散率输运方程求解。

8.1.6 大涡模拟（LES）

湍流中包含了不同时间与长度尺度的涡旋。最大长度尺度通常为平均流动的特征长度尺度；最小尺度为 Komogrov（科莫格罗夫）尺度。大涡模拟的基本假设是：①动量、能量、质量及其他标量主要是由大涡输运；②流动的几何和边界条件决定了大涡的特性，而流动特性主要在大涡中体现；③小尺度涡旋受几何和边界条件影响较小，并且各向同性。大涡模拟过程中，直接求解大涡，小尺度涡旋模拟，从而使得网格要求比 DNS 低。

大涡模拟的控制方程是对 Navier-Stokes 方程在波数空间或者物理空间进行过滤得到的。过滤的过程是去掉比过滤宽度或者给定物理宽度小的涡旋，从而得到大涡旋的控制方程，如下：

$$\frac{\partial \rho}{\partial t} + u\frac{\partial \rho \bar{u}_i}{\partial x_i} = 0 \quad\quad (8\text{-}17)$$

$$\frac{\partial}{\partial t}(\rho\bar{u}_i) + \frac{\partial}{\partial x_j}(\rho\overline{u_i u_j}) = \frac{\partial}{\partial x_j}\left(\mu\frac{\partial \bar{u}_i}{\partial x_j}\right) - \frac{\partial \bar{p}}{\partial x_j} - \frac{\partial \tau_{ij}}{\partial x_j} \quad\quad (8\text{-}18)$$

式中：τ_{ij} 为亚网格应力，$\tau_{ij} = \overline{\rho u_i u_j} - \rho\bar{u}_i \cdot \bar{u}_j$。

很明显，式（8-17）和式（8-18）与雷诺平均方程很相似，只不过大涡模拟中的变量是过滤之后的量，而非时间平均量，并且湍流应力也不同。

大涡模拟无论是从计算机能力，还是从方法的成熟程度来看，离实际应用还有较长距离，但湍流模型方面的研究重点已转向大涡模拟。笔者认为估计在今后 10 年内，随着这一方法的成熟以及计算机能力进一步提高，将逐步成为湍流模拟的主要方法。

除了上述各类模型以外，有实用价值的还有改进的单方程模型，它对近壁流的模拟效果较好，以及简化的湍流应力模型，即代数应力模型。从实用性来说，它们很有推广价值，尤其是代数应力模型，既能反映湍流的各向非同性，计算量又远小于湍流应力模型。

8.2 壁面函数概论

Fluent 中提供了 6 种壁面函数，包括标准壁面函数（SWF）、可扩展壁面函数（SWF）、非平衡壁面函数、增强壁面函数（EWF）、Menter-Lechner 壁面函数和用户自定义壁面函数。

8.2.1 标准壁面函数（SWF）

该壁面函数是 Fluent 默认的，适用于大雷诺数流动。此壁面函数计算量小，广泛应用在工业中，适用于近壁面流动对所研究的问题影响不大的情况，不适合大压力梯度。该壁面函数用的比较多的变量为 $y*$，$y*$ 的下限为 15，若低于此值，求解结果精度将会恶化。

8.2.2 可扩展壁面函数（SWF）

该壁面函数也适用于大雷诺数流动，是对标准壁面函数的改进，避免了标准壁面函数中 $y*<15$ 时计算精度的恶化的问题。该壁面函数对于任意细化的网格能给出一致的解。当网格粗化使 $y*>11$ 时，其效果与标准壁面函数相同。

8.2.3 非平衡壁面函数

该壁面函数考虑了压力梯度效应，因此，对于涉及分离、再附着及撞击等平均速度与压力梯度相关且变化迅速的复杂流动问题，推荐使用此壁面函数。但是非平衡壁面函数不适合低雷诺数问题，可用于 k-epsilon 模型和雷诺应力输运模型中。

8.2.4 增强壁面函数（EWF）

该壁面函数不依赖于壁面法则，很适合用在对于复杂流动尤其是低雷诺数流动的问题中。此壁面函数要求近壁面网格很密，$y+$ 接近于 1。

对于 epsilon 方程的近壁面处理结合了双层模型。若近壁面网格足够密以至于可以求解黏性子层时（通常第一节点 $y+$ 接近于 1），增强壁面处理与传统的双层区域模型一致。然而，要求近壁区域网格足够细化会大大增加对计算资源的需求（网格会很密且多）。

8.2.5 Menter-Lechner 壁面函数

该壁面函数对 $y+$ 不敏感，该模型不是基于双层模型的方法，它使用一个新的低雷诺数公式，目的是避免其他现有的低雷诺数 k-epsilon 模型的不足。

扫一扫，看视频

8.3 实例——混合弯头中的流体流动和传热

8.3.1 问题分析

本实例为混合弯头中的流体流动和传热问题的设置和求解。混合弯头结构在电厂和工艺工业的管道系统中会经常遇到。因此，预测混合区域内的流场和温度场是合理设计混合区的重要手段。温度为 293.15K（开氏度）的流体从直径为 100mm 的管道入口进入，并与从直径为 25mm 的管道入口进入温度为 313.15K（开氏度）的流体进行混合，预测两股流体混合后的流动情况和温度分布情况。如图 8-2 所示的混合弯头模型尺寸。

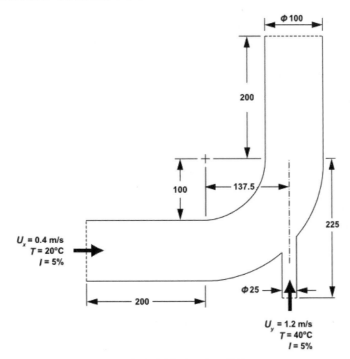

图 8-2 混合弯头模型尺寸（单位：mm）

8.3.2 创建几何模型

01 启动 DesignModeler 建模器。打开 Workbench 程序，展开左侧工具箱中的"分析系统"栏，拖动工具箱里的"流体流动（Fluent）"选项到"项目原理图"界面中，创建一个含有"流体流动（Fluent）"的项目模块，如图 8-3 所示。（项目原理图中最初会出现一个绿色虚线轮廓，指示新系统的潜在位置。将系统拖动到其中一个轮廓时，它会变成一个红色框，以指示新系统的选定位置。）

02 保存项目。在 ANSYS Workbench 的"文件"菜单下，选择"保存"命令，打开"另存为"对话框，可以在其中浏览工作文件夹并输入 ANSYS Workbench 项目的特定名称。在工作目录中，输入"elbow"作为项目文件名，然后单击"保存"按钮保存项目，如图 8-4 所示。ANSYS Workbench 使用后缀名".wbpj"保存项目，并保存项目的支持文件。

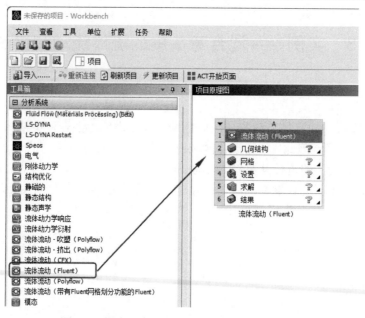

图 8-3　创建"流体流动（Fluent）"项目模块

图 8-4　保存文件

03 在 ANSYS Workbench 项目原理图中，右击"几何结构"栏，在弹出的快捷菜单中选择"新的 DesignModeler 几何结构"命令，启动 DesignModeler 建模器，如图 8-5 所示。

04 设置单位。进入 DesignModeler 建模器后，首先设置单位。单击"单位"菜单，在弹出的下拉菜单中选择"毫米"选项，设置绘图环境的单位为毫米。

本实例的几何形状由一个大的弯管和一个较小的侧管组成。ANSYS DesignModeler 提供了各种几何图元，可以组合这些图元来快速创建此类几何图元。

05 创建主管。单击"创建"菜单，在弹出的下拉菜单中选择"原语"→"圆环体"命令 ，如图 8-6 所示，图形窗口中将显示圆环几何体的预览。

图 8-5　启动 DesignModeler 建模器　　　　图 8-6　"圆环体"命令

06 在弹出的"圆环体"的详细信息视图中设置"FD10，基础 Y 分量"右侧的文本框为-1，然后按 Enter 键，将底部 Y 分量设置为-1。然后将"FD12，角度（>0）"设置为90°、"FD13，内半径（>0）"设置为100 mm、"FD14，外半径（>0）"设置为200 mm，如图 8-7 所示。单击"生成"按钮，生成的模型如图 8-8 所示。"圆环体 1"项出现在树轮廓视图中。如果要删除此项目，可以在其上右击，然后从弹出的快捷菜单中选择"删除"命令。

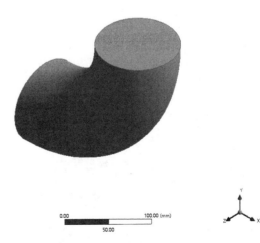

图 8-7　"圆环体"的详细信息视图　　　　图 8-8　创建圆环体后模型

07 在工具栏中单击"面"按钮，确保选择过滤器设置为面。当光标悬停在几何体上时，面选择光标出现选择弯头的顶面（Y 轴正方向），然后在"三维特征"工具栏中单击"挤出"按钮。

08 在新拉伸（挤出 1）的详细视图中，单击"几何结构"右侧的"应用"命令，将接受选择的面作为拉伸的基础几何图形。单击"方向矢量"右侧的"无（法向）"命令，再次确保选择过滤器设置为"面"，选择弯头上的同一个面，如图 8-9 所示，指定拉伸将垂直于该面，然后单击"应用"按钮。

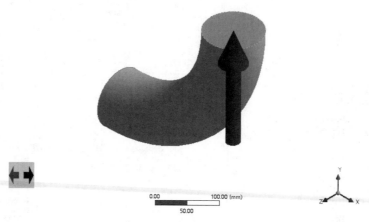

图 8-9　选择弯头上的面

09 在新拉伸（挤出 1）的详细视图中，将"FD1，深度（>0）"设置为 200mm，如图 8-10 所示，然后单击"生成"按钮，生成挤出后的模型如图 8-11 所示。

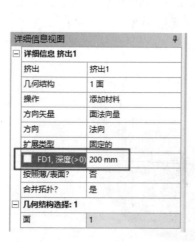

图 8-10　"挤出"的详细信息视图

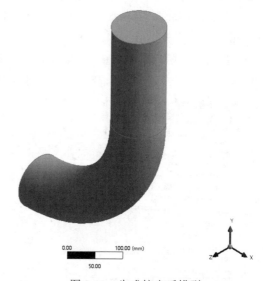

图 8-11　生成挤出后模型

10 以同样的方式，挤压圆环段的另一面，以形成 200 mm 的入口延伸。使用旋转视图命令，以便可以轻松选择折弯的另一面。单击"缩放到合适的"图标🔍，将使对象精确匹配并在窗口中居中。输入拉伸参数并单击"生成"按钮后，弯头主管几何图形如图 8-12 所示。

11 接下来，将使用圆柱体基本体创建侧管。单击"创建"菜单，在弹出的下拉菜单中选择"原语"→"圆柱体"命令，在"圆柱体"的详细信息视图中，按图 8-13 所示设置圆柱体的参数，原点坐标确定圆柱体的起点，轴组件确定圆柱体的长度和方向。然后单击"生成"按钮，创建圆柱体后的模型如图 8-14 所示。

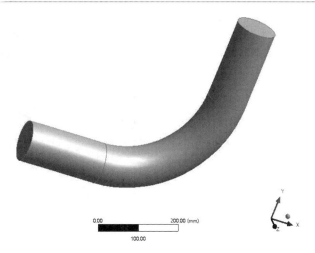

图 8-12 弯头主管几何图形

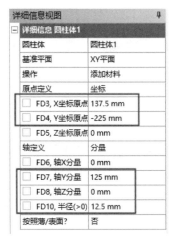

图 8-13 "圆柱体"的详细信息视图

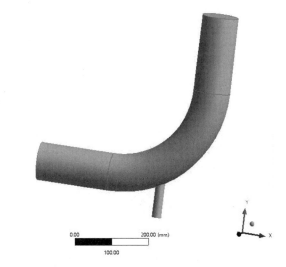

图 8-14 创建圆柱体后模型

12 创建几何体的最后一步是在其对称平面上分割实体,这将使计算量减半。单击"工具"菜单,在弹出的下拉菜单中选择"对称"命令 ,在树轮廓中选择 XY 平面,然后在"对称"的详细信息视图中单击"对称平面 1"右侧的"应用"按钮,如图 8-15 所示。最后单击"生成"按钮,生成最终的模型如图 8-16 所示。使用此操作创建的新曲面将在 Fluent 中指定对称边界条件,以便模型准确反映整个弯头几何体的物理特性。

13 将几何体指定为流体。在树轮廓中,打开"1 部件,1 几何体"分支并选择"固体"。然后在"几何体"的详细信息视图中,将实体的名称从"实体"更改为"流体",在"流体/固体"右侧从下拉列表中选择"流体",如图 8-17 所示。单击"生成"按钮,完成流体的设置。

14 通过选择"文件"→"关闭 ANSYS DesignModeler"命令或单击右上角的"×"图标,ANSYS Workbench 自动保存几何图形并相应地更新项目原理图。几何体单元中的问号被复选标记替换,表示现在有一个几何体与流体流动分析系统关联。

15 在 ANSYS Workbench 菜单栏中,选择"查看"→"文件"命令,系统将显示如图 8-18 所示的文件窗口。在文件窗口中会显示所有本项目的文件。

图 8-15　"对称"的详细信息视图

图 8-16　对称后的模型

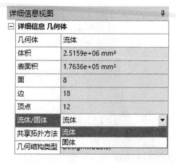

图 8-17　"几何体"的详细信息视图

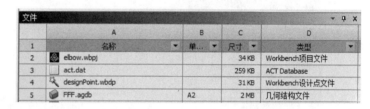

图 8-18　创建几何体后的项目文件视图

8.3.3　划分网格及边界命名

01 启动 Meshing 网格应用程序。右击"流体流动（Fluent）"项目模块中的"网格"栏，在弹出的快捷菜单中选择"编辑"命令，启动 Meshing 网格应用程序。

02 为了简化以后在 ANSYS Fluent 中的工作，应该通过为管道入口、出口和对称表面创建命名选择来标记几何体中的每个边界。在几何图形中右击如图 8-19 所示的大进气口，在弹出的快捷菜单中选择"创建命名选择"命令，将弹出"选择名称"对话框。在"选择名称"对话框中输入"velocity-inlet-large"，如图 8-20 所示，然后单击"OK"按钮。

03 其他边界命名。

（1）命名小入口名称。采用同样的方法，选择模型的小口，命名为"velocity-inlet-small"（小入口）。

（2）命名大出口名称。采用同样的方法，选择模型的另一个大口，命名为"pressure-outlet"（大出口）。

（3）命名对称平面名称。采用同样的方法，选择对称面，命名为"symmetry"（对称平面）。

04 为流体创建命名选择。在图形工具栏中将选择过滤器更改为 Body（🔲）。在图形显示中单击弯头以将其选中，然后右击，从快捷菜单中选择"创建命名选择"命令。在"选择名称"对话框中，输入"Fluid"作为名称。通过为流体创建名为"Fluid"的命名选择，可以确保 ANSYS Fluent 自动检测到体积是流体区域，并相应地进行处理。

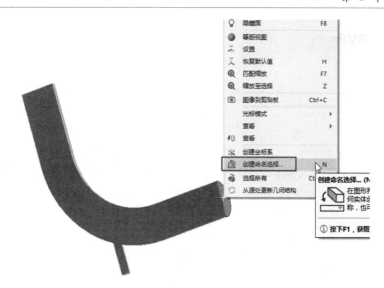

图 8-19　选择要命名的面

05 为 ANSYS 网格应用程序设置基本网格参数。调整几个网格参数以获得更精细的网格。在大纲视图中，选择"项目/模型（A3）"下的"网格"以在大纲视图下显示"网格"视图的详细信息。

06 由于 ANSYS 网格应用程序自动检测到将使用 ANSYS Fluent 执行 CFD 流体分析，因此"物理偏好"首选项已设置为"CFD"，"求解器偏好"首选项已设置为"Fluent"。

07 展开"质量"节点以显示其他质量参数。将"平滑"更改为"高"，如图 8-21 所示。

图 8-20　输入大进气口名称

图 8-21　"网格"的详细信息

08 添加尺寸控制。在树轮廓中仍处于选中状态的情况下，单击图形显示中的弯头以将其选中。在图形区域中右击，然后从弹出的快捷菜单中选择"插入"→"尺寸调整"命令，如图 8-22 所示。

09 在树轮廓的"网格"下会出现一个新的"尺寸调整"条目，单击"尺寸调整"。在"尺寸调整"的详细信息中输入"6.e-003m"作为"单元尺寸"，如图 8-23 所示，然后按 Enter 键。

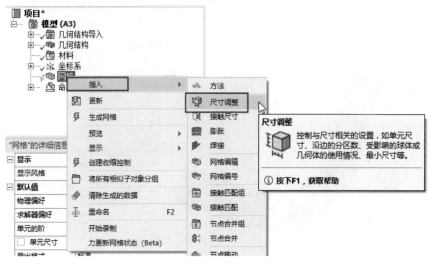

图 8-22　尺寸调整快捷菜单

10 再次单击大纲视图中的网格，并在"网格"的详细信息中展开"膨胀"节点以显示其他的"膨胀"参数。将"使用自动膨胀"更改为"程序控制"，如图 8-24 所示。

11 生成网格。在树轮廓中的"网格"上右击，在弹出的快捷菜单中选择"更新"命令，如图 8-25 所示。使用"更新"选项自动生成网格，如图 8-26 所示。生成网格后，可以通过在"网格"的详细信息中打开统计信息节点来查看节点数、元素数等网格统计信息。

12 关闭 ANSYS 网格应用程序。可以关闭 ANSYS 网格应用程序而不保存它，因为 ANSYS Workbench 会自动保存网格并相应地更新项目原理图，如图 8-27 所示。网格单元中的"需要刷新"图标已替换为复选标记，表示现在有一个网格与流体分析系统关联。

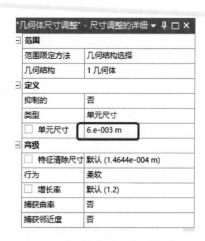

图 8-23　"几何体尺寸调整"的详细信息

图 8-24　"网格"的详细信息

图 8-25　在弹出的快捷菜单中选择"更新"命令

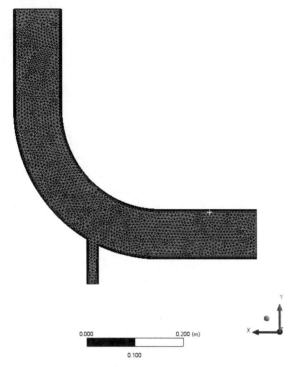

图 8-26 使用"更新"自动生成网格

elbow

图 8-27 项目原理图

13 在 ANSYS Workbench 菜单栏中，选择"查看"→"文件"命令，系统将显示"文件"窗口，如图 8-28 所示。在文件窗口中会显示所有本项目的文件，文件列表中添加了网格文件 FFF.msh 和 FFF.mshdb。FFF.msh 文件是在更新网格时创建的，FFF.mshdb 文件是在关闭 ANSYS 网格应用程序时生成的。

	A	B	C	D
1	名称	单...	尺寸	类型
2	elbow.wbpj		34 KB	Workbench项目文件
3	act.dat		259 KB	ACT Database
4	designPoint.wbdp		31 KB	Workbench设计点文件
5	FFF.agdb	A2	2 MB	几何结构文件
6	FFF.mshdb	A3	9 MB	网格数据库文件
7	FFF.msh	A3	8 MB	Fluent网格文件

图 8-28 创建网格后项目的 ANSYS Workbench 文件视图

8.3.4 分析设置

建立 CFD 模拟。现在已经为弯头几何体创建了计算网格，接下来将使用 ANSYS Fluent 设置 CFD 分析，然后查看 ANSYS Workbench 生成的文件列表。

01 启动 Fluent 应用程序。右击"流体流动（Fluent）"项目模块中的"设置"栏，在弹出的快捷菜单中选择"编辑"命令，如图 8-29 所示。弹出"Fluent Launcher 2022 R1（Setting Edit Only）"对话框，如图 8-30 所示，勾选"Double Precision"（双精度）复选框，单击"Start"按钮，启动 Fluent 应用程序。启动后的 ANSYS Fluent 界面如图 8-31 所示。

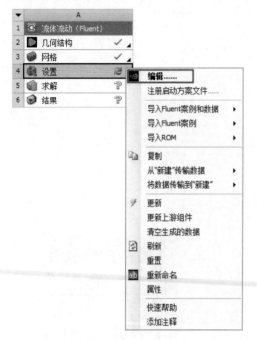

图 8-29　启动 Fluent 网格应用程序　　　　　　　图 8-30　"Fluent Launcher 2022 R1（Setting
　　　　　　　　　　　　　　　　　　　　　　　　　　　　Edit Only）"对话框

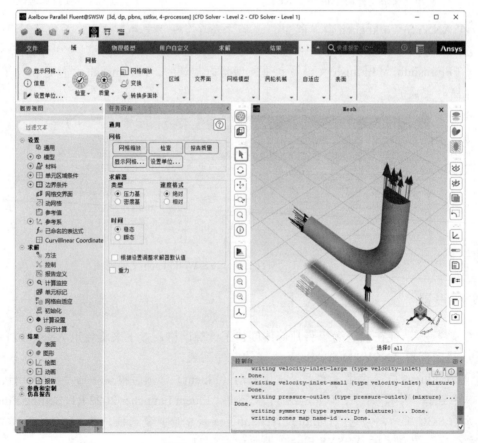

图 8-31　ANSYS Fluent 界面

02 检查网格。单击任务页面"通用"设置"网格"栏中的"检查"按钮 检查 ，检查网格，当"控制台"中显示"Done."（完成）时，表示网格可用。ANSYS Fluent 将在控制台中报告网格检查的结果，如图 8-32 所示。在不同的平台上运行时，最小值和最大值可能略有不同。网格检查将以默认的国际单位制——m（米）列出网格的最小 x 和最大 y 值。它还将报告检查的许多其他网格特征和报告网格中的任何错误，以确保最小体积不是负值，因为在这种情况下，ANSYS Fluent 无法开始计算。

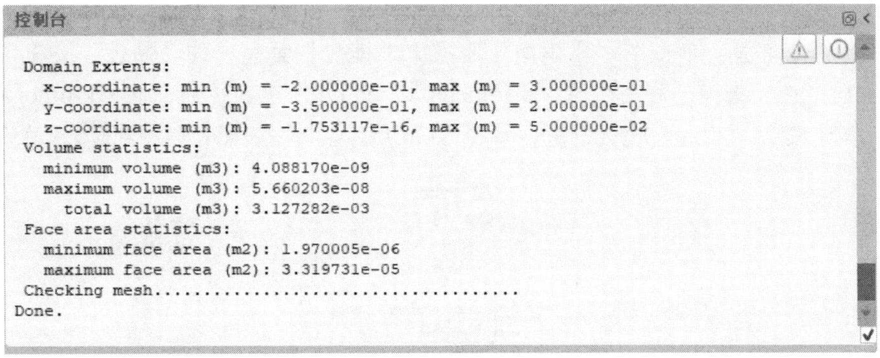

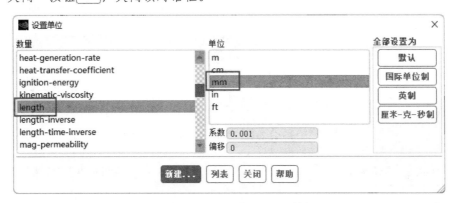

图 8-32　检查网格

03 设置单位。由于在 ANSYS Fluent 中要以 mm 为单位指定和查看值，所以要将 ANSYS Fluent 中的长度单位从 m（默认值）更改为 mm。

04 单击任务页面"通用"设置"网格"栏中的"设置单位"按钮 设置单位... ，打开"设置单位"对话框，在"数量"列表中选择"length"，在"单位"列表中选择"mm"，如图 8-33 所示，然后单击"关闭"按钮 关闭 ，关闭该对话框。

图 8-33　"设置单位"对话框

05 检查网格质量。单击任务页面"通用"设置"网格"栏中的"质量→ 评估网格质量"按钮，检查网格质量，ANSYS Fluent 将在控制台中报告网格质量检查的结果，如图 8-34 所示。网格的质量对数值计算的准确性和稳定性起着重要作用。因此，检查网格质量是执行稳健模拟的重要步骤，最小单元正交质量是网格质量的重要指标。正交质量的值可以在 0～1 之间变化，值越低表示单元质量越差。一般来说，最小正交质量不应低于 0.01。

06 启动能量。单击"物理模型"选项卡，在该选项卡的"模型"面板中勾选"能量"复选框，启动能量，如图 8-35 所示。

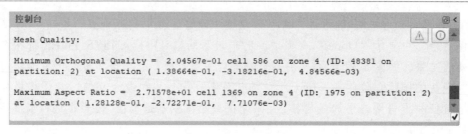

图 8-34　检查网格质量

07 设置黏性模型。单击"物理模型"选项卡"模型"面板中的"黏性"按钮，弹出"黏性模型"对话框。在"模型"栏中勾选"k- omega（2 eqn）"单选按钮，在"k-omega 模型"栏中勾选"SST"单选按钮，其余为默认设置，如图 8-36 所示。单击"OK"按钮，关闭该对话框。

图 8-35　启动能量　　　　　　　图 8-36　"黏性模型"对话框

08 定义材料。

（1）定义烟气材料。单击"物理模型"选项卡"材料"面板中的"创建/编辑"按钮，弹出"创建/编辑材料"对话框，如图 8-37 所示。设置"名称"为"water-liquid"，单击"Fluent 数据库"按钮，系统将会弹出"Fluent 数据库材料"对话框，如图 8-38 所示。

（2）在"Fluent 流体材料"栏中选择"water-liquid（h2o <l>）"（液体水）材料，然后单击"复制"按钮，复制该材料，再单击"关闭"按钮，关闭"Fluent 数据库材料"对话框。返回"创建/编辑材料"对话框，单击"关闭"按钮，关闭"创建/编辑材料"对话框。

图 8-37　"创建/编辑材料"对话框

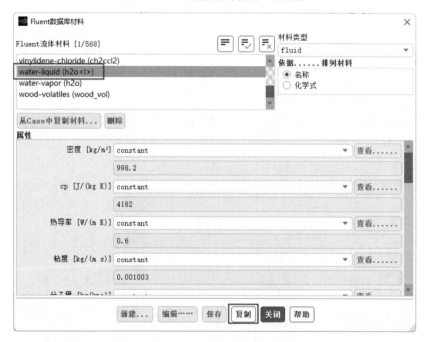

图 8-38　"Fluent 数据库材料"对话框

09 设置边界条件。

（1）设置冷入口边界条件。单击"物理模型"选项卡"区域"面板中的"边界"按钮 ⊞，任务页面切换为"边界条件"，在"边界条件"下方的"区域"列表中选择"velocity-inlet-large"选项。单击"编辑"按钮 编辑······ ，弹出"速度入口"对话框。在"动量"面板中设置"速度大小"为 0.4；在"湍流"组中，"设置"下拉列表中选择"Intensity and Hydraulic Diameter"，"水力直径"下拉列表设置为 100，如图 8-39 所示。在"热量"面板中设置"温度"为 293.15，如图 8-40

所示，单击"应用"按钮 应用 ，然后单击"关闭"按钮 关闭 ，关闭"速度入口"对话框。

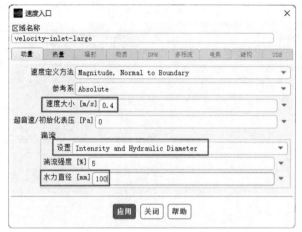

图 8-39　冷入口"速度入口"对话框

图 8-40　冷入口"热量"面板

（2）设置热入口边界条件。在"边界条件"下方的"区域"列表中选择"velocity-inlet-small"选项，单击"编辑"按钮 编辑…… ，弹出"速度入口"对话框。在"动量"面板中设置"速度大小"为1.2；在"湍流"组中，"设置"下拉列表中选择"Intensity and Hydraulic Diameter"，"水力直径"下拉列表设置为25，如图 8-41 所示。在"热量"面板中设置"温度"为313.15，如图 8-42所示，单击"应用"按钮 应用 ，然后单击"关闭"按钮 关闭 ，关闭"速度入口"对话框。

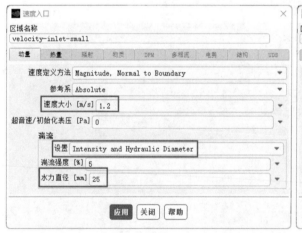

图 8-41　热入口"速度入口"对话框

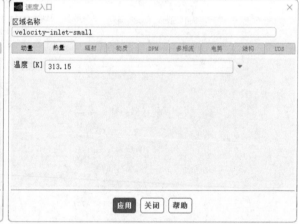

图 8-42　热入口"热量"面板

（3）设置压力出口边界条件。在"边界条件"下方的"区域"列表中选择"pressure-outlet"选项，单击"编辑"按钮 编辑…… ，弹出"压力出口"对话框。在"动量"面板中设置"回流湍流黏度比"为100，如图 8-43 所示，单击"应用"按钮 应用 ，然后单击"关闭"按钮 关闭 ，关闭"压力出口"对话框。

图 8-43　"压力出口"对话框

8.3.5　求解设置

01 设置求解方法。单击"求解"选项卡"求解"面板中的"方法"按钮，任务页面切换为"求解方法"，保留系统默认设置即可。

02 在计算过程中启用残差绘图。单击"求解"选项卡"报告"面板中的"残差"按钮，打开"残差监控器"对话框，如图 8-44 所示。在"残差监控器"对话框中，确保在"选项"组中勾选了"绘图"复选框，保留残差绝对标准的默认值。单击"OK"按钮关闭"残差监控器"对话框。默认情况下，所有变量将由 ANSYS Fluent 监控和检查，以确定解的收敛性。

03 在出口（压力出口）处创建曲面报告定义。单击"求解"选项卡"报告"面板中的"定义"→"创建"→"表面报告"→"小平面最大值"命令，打开"表面报告定义"对话框，如图 8-45 所示。在"表面报告定义"对话框中，输入"temp-outlet-0"作为名称，在"创建"组下，勾选"报告文件"和"报告图"复选框。在求解运行期间，ANSYS Fluent 将在报告文件中写入求解收敛数据，并在图形窗口中绘制求解收敛历史。在评估收敛性时，除了方程残差外，监测物理解量也是一种很好的做法。单击向上箭头按钮将频率设置为 3，该设置指示 ANSYS Fluent 在求解过程中每迭代 3 次后更新曲面报告的绘图并将数据写入文件。

04 在"表面报告定义"对话框中，将报告类型设置为"Facet Maximum"，场变量设置"Temperature"和"Static Temperature"，在"表面"列表中选择"pressure-outlet"。单击"OK"按钮，保存曲面报告定义并关闭"表面报告定义"对话框。新的曲面报告定义 temp-outlet-0 显示在求解/报告定义树项下。ANSYS Fluent 还自动创建两个项目：temp-outlet-0-rfile（在求解/计算监控/报告文件树分支下）与 temp -outlet-0-rplot（在求解/计算监控/报告显示树分支下）。

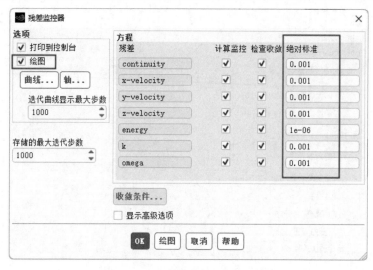

图 8-44 "残差监控器"对话框

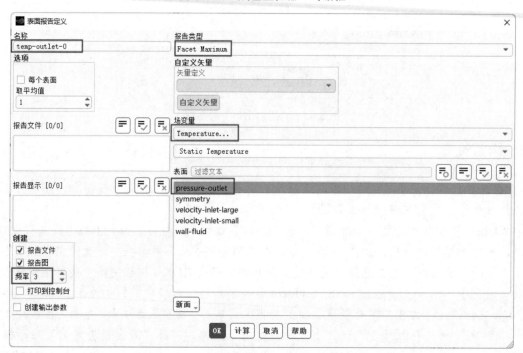

图 8-45 "表面报告定义"对话框

05 在树中，双击 temp-outlet-0-rfile，并在"编辑报告文件"对话框中检查报告文件设置，如图 8-46 所示。该对话框自动填充来自 temp-outlet-0-rfile 报告定义的数据。解决方案期间将写入报告文件的报告列在所选报告定义下。保留默认输出文件名，最后单击"OK"按钮。

06 在树中，双击 temp-outlet-0-rplot，并在"编辑报告图"对话框中检查报告图设置，如图 8-47 所示。该对话框自动填充来自 temp-outlet-0-rplot 报告定义的数据。随着解决方案的进行，在选定报告定义下列出的报告将显示在图形选项卡窗口中，标题在显示标题中指定。保留显示标题和 Y 轴标签的默认名称，最后单击"OK"按钮。可以为不同的边界创建报告定义，并在同一图形窗口中显示它们。但是，同一报表绘图中的报表定义必须具有相同的单位。

图 8-46 "编辑报告文件"对话框

图 8-47 "编辑报告图"对话框

07 流场初始化。在"求解"选项卡"初始化"面板中勾选"混合"单选按钮,其余为默认设置,如图 8-48 所示,然后单击"初始化"按钮,进行初始化。

图 8-48 流场初始化

8.3.6 求解

01 单击"求解"选项卡"运行计算"面板中的"运行计算"按钮，任务页面切换为"运行计算"。在"参数"栏中设置"迭代次数"为250，其余为默认设置，如图8-49所示。单击"开始计算"按钮，开始求解。计算完成后，弹出提示对话框，单击"OK"按钮，完成求解。

📢 **注意：**

> 当程序计算解时，ANSYS Workbench 中流体流动 ANSYS Fluent 分析系统中的设置和求解单元的状态正在改变。例如：
> - 在访问运行计算任务页面并指定迭代次数后，设置单元的状态变为最新，解决方案单元的状态变为需要刷新。
> - 迭代进行时，需要更新解决方案单元的状态。
> - 当指定的迭代次数完成（或达到收敛）时，解单元的状态是最新的。

02 随着计算的进行，将在图形窗口中绘制表面报告图，图8-50为压力出口处最高温度的收敛历史。残差历史将绘制在比例残差选项卡窗口中，图8-51为收敛解的残差。

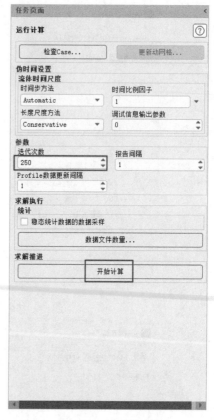

图 8-49 求解设置

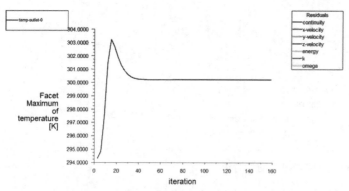

图 8-50 压力出口处最高温度的收敛历史

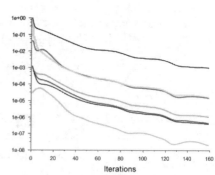

图 8-51 收敛解的残差

8.3.7 查看求解结果

查看云图。

（1）查看温度云图。单击"结果"选项卡"图形"面板"云图"下拉菜单中的"创建"命令，打开"云图"对话框，设置"云图名称"为"contour-vv"。在"选项"列表中勾选"填充""节点值""边界值""全局范围"和"自动范围"复选框，设置"着色变量"为"Temperature"（温度），设置"着色"为"带状"，选择"表面"为"symmetry"。单击"保存/显示"按钮显示温度云图，如图 8-52 所示。

（2）查看速度云图。设置"着色变量"为"Velocity"（速度），单击"保存/显示"按钮显示速度云图，如图 8-53 所示。

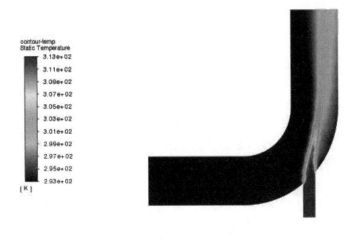

图 8-52　温度云图

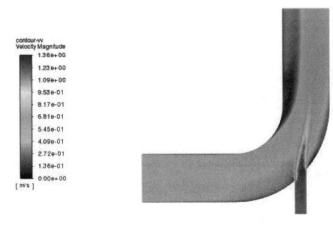

图 8-53　速度云图

第 9 章　多相流模型模拟

内容简介

相是指在流场或者位势场中，具有相同的边界条件和动力学特性的同类物质，一般分为固态、液态和气态。在多相流系统中，相的概念具有更广泛的意义。在多相流动中，所谓的"相"可以定义为具有相同类别的物质，该类物质在所处的流动中具有特定的惯性响应并与流场相互作用。自然界和工程问题中会遇到大量的多相流动。

多相流模型包括气-液或液-液两相流、气-固两相流、液-固两相流以及三相流，具有泥浆流、气泡、液滴、颗粒负载流、分层自由面流动、气动输运、水力输运、沉降，以及流化床等流动模式。本章中详细介绍了多相流模型及其在工程中的应用。

内容要点

- ➢ 多相流概论
- ➢ VOF 模型
- ➢ Mixture（混合）模型
- ➢ 欧拉（Eulerian）模型
- ➢ 多相流模型选择与设置
- ➢ VOF 模型实例 ——倒酒
- ➢ 欧拉模型实例 ——鱼缸增氧

案例效果

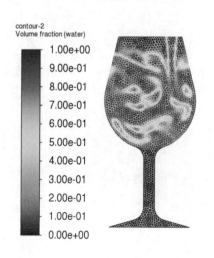
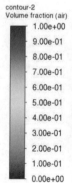
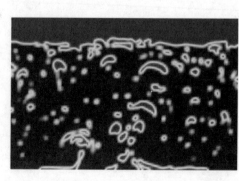

9.1 多相流概论

在自然界和工程问题中，会遇到大量的多相流动。物质一般具有气态、液态和固态三相，但是在多相流系统中相的概念具有更广泛的意义。在多相流动中，所谓的相可以定义为具有相同类别的物质，该类物质在所处的流动中具有特定的惯性响应并与流场相互作用。例如，相同材料的固体物质颗粒如果具有不同尺寸，即可把它们看成不同的相，因为相同尺寸粒子的集合对流场有相似的动力学响应。本章将简单介绍如何在 Fluent 中创建多相流模型。

目前有两种数值计算的方法处理多相流：欧拉-拉格朗日方法和欧拉-欧拉方法。在 Fluent 中的拉格朗日离散相模型遵循欧拉-拉格朗日方法，流体相被处理为连续相，通过直接求解时均化的纳维-斯托克斯方程来获得结果，而离散相是通过计算流场中大量的粒子、气泡或是液滴的运动得到的。离散相和流体相之间可以有动量、质量和能量的交换。在欧拉-欧拉方法中，不同的相被处理成相互贯穿的连续介质，由于一种相所占的体积无法再被其他相占有，因此引入相体积率（phase volume fraction）的概念。体积率是时间和空间的连续函数，各相的体积率之和等于 1。从各相的守恒方程可以推导出一组方程，这些方程对于所有的相都具有类似的形式。从实验得到的数据可以创建一些特定的关系，从而使上述方程封闭，另外，对于小颗粒流（granular flows）可以应用分子运动论的理论使方程封闭。

在 Fluent 中，共有三种多相流模型，如图 9-1 所示，即 VOF（volume of fluid）模型、Mixture（混合）模型和欧拉（Eulerian）模型，每一种模型都有其特定的适用范围和设定方法，下面针对这 3 种模型依次介绍。

图 9-1 多相流模型

9.2 VOF 模型

VOF 模型是一种建立在固定的欧拉网格下的表面跟踪方法。当需要得到一种或多种互不相融流体间的交界面时，可以采用这种模型。在 VOF 模型中，不同的流体组分共用着一套动量方程，计算时在全流场的每个计算单元内，都记录下各流体组分所占有的体积率。VOF 方法适于计算空气和水这样不能相互参混的流体流动，应用示例包括分层流、自由面流动、灌注、晃动、液体中大气泡的流动、水坝决堤时的水流、喷射衰竭表面张力的预测，以及求得任意液-气分界面的稳态或瞬时分界面。对于分层流和活塞流，最方便的就是选择 VOF 模型。

在 Fluent 应用中，VOF 模型具有一定的局限，如下。

➢ VOF 模型只能使用压力基求解器。

➢ 所有的控制容积必须充满单一流体相或者相的联合；VOF 模型不允许在那些空的区域中没有任何类型的流体存在。

➢ 只有一相是可压缩的。

➢ 计算 VOF 模型时不能同时计算周期流动问题。

➢ VOF 模型不能使用二阶隐式的时间格式。

➢ VOF 模型不能同时计算组分混合和反应流动问题。

➢ 大涡模拟紊流模型不能用于 VOF 模型。

➢ VOF 模型不能用于无黏流。

➢ VOF 模型不能用于并行计算中追踪粒子。

➢ 壁面壳传导模型不能和 VOF 模型同时计算。

此外，在 Fluent 中 VOF 公式通常用于计算时间依赖解，但是对于只关心稳态解的问题，它也可以执行稳态计算。稳态 VOF 计算是敏感的，只有当解是独立于初始时间并且对于单相有明显的流入边界时才有解。例如，由于在旋转的杯子中自由表面的形状依赖于流体的初始水平，这样的问题必须使用非定常公式，而渠道内顶部有空气的水的流动和分离的空气入口可以采用稳态公式求解。

9.3 Mixture（混合）模型

Mixture 模型可用于两相流或多相流（流体或颗粒）。因为在欧拉模型中，各相被处理为相互贯通的连续体，Mixture 模型求解的是混合物的动量方程，并通过相对速度来描述离散相。Mixture 模型的应用包括低负载的粒子负载流、气泡流、沉降，以及旋风分离器。Mixture 模型也可用于没有离散相相对速度的均匀多相流。

Mixture 模型是欧拉模型在几种情形下很好的替身。当存在大范围的颗粒相分布、界面的规律未知或者它们的可靠性有疑问时，完善的多相流模型是不切实可行的。当求解变量的个数小于完善的多相流模型时，像 Mixture 模型这样简单的模型能和完善的多相流模型一样取得好的结果。

在 Fluent 应用中，Mixture 模型具有一定的局限，如下。

➢ Mixture 模型只能使用压力基求解器。

➢ 只有一相是可压缩的。

➢ 计算 Mixture 模型时不能同时计算周期流动问题。

➢ 不能用于模拟融化和凝固的过程。

➢ Mixture 模型不能用于无黏流。

➢ 在模拟气穴现象时，若湍流模型为 LES 模型，则不能使用 Mixture 模型。

➢ 在 MRF 多旋转坐标系与混合模型同时使用时，不能使用相对速度公式。

➢ 不能和固体壁面的热传导模拟同时使用。

➢ 不能用于并行计算和颗粒轨道模拟。

➢ 组分混合和反应流动的问题不能和 Mixture 模型同时使用。

➢ Mixture（欧拉）模型不能使用二阶隐式的时间格式。

此外，Mixture 模型有界面特性包括不全、扩散和脉动特性难于处理等缺点。

9.4 欧拉（Eulerian）模型

欧拉模型是 Fluent 中最复杂的多相流模型。它建立了一套包含有 n 个参数的动量方程和连续方程来求解每一相。压力项和各界面交换系数是耦合在一起的。耦合的方式则依赖于所含相的情况，颗粒流（流-固）的处理与非颗粒流（流-流）的处理是不同的。对于颗粒流，可以应用分子运动理论来求得流动特性。不同相之间的动量交换也依赖于混合物的类别。通过 Fluent 的客户自定义函数（user-defined functions），可以自定义动量交换的计算方式。欧拉模型的应用包括气泡柱、上浮、颗粒悬浮以及流化床等。

除了以下的限制外，在 Fluent 中所有其他的可利用特性都可以在欧拉多相流模型中使用，如下。

- 只有 k-epsilon 模型能用于紊流。
- 颗粒跟踪仅与主相相互作用。
- 不能同时计算周期流动问题。
- 不能用于模拟融化和凝固的过程。
- 不能用于无黏流。
- 不能用于并行计算和颗粒轨道模拟。
- 不允许存在压缩流动。
- 欧拉模型中不考虑热传输。
- 相同的质量传输只存在于气穴问题中，在蒸发和压缩过程中是不可行的。
- 不能使用二阶隐式的时间格式。

9.5 多相流模型选择与设置

9.5.1 多相流模型选择的原则

对于多相流模型，我们可以根据以下原则来进行选择，使分析更加符合实际的流动，达到更好的效果。

- VOF 模型适用于分层或自由表面流。
- 对于栓塞流、泡状流，采用 VOF 模型。
- 对于分层/自由面流动，采用 VOF 模型。
- 对于离散相混合物或者单独的离散相体积率超出 10%的气泡、液滴和粒子负载流动，采用 Mixture 模型或欧拉模型。
- 对于气动输运，均匀流动采用 Mixture 模型，粒子流采用欧拉模型。
- 对于流化床，采用欧拉模型。
- 泥浆和水力输运，采用 Mixture 模型或欧拉模型。
- 沉降采用欧拉模型。
- 对于更加一般的，同时包含若干种多相流模式的情况，应根据最感兴趣的流动特征，选择合适的流动模型。此时由于模型只是对部分流动特征做了较好模拟，其精度必然低于只包含单个模式的流动。
- 如果离散相在计算域分布较广，采用 Mixture 模型；如果离散相只集中在一部分，则采用欧拉模型；当考虑计算域内的曳力时，欧拉模型通常比 Mixture 模型能给出更精确的结果，选择何种模型要从计算时间和计算精度上考虑。

9.5.2 多相流模型的设置

1．VOF 模型

在 Fluent 中，单击"物理模型"选项卡"模型"面板中的"多相流"按钮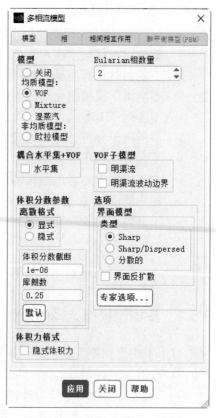，弹出"多相流模型"对话框，如图 9-2 所示。选择"VOF"，即启用了 VOF 模型（若选用"关闭"，即不采用多相流模型），具体如下：

（1）耦合水平集+VOF：勾选该选项下的"水平集"复选框，可以结合"水平集"方法和 VOF 公式来跟踪流体的界面。

（2）体积分数参数：勾选该选项下的"显示"单选按钮，可以进行非迭代的瞬态求解，与隐式公式相比具有更好的精度，在显示状态下还需要输入适当的"库朗数"，默认为 0.25；勾选该选项下的"隐式"单选按钮，可以进行迭代计算，既可以进行稳态求解，也可以进行瞬态求解，但更加适合于稳态求解，与显示公式相比求解速度较快。

🔊 提示：

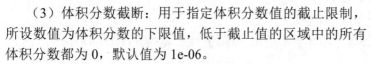

> 库朗数是时间步长和空间步长的相对关系，用来调节计算的稳定性与收敛性，当库朗数处于较小值时，求解计算时收敛速度慢，但稳定性好。随着库朗数的增大收敛速度也逐渐加快，但稳定性也会逐渐降低，因此在 Fluent 仿真计算过程中，为了得到较好的稳定性，一般采用较小的库朗数，然后在确保稳定的情况下逐渐加大库朗数。

图 9-2　"多相流模型"对话框（VOF 模型）

（3）体积分数截断：用于指定体积分数值的截止限制，所设数值为体积分数的下限值，低于截止值的区域中的所有体积分数都为 0，默认值为 1e-06。

（4）隐式体积力：当涉及体积计算时需要选中该选项，通过解决压力梯度和动量方程中体积力的部分平衡来提高解的收敛。

（5）Eularian 相数量：指定多相流模型计算的相数，最多为 20 相。

（6）明渠流：在 VOF 模型下，勾选"明渠流"用于模拟明渠水流的影响，此功能主要适用于海事应用和通过排水系统的流量分析中。

（7）明渠流波动边界：用于模拟规则的或不规则的波浪传播，常用于海洋工业中分析运动物体随波浪运动和收到的波浪冲击力。

（8）界面模型：在 VOF 和 Mixture 以及启用了"多流体 VOF 模型"的欧拉多相模型中，必须制定模型的界面，包括 Sharp（尖锐）、Sharp/Dispersed（尖锐/分散）和分散的 3 种类型。

➤ Sharp：适用于 VOF 模型和启用了"多流体 VOF 模型"的欧拉多相模型，当模型中两相之间存在明显界面时选择该类型。

➤ Sharp/Dispersed：用于 Sharp 界面和 Dispersed 界面组成的流动混合模型。

➤ 分散的：适用于各相相互渗透的模型。

（9）界面反扩散：当使用 Sharp 界面建模类型时，勾选该选项有利于减少粗糙网格、高纵横比单元或临界面附近单元体积大幅增加时可能出现的数值扩散效应。

2．Mixture 模型

在"多相流模型"对话框中选择"Mixture"单选按钮，如图 9-3 所示。当勾选"混合参数"下方的"滑移速度"复选框时则考虑相间滑移，若不勾选，则默认相间速度一致。

3．欧拉模型

在"多相流模型"对话框中选择"欧拉模型"单选按钮，如图 9-4 所示，具体如下。

（1）代数界面面积密度（AIAD）：采用该方法过渡建模仅用于欧拉模型中的"多流体 VOF 模型"，不能用于"密集离散相模型（DDPM）"和"沸腾模型"。

（2）Generalized Two Phase Flow（GENTOP）：该方法是广义两相流，用于解决不存在闭合定律的最大流体结构，扩展了非齐次离散方法的种群平衡方程方法。

（3）密集离散相模型（DDPM）：勾选此选项会启动"离散相数量"，仅适用于欧拉多相流模型。

（4）沸腾模型：该模型只能在欧拉多相流模型，且只能在压力基求解器下使用，勾选此选项会激活"沸腾模型选项"，包括"RPI 沸腾模型""非平衡沸腾模型"和"临界热流模型（CHF）"。

- ➤ RPI 沸腾模型：将壁面到液相的总热流分为对流热通量、淬火热通量以及蒸发热通量 3 部分。
- ➤ 非平衡沸腾模型：该模型是对 RPI 沸腾模型的改进，用于模拟不同状态的沸腾状态。
- ➤ 临界热流模型（CHF）：用于局部传热系数的急剧降低和壁面温度的偏移。

（5）多流体 VOF 模型：该选项耦合了 VOF 模型和欧拉模型，可以使用合适的 Sharp 和分散界面状态的离散化，同时克服了由于共享速度和温度公式导致的纯 VOF 模型的一些限制。

图 9-3　"多相流模型"对话框（Mixture 模型）

图 9-4　"多相流模型"对话框（欧拉模型）

扫一扫，看视频

9.6　VOF 模型实例——倒酒

9.6.1　问题分析

图 9-5（a）是向酒杯倒酒的真实情况。在倒酒过程中可以将酒进入酒杯的部分视作入口，杯口的其他区域为空气的出口，酒杯内部为流体区域，酒杯的底部为固体区域（不参与分析），酒杯的玻璃为壁面边界。由于 VOF 方法适用于计算空气和水这样不能相互参混的流体流动，因此本例利用 VOF 模型来模拟倒酒过程。图 9-5（b）为酒杯尺寸图，按该尺寸建模，结合酒杯的形状将该模型分为流体和固体两个区域。

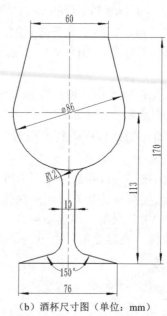

（a）真实倒酒　　　　　　　　（b）酒杯尺寸图（单位：mm）

图 9-5　倒酒

9.6.2　创建几何模型

01 启动 DesignModeler 建模器。打开 Workbench 程序，展开左侧工具箱中的"分析系统"栏，将工具箱中的"流体流动（Fluent）"选项拖动到"项目原理图"界面中，创建一个含有"流体流动（Fluent）"的项目模块。右击"几何结构"栏，在弹出的快捷菜单中选择"新的 DesignModeler 几何结构"命令，启动 DesignModeler 建模器，如图 9-6 所示。

02 设置单位。进入 DesignModeler 建模器后，首先设置单位。单击"单位"菜单，在弹出的下拉菜单中选择"毫米"选项，设置绘图环境的单位为毫米，如图 9-7 所示。

03 新建草图。选择树轮廓中的"XY 平面"命令，然后单击工具栏中的"新草图"按钮，新建一个草图。此时树轮廓中"XY 平面"分支下会多出一个名为"草图 1"的草图，然后右击"草图 1"，在弹出的快捷菜单中选择"查看"命令，将视图切换为正视于"XY 平面"方向，如图 9-8 所示。

图 9-6　启动 DesignModeler 建模器

04 切换标签。单击树轮廓下端的"草图绘制"标签，如图 9-9 所示，打开"草图工具箱"，进入草图绘制环境。

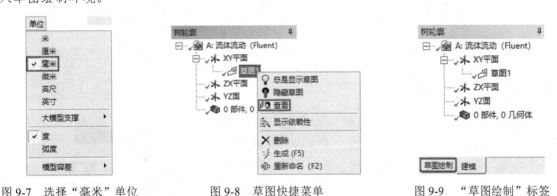

图 9-7　选择"毫米"单位　　　　图 9-8　草图快捷菜单　　　　图 9-9　"草图绘制"标签

05 绘制草图 1。利用"草图工具箱"中的工具绘制酒杯杯身草图，如图 9-10 所示，然后单击"生成"按钮，完成草图 1 的绘制。

06 绘制草图 2。选择"XY 平面"，重新进入草图绘制环境，完成草图 2 的绘制，如图 9-11 所示。

07 创建草图表面。单击"概念"菜单，在弹出的下拉列表中选择"草图表面"按钮，在弹出的"详细信息视图"中设置"基对象"为"草图 1"，设置"操作"为"添加冻结"，如图 9-12 所示。单击"生成"按钮，创建草图表面 1；采用同样的方法，选择"草图 2"，创建草图表面 2。最终创建的模型如图 9-13 所示，然后关闭 DesignModeler 建模器。

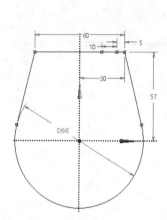

图 9-10　绘制草图 1（单位：mm）

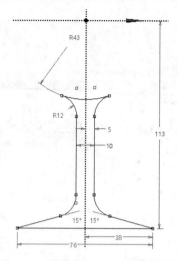

图 9-11　绘制草图 2（单位：mm）

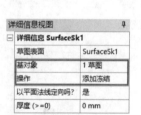

图 9-12　详细信息视图

图 9-13　酒杯模型

9.6.3　划分网格及边界命名

01 启动 Meshing 网格应用程序。右击"流体流动（Fluent）"项目模块中的"网格"栏，在弹出的快捷菜单中选择"编辑"选项，启动 Meshing 网格应用程序，如图 9-14 所示。

02 设置模型流/固性质。在"模型"树中展开"几何结构"分支中，显示该模型由两部分"几何表面体"构成，如图 9-15 所示，选择第一个"表面几何体"，左下角弹出"表面几何体"的详细信息，在"材料"栏中设置"流体/固体"为"流体"，如图 9-16 所示。同理设置第二个"表面几何体"的"流体/固体"为"固体"，如图 9-17 所示。

03 全局网格设置。在轮廓树中单击"网格"分支，系统切换到"网格"选项卡。同时左下角弹出"网格"的详细信息，设置"单元尺寸"为 2.0mm，如图 9-18 所示。

图 9-14　启动 Meshing 网格应用程序

图 9-15 展开"几何结构"

图 9-16 设置"流体"

图 9-17 设置"固体"

📢 **注意：**

设置 Meshing 网格应用程序的单位为毫米制单位。

04 设置划分方法。单击"网格"选项卡"控制"面板中的"方法"按钮，左下角弹出"自动方法"的详细信息，设置"几何结构"为酒杯的两个表面几何体，设置"方法"为"三角形"，此时该详细信息列表改为"所有三角形法"的详细信息列表，如图 9-19 所示。

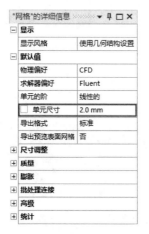

图 9-18 "网格"的详细信息

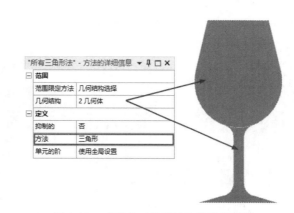

图 9-19 "所有三角形法"的详细信息

05 划分网格。单击"网格"选项卡"网格"面板中的"生成"按钮，系统自动划分网格，结果如图 9-20 所示。

06 边界命名。

（1）命名入口名称。选择模型中上边线的中间边线，然后右击，在弹出的快捷菜单中选择"创建命名选择"命令，如图 9-21 所示，弹出"选择名称"对话框，然后在文本框中输入"inlet"（入口），如图 9-22 所示。设置完成后单击该对话框的"OK"按钮，完成入口的命名。

（2）命名出口名称。采用同样的方法，选择模型中上边线的另外两条边线，命名为"outlet"（出口），如图 9-23 所示。

（3）命名上部杯体壁面名称。采用同样的方法，选择模型上部杯体的所有边，命名为"wall-fluid"（流体壁面），如图 9-24 所示。

（4）命名下部杯体壁面名称。采用同样的方法，选择模型下部杯体的所有边，命名为"wall-solid"（固体壁面），如图 9-25 所示。

（5）命名流体。选择酒杯上部主体，将其命名为"fluid"（流体），如图 9-26 所示。

选择该短边

图 9-20　划分网格　　　　图 9-21　选择"创建命名选择"命令　　　　图 9-22　命名入口

图 9-23　命名出口

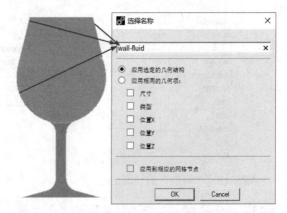

图 9-24　命名上部杯体壁面

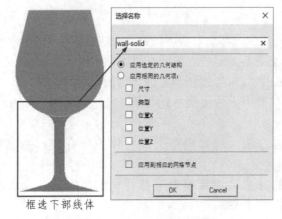

框选下部线体

图 9-25　命名下部杯体壁面

图 9-26　命名流体

（6）命名固体。选择酒杯下部主体，将其命名为"solid"（固体），如图 9-27 所示。

07 将网格平移至 Fluent。完成网格划分及命名边界后，需要将划分好的网格平移到 Fluent 中。选择"模型树"中的"网格"分支，系统自动切换到"网格"选项卡，然后单击"网格"面板中的"更新"按钮，系统弹出提示对话框，完成网格的平移，如图 9-28 所示。

图 9-27　命名固体

图 9-28　信息提示对话框

9.6.4　分析设置

01 启动 Fluent 应用程序。右击"流体流动（Fluent）"项目模块中的"设置"栏，在弹出的快捷菜单中选择"编辑"命令，如图 9-29 所示。弹出"Fluent Launcher 2022 R1（Setting Edit Only）"对话框，勾选"Double Precision"（双精度）复选框，单击"Start"（启动）按钮启动 Fluent 应用程序，如图 9-30 所示。

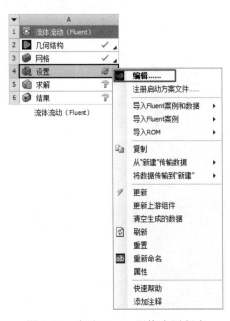

图 9-29　启动 Fluent 网格应用程序

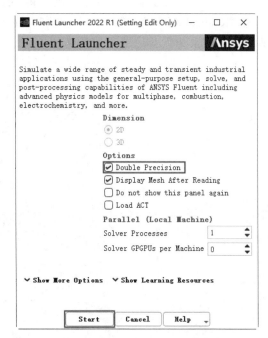

图 9-30　"Fluent Launcher 2022 R1（Setting Edit Only）"对话框

02 检查网格。单击任务页面"通用"设置"网格"栏中的"检查"按钮 检查，检查网格，当"控制台"中显示"Done."（完成）时，表示网格可用，如图9-31所示。

03 设置求解类型。在任务页面"通用"设置"求解器"栏中勾选"压力基"类型，勾选"时间"为"瞬态"，勾选"重力"复选框，激活"重力加速度"，设置 y 向加速度为-9.81，如图9-32所示。

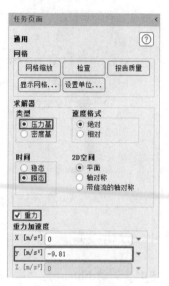

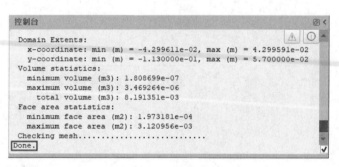

图9-31 检查网格

图9-32 设置求解类型

04 设置黏性模型。单击"物理模型"选项卡"模型"面板中的"黏性"按钮，弹出"黏性模型"对话框。在"模型"栏中勾选"k-epsilon（2 eqn）"单选按钮，在"k-epsilon模型"栏中勾选"Realizable"（可实现）单选按钮，在"壁面函数"栏中勾选"可扩展壁面函数（SWF）"单选按钮，其余为默认设置，如图9-33所示。单击"OK"按钮，关闭该对话框。

图9-33 "黏性模型"对话框

05 定义材料。单击"物理模型"选项卡"材料"面板中的"创建/编辑"按钮，弹出"创建/编辑材料"对话框，如图 9-34 所示。系统默认的流体材料为"air"（空气），需要再添加一个"水"材料。单击对话框中的"Fluent 数据库"按钮 Fluent数据库... ，弹出"Fluent 数据库材料"对话框，在"Fluent 流体材料"栏中选择"water-liquid（h2o <l>）"（液体水）选项，如图 9-35 所示。然后单击"复制"按钮 复制 ，复制该材料，再单击"关闭"按钮 关闭 ，关闭"Fluent 数据库材料"对话框，返回"创建/编辑材料"对话框后单击"关闭"按钮 关闭 ，关闭"创建/编辑材料"对话框。

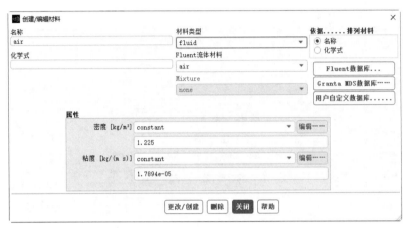

图 9-34　"创建/编辑材料"对话框

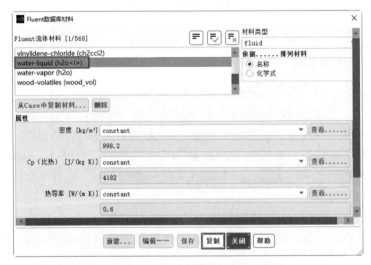

图 9-35　"Fluent 数据库材料"对话框

📢 注意：

> 由于酒杯的下部杯体不参与仿真求解，因此这里不对酒杯的下部杯体材料进行设置，采用默认材料。

06 设置多相流模型。

（1）设置模型。单击"物理模型"选项卡"模型"面板中的"多相流"按钮，弹出"多相流模型"对话框，如图 9-36 所示。在"模型"栏中勾选"VOF"单选按钮，在"离散格式"栏中勾选"隐式"单选按钮，在"体积力格式"栏中勾选"隐式体积力"复选框，其余为默认设置，单击"应用"按钮 应用 即可。

（2）设置相。在"多相流模型"对话框中单击"相"选项卡，切换到"相"面板，在左侧的"相"列表中选择"phase-1-Primary Phase"（主相）选项；在右侧的"相设置"栏中设置"名称"为"water"（水），设置"相材料"为"water-liquid"（液体水），如图 9-37 所示。同理设置"phase-2-Secondary Phase"（第二相）的名称为"air"（空气），设置"相材料"为"air"（空气），然后单击"应用"按钮 应用 即可。

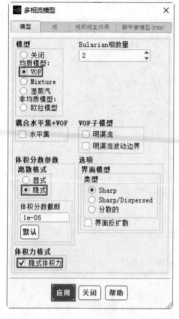

图 9-36　"多相流模型"对话框

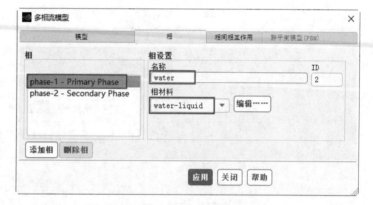

图 9-37　设置相

（3）设置相间相互作用。在"多相流模型"对话框中单击"相间相互作用"选项卡，切换到"相间相互作用"面板。在左侧的"相间作用"列表中选择"water air"（水-空气），然后在"全局选项"中勾选"表面张力模型"复选框，设置"模型"为"连续表面力"；在右侧的"相间作用力设置"栏中设置"表面张力系数"为"constant"（常数），设置"constant"值为 0.072，如图 9-38 所示。单击"应用"按钮 应用，再单击"关闭"按钮 关闭，关闭"多相流模型"对话框。

07 设置边界条件。

（1）设置入口边界条件。单击"物理模型"选项卡"区域"面板中的"边界"按钮 ⊞，任务页面切换为"边界条件"。在"边界条件"下方的"区域"列表中选择"inlet"（入口）选项，显示"inlet"（入口）的"相"为"mixture"（混合），"类型"为"velocity-inlet"（速度入口），如图 9-39 所示。然后单击"编辑"按钮 编辑……，弹出"速度入口"对话框，设置"速度大小"为 0.4，如图 9-40 所示。单击"应用"按钮 应用，然后单击"关闭"按钮 关闭，关闭"速度入口"对话框。

（2）设置出口边界条件。在"边界条件"下方的"区域"列表中选择"outlet"（出口）选项，设置"outlet"（出口）的"相"为"air"（空气），"类型"为"pressure-outlet"（压力出口），如图 9-41 所示。然后单击"编辑"按钮 编辑……，弹出"压力出口"对话框，设置"回流体积分数"为 1，如图 9-42 所示。单击"应用"按钮 应用，然后单击"关闭"按钮 关闭，关闭"压力出口"对话框。

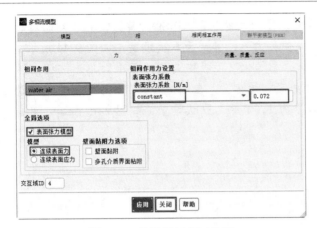

图 9-38 设置相间相互作用

图 9-39 入口边界条件

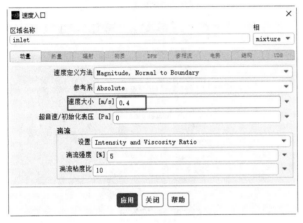

图 9-40 "速度入口"对话框

图 9-41 出口边界条件

（3）设置工作条件。在"边界条件"下方选择"工作条件"按钮 工作条件... ，弹出"工作条件"对话框，设置"操作密度法"为"user-input"（用户定义），设置"工作密度"为 1.225，如图 9-43 所示。单击"OK"按钮，关闭"工作条件"对话框。

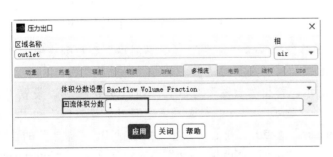

图 9-42 "压力出口"对话框

图 9-43 "工作条件"对话框

9.6.5 求解设置

01 设置求解方法。单击"求解"选项卡"求解"面板中的"方法"按钮 ，任务页面切换为"求解方法"。在"压力速度耦合"栏中设置"方案"为"PISO"算法，在"空间离散"栏中设置"压力"为"Body Force Weighted"（体积力），其余为默认设置，如图 9-44 所示。

02 流场初始化。在"求解"选项卡"初始化"面板中勾选"标准"单选按钮，然后单击"选项"按钮，"任务面板"切换为"解决方案初始化"。在"初始值"栏中设置"湍流动能"为0、"湍流耗散率"为0、"空气体积分数"为1，其余为默认设置，如图 9-45 所示。单击"初始化"按钮初始化，进行初始化。

图 9-44 设置求解方法

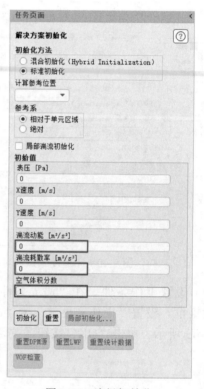

图 9-45 流场初始化

03 设置解决方案动画。单击"求解"选项卡"活动"面板"创建"下拉列表中的"解决方案动画"命令，如图 9-46 所示，弹出"动画定义"对话框，单击"新对象"按钮新对象，在弹出的列表中选择"云图"，如图 9-47 所示，弹出"云图"对话框，如图 9-48 所示。设置"云图名称"为"contour-1"（等高线-1），在"选项"列表中勾选"填充""全局范围"和"剪裁范围"复选框，设置"着色变量"为"Phases"（相），设置"最小"的值为0，"最大"的值为1，在"表面"列表中选择"inlet"（入口）、"interior-fluid-__-src"（内部流体）、"interior-solid-__-trg"（内部固体）、"outlet"（出口）、"wall-fluid"（流体壁面）、"wall-solid"（固体壁面）选项后单击"保存/显示"按钮，再单击"关闭"按钮关闭，关闭"云图"对话框，返回"动画定义"对话框，设置"记录间隔"为4，设置"动画对象"为创建的云图"contour-1"（等高线-1），然后单击"使用激活"按钮使用激活，再单击"OK"按钮OK，关闭该对话框。

图 9-46　解决方案动画　　　图 9-47　新建云图　　　图 9-48　"云图"对话框

9.6.6　求解

单击"求解"选项卡"运行计算"面板中的"运行计算"按钮，任务页面切换为"运行计算"，在"参数"栏中设置"时间步数"为350，设置"时间步长"为0.005，设置"最大迭代数/时间步"为5，其余为默认设置，如图9-49所示。然后单击"开始计算"按钮开始求解，计算完成后，弹出提示对话框，如图9-50所示，单击"OK"按钮，完成求解。

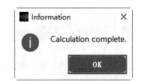

图 9-49　求解设置　　　　　　图 9-50　求解完成提示对话框

9.6.7　查看求解结果

01 查看云图。单击"结果"选项卡"图形"面板"云图"下拉菜单中的"创建"命令，打开"云图"对话框，设置"云图名称"为"contour-2"（等高线-2），在"选项"列表中勾选"填充""节点值""边界值""全局范围"和"裁剪范围"复选框，设置"着色变量"为"Phases"（相），设置"最小"的值为 0，"最大"的值为 1，在"表面"列表中选择"inlet"（入口）、"interior-fluid-___-src"（内部流体）、"interior-solid-___-trg"（内部固体）、"outlet"（出口）、"wall-fluid"（流体壁面）、"wall-solid"（固体壁面）选项，然后单击"保存/显示"按钮，显示相云图，如图 9-51 所示。设置"着色变量"为"Velocity"（速度），然后单击"保存/显示"按钮，显示速度云图，如图 9-52 所示。

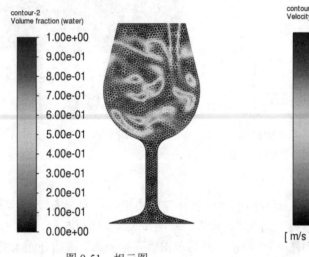

图 9-51　相云图

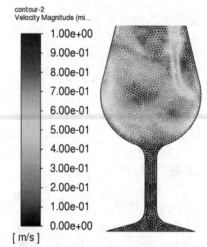

图 9-52　速度云图

02 查看残差图。单击"结果"选项卡"绘图"面板中的"残差"按钮 ⩜，打开"残差监控器"对话框，如图 9-53 所示。采用默认设置，单击"绘图"按钮，显示残差图，如图 9-54 所示。

图 9-53　"残差监控器"对话框

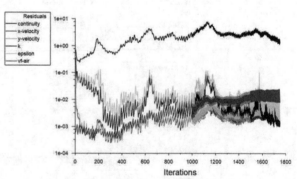

图 9-54　残差图

03 查看动画。单击"结果"选项卡"动画"面板中的"求解结果回放"按钮 ▦，弹出"播放"对话框，如图 9-55 所示，单击"播放"按钮 ▸，播放动画。

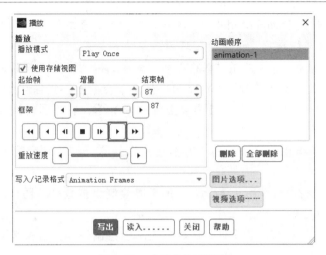

图 9-55　"播放"对话框

9.7　欧拉模型实例——鱼缸增氧

扫一扫，看视频

9.7.1　问题分析

如图 9-56（a）所示，为了保证鱼缸的水中的含氧量，需要用增氧泵从底部向水中注入氧气，本例就利用 Fluent 对这一过程进行仿真模拟，简化后的模型如图 9-56（b）所示，鱼缸长 620mm，高 400mm，水深 300mm，底部均匀分布着 6 个直径为 10mm 的进气口。

（a）鱼缸增氧实景

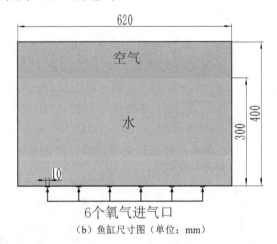

（b）鱼缸尺寸图（单位：mm）

图 9-56　鱼缸增氧

9.7.2　创建几何模型

01 启动 DesignModeler 建模器。打开 Workbench 程序，展开左侧工具箱中的"分析系统"栏，将工具箱中的"流体流动（Fluent）"选项拖动到"项目原理图"界面中，创建一个含有"流体流动（Fluent）"的项目模块。右击"几何结构"栏，在弹出的快捷菜单中选择"新的 DesignModeler 几何结构"命令，启动 DesignModeler 建模器。

02 设置单位。进入 DesignModeler 建模器后，首先设置单位。单击"单位"菜单，在弹出的下拉菜单中选择"毫米"选项，设置绘图环境的单位为毫米。

03 新建草图。选择树轮廓中的"XY 平面"命令，然后单击工具栏中的"新草图"按钮，新建一个草图。此时树轮廓中"XY 平面"分支下会多出一个名为"草图 1"的草图，然后右击"草图 1"，在弹出的快捷菜单中选择"查看"命令，将视图切换为正视于"XY 平面"方向。

04 切换标签。单击树轮廓下端的"草图绘制"标签，打开"草图工具箱"，进入草图绘制环境。

05 绘制草图 1。利用"草图工具箱"中的工具绘制模拟鱼缸草图，单击"生成"按钮，完成草图 1 的绘制，如图 9-57 所示。

06 绘制草图 2。选择"XY"平面，重新进入草图绘制环境，完成草图 2 的绘制，如图 9-58 所示。

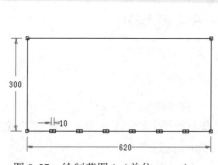

图 9-57　绘制草图 1（单位：mm）

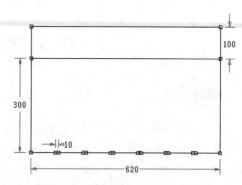

图 9-58　绘制草图 2（单位：mm）

07 创建草图表面。单击"概念"菜单，在弹出的下拉列表中选择"草图表面"命令，在弹出的"详细信息视图"中设置"基对象"为"草图 1"，设置"操作"为"添加冻结"，如图 9-59 所示，单击"生成"按钮，创建草图表面 1；采用同样的方法，选择"草图 2"，创建草图表面 2。最终创建的模型如图 9-60 所示，然后关闭 DesignModeler 建模器。

08 创建多体零件。在"树轮廓"中展开"2 部件，2 几何体"栏，选择两个表面几何体，然后右击，在弹出的快捷菜单选择"形成新部件"命令，如图 9-61 所示，创建多体零件。

图 9-59　详细信息视图

图 9-60　鱼缸模型

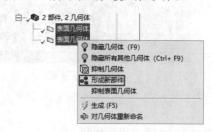

图 9-61　创建多体零件

9.7.3　划分网格及边界命名

01 启动 Meshing 网格应用程序。右击"流体流动（Fluent）"项目模块中的"网格"栏，在弹出的快捷菜单中选择"编辑"命令，启动 Meshing 网格应用程序。

02 全局网格设置。在轮廓树中单击"网格"分支，系统切换到"网格"选项卡。同时左下角弹出"网格"的详细信息，设置"单元尺寸"为5.0mm，如图9-62所示。

03 面网格剖分。单击"网格"选项卡"控制"面板中的"面网格剖分"按钮🔲，左下角弹出"面网格剖分"的详细信息，设置"几何结构"为鱼缸的两个表面几何体，其余为默认设置，如图9-63所示。

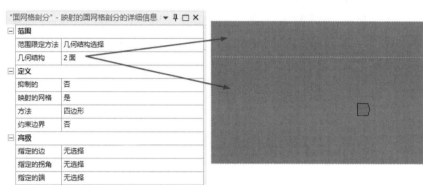

图 9-62 "网格"的详细信息　　　　　　图 9-63 "面网格剖分"的详细信息

04 划分网格。单击"网格"选项卡"网格"面板中的"生成"按钮⚡，系统自动划分网格，结果如图9-64所示。

05 边界命名。

（1）命名入口名称。选择模型中底边的6条线，然后右击，在弹出的快捷菜单中选择"创建命名选择"命令，弹出"选择名称"对话框，然后在文本框中输入"inlet"（入口），如图9-65所示，设置完成后单击该对话框的"OK"按钮，完成入口的命名。

（2）命名出口名称。采用同样的方法，选择模型中上边线，命名为"outlet"（出口）。

（3）命名壁面名称。采用同样的方法，选择模型的其他外边线，命名为"wall"（壁面）。

（4）命名流体。选择鱼缸的上部主体，将其命名为"air"（空气）；选择鱼缸的下部主体，将其命名为"water"（水）。

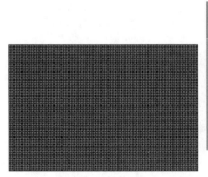

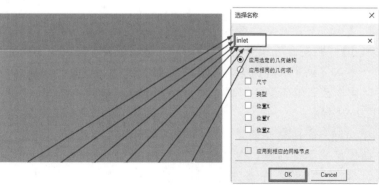

图 9-64　划分网格　　　　　　　　　　图 9-65　命名入口

06 将网格平移至 Fluent 中。完成网格划分及命名边界后，需要将划分好的网格平移到 Fluent 中。选择"模型树"中的"网格"分支，系统自动切换到"网格"选项卡，然后单击"网格"面板中的"更新"按钮 ，系统弹出"信息"提示对话框，如图 9-66 所示，完成网格的平移。

图 9-66　信息提示对话框

9.7.4　分析设置

01 启动 Fluent 应用程序。右击"流体流动（Fluent）"项目模块中的"设置"栏，在弹出的快捷菜单中选择"编辑"命令，如图 9-67 所示。弹出"Fluent Launcher 2022 R1（Setting Edit Only）"对话框，勾选"Double Precision"（双精度）复选框，单击"Start"（启动）按钮，启动 Fluent 应用程序，如图 9-68 所示。

图 9-67　启动 Fluent 网格应用程序

图 9-68　"Fluent Launcher 2022 R1（Setting Edit Only）"对话框

02 检查网格。单击任务页面"通用"设置"网格"栏中的"检查"按钮 检查 ，检查网格，当"控制台"中显示"Done."（完成）时，表示网格可用。

03 设置求解类型。在任务页面"通用"设置"求解器"栏中勾选"压力基"类型；勾选"时间"为"瞬态"，勾选"重力"复选框，激活"重力加速度"，设置 y 向加速度为-9.81，如图 9-69 所示。

04 设置黏性模型。单击"物理模型"选项卡"模型"面板中的"黏性"按钮 ，弹出"黏性模型"对话框。在"模型"栏中勾选"k-omega（2 eqn）"单选按钮，在"k-omega 模型"栏中勾选"SST"单选按钮，其余为默认设置，如图 9-70 所示。单击"OK"按钮，关闭该对话框。

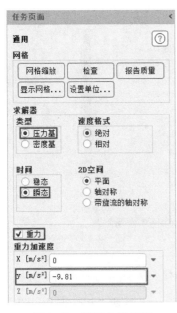

图 9-69 设置求解类型

图 9-70 "黏性模型"对话框

05 定义材料。单击"物理模型"选项卡"材料"面板中的"创建/编辑"按钮 ![icon]，弹出"创建/编辑材料"对话框，如图 9-71 所示。系统默认的流体材料为"air"（空气），需要再添加一个"水"材料。单击对话框中的"Fluent 数据库"按钮 [Fluent数据库…]，弹出"Fluent 数据库材料"对话框，在"Fluent 流体材料"栏中选择"water-liquid（h2o <l>）"（液体水）材料，如图 9-72 所示。单击"复制"按钮 [复制]，复制该材料，再单击"关闭"按钮 [关闭]，关闭"Fluent 数据库材料"对话框，返回"创建/编辑材料"对话框。单击"关闭"按钮 [关闭]，关闭"创建/编辑材料"对话框。

图 9-71 "创建/编辑材料"对话框

06 设置多相流模型。

（1）设置模型。单击"物理模型"选项卡"模型"面板中的"多相流"按钮 ![icon]，弹出"多相流模型"对话框。在"模型"栏中勾选"欧拉模型"单选按钮，在"Eulerian 参数"栏中勾选"多流体 VOF 模型"复选框，其余为默认设置，如图 9-73 所示，单击"应用"按钮。

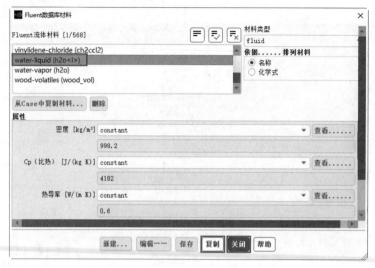

图 9-72　"Fluent 数据库材料"对话框

（2）设置相。在"多相流模型"对话框中单击"相"选项卡，切换到"相"面板。在左侧的"相"列表中选择"phase-1-Primary Phase"（主相）；在右侧的"相设置"中设置"名称"为"water"（水），设置"相材料"为"water-liquid"（液体水），如图 9-74 所示。同理设置"phase-2-Secondary Phase"（第二相）的名称为"air"（空气），设置"相材料"为"air"（空气），然后单击"应用"按钮。

图 9-73　"多相流模型"对话框

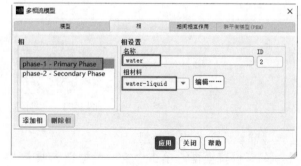

图 9-74　设置相

（3）设置相间相互作用。在"多相流模型"对话框中单击"相间相互作用"选项卡，切换到"相间相互作用"面板。在左侧的"相间作用"列表中选择"water air"（水-空气），然后在"全局选项"中勾选"表面张力模型"复选框，设置"模型"为"连续表面力"；在右侧的"相间作用力设置"栏中设置"表面张力系数"为"constant"（常数），设置"constant"（常数）值为0.072，如图 9-75 所示。单击"应用"按钮 应用 ，再单击"关闭"按钮 关闭 ，关闭"多相流模型"对话框。

图 9-75　设置相间相互作用

07 设置边界条件。

（1）设置入口边界条件。单击"物理模型"选项卡"区域"面板中的"边界"按钮，任务页面切换为"边界条件"。在"边界条件"下方的"区域"列表中选择"inlet"（入口）选项，设置"inlet"（入口）的"相"为"air"（空气），"类型"为"velocity-inlet"（速度入口），如图 9-76 所示。单击"编辑"按钮 编辑…… ，弹出"速度入口"对话框，在"动量"面板中设置"速度大小"为 0.1，如图 9-77 所示。在"多相流"面板中设置"体积分数"为 1，如图 9-78 所示。单击"应用"按钮 应用 ，然后单击"关闭"按钮 关闭 ，关闭"速度入口"对话框。

（2）设置出口边界条件。在"边界条件"下方的"区域"列表中选择"outlet"（出口）选项，设置"outlet"（出口）的"相"为"air"（空气），"类型"为"pressure-outlet"（压力出口），如图 9-79 所示。单击"编辑"按钮 编辑…… ，弹出"压力出口"对话框，设置"回流体积分数"为 1，如图 9-80 所示。单击"应用"按钮 应用 ，然后单击"关闭"按钮 关闭 ，关闭"压力出口"对话框。

图 9-76　入口边界条件

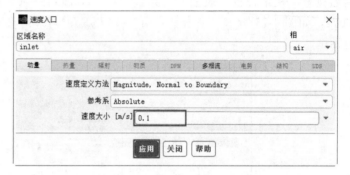

图 9-77　"速度入口"对话框

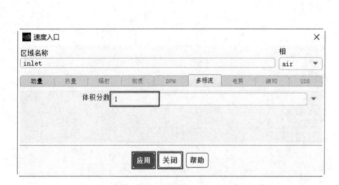

图 9-78　设置体积分数

图 9-79　出口边界条件

（3）设置工作条件。在"边界条件"下方选择"工作条件"按钮 工作条件... ，弹出"工作条件"对话框。设置"操作密度法"为"user-input"（用户定义），设置"工作密度"为 1.225，如图 9-81 所示。单击"OK"按钮，关闭"工作条件"对话框。

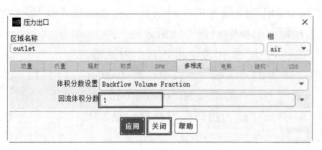

图 9-80　"压力出口"对话框

图 9-81　"工作条件"对话框

9.7.5　求解设置

01 设置求解方法。单击"求解"选项卡"求解"面板中的"方法"按钮✿，任务页面切换为"求解方法"，采用默认设置，如图 9-82 所示。

02 流场初始化。

（1）整体初始化。在"求解"选项卡"初始化"面板中勾选"标准"单选按钮，然后单击"选项"按钮，"任务面板"切换为"解决方案初始化"。设置"计算参考位置"为"all-zones"（所有区域），在"初始值"栏中设置"空气体积分数"为 0，其余为默认设置，如图 9-83 所示。单击"初始化"按钮⸢初始化⸥，进行初始化。

图 9-82　设置求解方法

图 9-83　流场整体初始化

（2）局部初始化。由于鱼缸的上方为空气，因此需要将上方的空气体积分数设置为 1。在"解决方案初始化"任务面板中单击"局部初始化"按钮⸢局部初始化...⸥，弹出"局部初始化"对话框，在"相"列表中选择"air"（空气），设置"Variable（变量）"为"Volume Fraction"（体积分数），在"待修补区域"中选择"air"（空气），设置"值"为 1，如图 9-84 所示。单击"局部初始化"按钮⸢局部初始化...⸥，进行局部初始化，然后单击"关闭"按钮⸢关闭⸥，关闭该对话框。

（3）查看初始化效果。单击"结果"选项卡"图形"面板"云图"下拉菜单中的"创建"命令，打开"云图"对话框，设置"云图名称"为"contour-1"（等高线-1），设置"着色变量"为"Phases"（相），设置"相"值为"air"（空气），如图 9-85 所示。单击"保存/显示"按钮，显示初始相云图，如图 9-86 所示。

03 设置解决方案动画。单击"求解"选项卡"活动"面板"创建"下拉列表中的"解决方案动画"命令，如图 9-87 所示，弹出"动画定义"对话框，设置"动画对象"为"contour-1"

（等高线-1），如图 9-88 所示。单击"使用激活"按钮 使用激活，再单击"OK"按钮 OK，关闭该对话框。

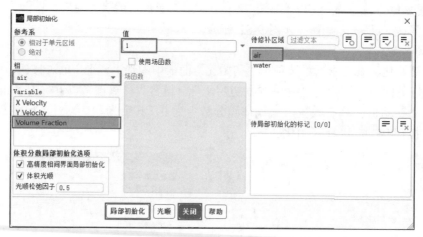

图 9-84　"局部初始化"对话框

图 9-85　"云图"对话框

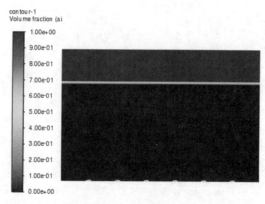

图 9-86　初始相云图

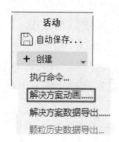

图 9-87　解决方案动画

图 9-88　"动画定义"对话框

9.7.6 求解

单击"求解"选项卡"运行计算"面板中的"运行计算"按钮，任务页面切换为"运行计算"，在"参数"栏中设置"时间步数"为 500，设置"时间步长"为 0.005，设置"最大迭代数/时间步"为 30，其余为默认设置，如图 9-89 所示。单击"开始计算"按钮，开始求解，计算完成后弹出提示对话框，如图 9-90 所示。单击"OK"按钮，完成求解。

图 9-89　求解设置

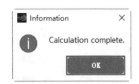

图 9-90　求解完成提示对话框

9.7.7 查看求解结果

01 查看云图。单击"结果"选项卡"图形"面板"云图"下拉菜单中的"创建"命令，打开"云图"对话框，设置"云图名称"为"contour-2"（等高线-2），在"选项"列表中勾选"填充""节点值""边界值""全局范围"和"自动范围"复选框，设置"着色变量"为"Phases"（相），设置"相"为"air"（空气），在"表面"列表中选择所有选项，然后单击"保存/显示"按钮，显示相云图，如图 9-91 所示。设置"着色变量"为"Velocity"（速度），然后单击"保存/显示"按钮，显示速度云图，如图 9-92 所示。

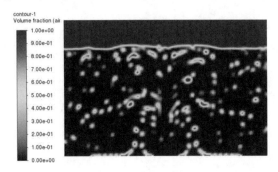

图 9-91　相云图

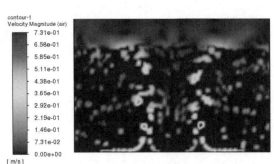

图 9-92　速度云图

02 查看残差图。单击"结果"选项卡"绘图"面板中的"残差"按钮，打开"残差监控器"对话框，采用默认设置，如图 9-93 所示。单击"绘图"按钮，显示残差图，如图 9-94 所示。

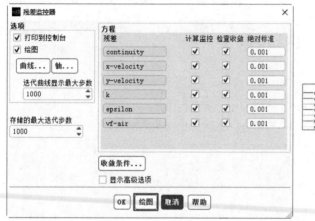

图 9-93　"残差监控器"对话框

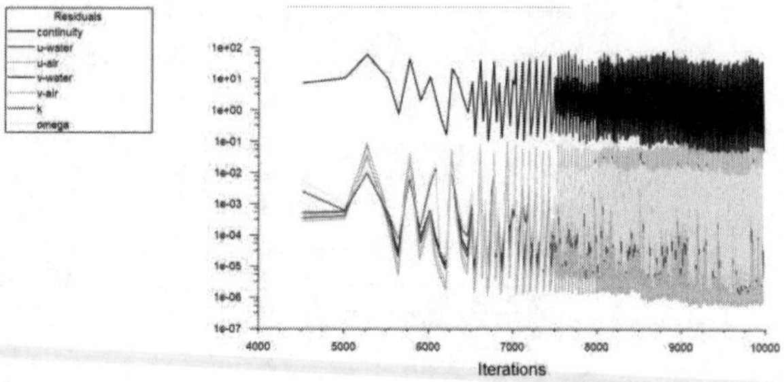

图 9-94　残差图

03 查看动画。单击"结果"选项卡"动画"面板中的"求解结果回放"按钮，弹出"播放"对话框，如图 9-95 所示。单击"播放"按钮，播放动画。

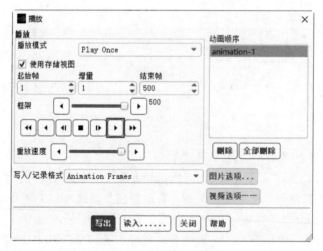

图 9-95　"播放"对话框

第 10 章　组分与燃烧模型模拟

内容简介

　　Fluent 提供了多种模拟燃烧反应的模型，包括组分传递模型（扩散燃烧）、非预混燃烧模型、预混合燃烧模型、部分预混合燃烧模型和联合概率密度输运模型（PDF 输运方程模型）。

　　本章主要讲述燃烧模型的基本思想和应用范围，并通过组分传递模型的实例帮助读者了解利用 Fluent 解决该类模型的操作，为实际处理相关问题打下基础。

内容要点

- ➢ 燃烧模型概论
- ➢ 组分传递模型
- ➢ 非预混燃烧模型
- ➢ 预混合燃烧模型
- ➢ 部分预混合燃烧模型
- ➢ 联合概率密度输运模型
- ➢ 组分传递模型实例——烟囱污染物扩散

案例效果

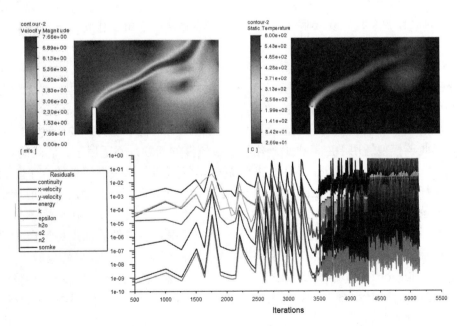

10.1　燃烧模型概论

Fluent 可以模拟宽广范围内的组分传递与燃烧（反应流）问题。该软件中包含多种燃烧模型、辐射模型及与燃烧相关的湍流模型，适用于各种复杂情况下的燃烧问题，包括固体火箭发动机和液体火箭发动机中的燃烧过程、燃气轮机中的燃烧室、民用锅炉、工业熔炉及加热器等。燃烧模型是 Fluent 软件优于其他 CFD 软件的最主要的特征之一。

图 10-1　组分模型

在 Fluent 中，共有 5 种组分传递与燃烧模型，如图 10-1 所示，即组分传递、非预混燃烧、预混合燃烧、部分预混合燃烧和联合概率密度输运。每一种模型都有其特定的适用范围和设定方法，其中组分传递模型既可以在层流模型下使用也可以在湍流模型下使用，而剩下的 4 种模型只能在湍流模型下使用。下面针对这 5 种模型，依次介绍。

10.2　组分传递模型

组分传递模型求解反应物和生成物输运组分方程，并由用户来定义化学反应机理。反应速率作为源项在组分输运方程中通过阿伦尼乌斯（arrhenius equation）方程或涡耗散模型得到。有限速率模型适用于预混燃烧、局部预混燃烧和非预混燃烧。该模型可以模拟大多数气相燃烧问题，在航空航天领域的燃烧计算中有广泛的应用。

选定物质输送和反应后，选择混合物材料的步骤如下。

01 单击"物理模型"选项卡"模型"面板中的"组分"按钮，弹出"组分模型"对话框，如图 10-1 所示。

02 在"组分模型"对话框中勾选"组分传递"单选按钮，展开"组分传递"面板，勾选"反应"栏中的"体积反应"复选框后，出现"湍流-化学反应相互作用"一栏，此时"组分传递"面板如图 10-2 所示。

"湍流-化学反应相互作用"栏中包括 4 种作用模型，具体如下。

➢ Finite-Rate/No TCT（层流有限速率）：该模型使用阿伦尼乌斯方程计算化学源项，忽略湍流脉动的影响。对于化学动力学控制的燃烧（如层流燃烧），或化学反应相对缓慢的湍流燃烧是准确的，但对一般湍流火焰中阿伦尼乌斯化学动力学的高度非线性一般不精确，因此该模型适用于层流火焰等化学反应较慢的问题，不适用于含湍流的燃烧反应。

➢ Finite-Rate/Eddy-Dissipation（有限速率/涡耗散模型）：该模型简单结合了阿伦尼乌斯方程和涡耗散方程。避免了 Eddy-Dissipation 模型（涡耗散模型）出现的提前燃烧问题。模型将阿伦尼乌斯速率作为化学动力学的开关，用来阻止反应发生在火焰之前。当然，点燃发生后，涡的速率一般就会小于化学反应的速率。该模型的优点是综合考虑了动力学因素和湍流因素；缺点是只能用于单步燃烧反应，不能用于多步燃烧反应。

➢ Eddy-Dissipation（ED，涡耗散模型）：对于一些燃料的快速燃烧过程，其整体的反应速率由湍流混合的情况来控制。因此，该模型突出湍流混合对燃烧速率的控制作用，反而忽略复杂（且通常是细节未知的）的化学反应速率。在本模型中，化学反应速率由大尺度涡混合时间尺度 k-epsilon 控制。只要 k-epsilon>0，燃烧就可以进行，不需要点燃火源来启动燃烧。由于该模型未能考虑分子输运和化学动力学因素的影响，因此仅能用于非预混的火焰燃烧问题；在预混火焰中，由于反应物一进入计算域就开始燃烧，则该模型计算会出现超前性，因此一般不建议使用。

图 10-2 "组分传递"面板

➤ Eddy-Dissipation Concept（EDC，涡耗散概念模型）：该模型是最为精确和细致的燃烧模型，它假定化学反应都发生在小涡（精细涡）中，反应时间由小涡生存时间和化学反应本身需要的时间共同控制。该模型能够在湍流反应中考虑详细的化学反应机理。但是从数值计算的角度，则需要的计算量很大。因此，对于 EDC 模型，通常只有在快速化学反应假定无效的情况下才能使用（如快速熄灭火焰中缓慢的 CO 烧尽、选择性非催化还原中的 NO 转化问题等）。同时，推荐在该模型中使用双精度求解器，可以有效避免反应速率中产生的误差。

10.3 非预混燃烧模型

非预混燃烧此模型适用于燃料和氧化剂分别来自不同入口的情况，也就是说燃料和氧化剂在燃烧前没有进行过混合，这就是"非预混"的含义。在非预混燃烧的计算中不使用有限速率化学反应模型，而是用统一的混合物浓度作为未知变量来进行求解，因此无须计算代表组元生成或消失的源项，且计算速度比有限速率化学反应模型要快。但是非预混燃烧计算需要流场满足一定的条件，即流场必须为湍流，化学反应过程的弛豫时间非常短，燃料和氧化剂必须来自不同的入口。在燃料入口和氧化剂入口之外，非预混燃烧允许存在第三个流动入口，这个入口可以是燃料和氧化剂，也可以是不参与燃烧反应的第三种流体的入口。

非预混燃烧计算使用的化学反应模型包括火焰层近似模型、平衡流计算模型和层流火苗模型。火焰层近似模型假设燃料和氧化剂在相遇后立刻燃烧完毕，即反应速度为无穷大，其好处是计算速度快，缺点是计算误差较大，特别是对于局部热量的计算可能超过实际值。平衡流计算模型是用吉布斯自由能极小化的方法求解组元浓度场，这种方法的好处是既避免了求解有限速率化学反应模型，同时又能够比较精确地获得组元浓度场。层流火苗模型则将湍流火焰燃烧看作由多个层流区装配而成，而在各层流子区中可以采用真实反映模型，从而大大提高了计算精度。非预混燃烧计算中湍流计算采用的是时均化 N-S 方程，湍流与化学反应的相关过程用概率密度函数（PDF）逼近。计算过程中组元的化学性质用 Fluent 提供的预处理程序 prePDF 进行计算处理。计算中采用的化学反应模型可以是前面所述 3 种模型中的一种。计算结束后将计算结果保存在查阅（look-up）表格中，Fluent 在计算非预混燃烧时则直接从查阅表格中调用数据。

10.4　预混合燃烧模型

预混合燃烧即燃烧前燃料和氧化剂已经充分混合了的燃烧。预混合燃烧的火焰传播速度取决于层流火焰传播速度和湍流对层流火焰的相干作用。湍流中的旋涡结构可以使火焰锋面发生变形、起皱，从而影响火焰的传播速度。在预混合燃烧中，燃烧反应的反应物和燃烧的生成物被火焰区截然分开。

在 Fluent 中，预混合燃烧必须使用分离算法，并且只能用于湍流、亚声速流动计算中。预混合燃烧模型不能与污染物（NO_x）模型同时使用，但是可以与部分预混模型同时使用。预混合燃烧不能用于模拟带化学反应的弥散相粒子，但是可以模拟带惰性粒子的流动计算。

10.5　部分预混合燃烧模型

部分预混合燃烧模型是非预混燃烧模型和预混合燃烧模型的综合体，计算中火焰锋面的位置用过程变量 c 计算，在锋面后面（$c = 1$）是已燃的混合物，锋面前面（$c = 0$）则是未燃的混合物。部分预混合燃烧模型适用于混合物混合不充分的燃烧计算。

10.6　联合概率密度输运模型

联合概率密度输运模型可以结合 CHEMKIN 的求解结果，考虑更加详细的多步化学反应机理；同时，还可以精确模拟高度非线性的化学反应，且无须封闭模型。

可以合理地模拟湍流和详细化学反应动力学之间的相互作用，是模拟湍流燃烧精度最高的仿真方法，但计算规模过于庞大。

该模型可以计算中间组分，考虑分裂带来的影响；同时也可以考虑湍流-化学反应之间的作用，并且无须求解组分输运方程。不过，使用该模型时，仿真系统要满足（或接近）局部平衡。该模型目前还不能用于可压缩气体或非湍流流动，也不能用于预混合燃烧。

联合概率密度输运模型用有限速率化学反应模型计算湍流火焰，用概率密度函数法模拟湍流流动，可以模拟火焰的点火过程和火焰的消失过程，但该模型消耗的系统资源很大，因此计算中不应该使用太多的网格点，最好将计算限于二维情况。联合概率密度输运模型计算仅能用分离算法进行，并且不能用于模拟变化的热传导过程。

10.7　组分传递模型实例——烟囱污染物扩散

10.7.1　问题分析

图 10-3（a）为烟囱烟气扩散的情况，它给大气环境造成了很大的污染。为了改善我们的生活环境，应该加强对烟气扩散的研究。本实例就利用组分传递模型来模拟烟囱烟气扩散的过程，模型尺寸图如图 10-3（b）所示。

（a）烟囱污染物扩散实景

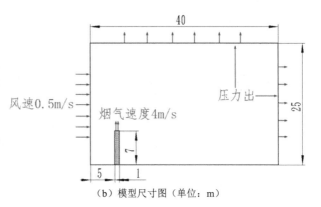

（b）模型尺寸图（单位：m）

图 10-3　烟囱污染物扩散

10.7.2　创建几何模型

01 启动 DesignModeler 建模器。打开 Workbench 程序，展开左侧工具箱中的"分析系统"栏，将工具箱中的"流体流动（Fluent）"选项拖动到"项目原理图"界面中，创建一个含有"流体流动（Fluent）"的项目模块。右击"几何结构"栏，在弹出的快捷菜单中选择"新的 DesignModeler 几何结构"命令，启动 DesignModeler 建模器。

02 设置单位。进入 DesignModeler 建模器后，首先设置单位。单击"单位"菜单，在弹出的下拉菜单中选择"米"选项，设置绘图环境的单位为米。

03 新建草图。选择树轮廓中的"XY 平面"命令 ，然后单击工具栏中的"新草图"按钮 ，新建一个草图。此时树轮廓中"XY 平面"分支下会多出一个名为"草图 1"的草图，然后右击"草图 1"，在弹出的快捷菜单中选择"查看"命令 ，将视图切换为正视于"XY 平面"方向。

04 切换标签。单击树轮廓下端的"草图绘制"标签，打开"草图工具箱"，进入草图绘制环境。

05 绘制草图 1。利用"草图工具箱"中的工具绘制模拟烟囱草图，单击"生成"按钮 ，完成草图 1 的绘制，如图 10-4 所示。

06 绘制草图 2。选择"XY"平面，重新进入草图绘制环境，完成草图 2 的绘制，如图 10-5 所示。

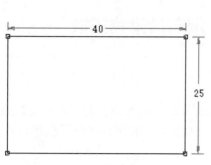

图 10-4　绘制草图 1（单位：m）

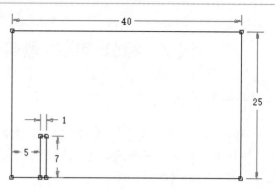

图 10-5　绘制草图 2（单位：m）

07 创建草图表面。单击"概念"菜单，在弹出的下拉列表中选择"草图表面"命令 ，在弹出的"详细信息视图"中设置"基对象"为"草图 1"，设置"操作"为"添加冻结"，如图 10-6 所示，单击"生成"按钮 ，创建草图表面 1；采用同样的方法，选择"草图 2"，创建草图表面 2。最终创建的模型如图 10-7 所示。

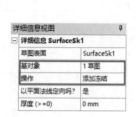

图 10-6　详细信息视图

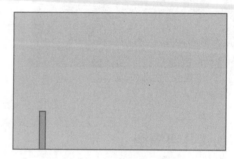

图 10-7　创建草图表面

08 布尔操作。单击"创建"菜单，在弹出的下拉列表中选择"Boolean"命令 ，在弹出的"详细信息视图"中设置"操作"为"提取"，设置"目标几何体"为表面几何体 1，设置"工具几何体"为表面几何体 2，设置"是否保存工具几何体？"为"否"，如图 10-8 所示。单击"生成"按钮 ，最终创建的模型如图 10-9 所示。

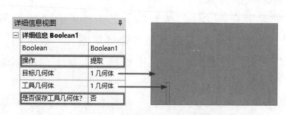

图 10-8　"布尔操作"详细信息视图

图 10-9　创建模型

10.7.3　划分网格及边界命名

01 启动 Meshing 网格应用程序。右击"流体流动（Fluent）"项目模块中的"网格"栏，在弹出的快捷菜单中选择"编辑"命令，启动 Meshing 网格应用程序。

02 全局网格设置。在轮廓树中单击"网格"分支，系统切换到"网格"选项卡。同时在左下角弹出"网格"的详细信息，设置"单元尺寸"为 500.0mm，如图 10-10 所示。

03 面网格剖分。单击"网格"选项卡"控制"面板中的"面网格剖分"按钮，左下角弹出"面网格剖分"的详细信息，设置"几何结构"为模型的表面几何体，其余为默认设置，如图 10-11 所示。

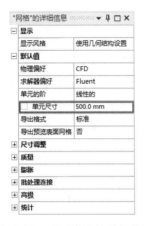

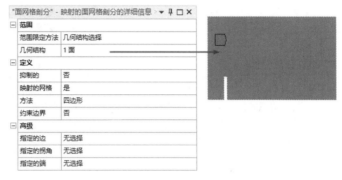

图 10-10　"网格"的详细信息　　　　　　图 10-11　"面网格剖分"详细信息

04 划分网格。单击"网格"选项卡"网格"面板中的"生成"按钮，系统自动划分网格。

05 边界命名。

（1）命名烟气名称。选择模型中烟囱的上边界线，然后右击，在弹出的快捷菜单中选择"创建命名选择"命令，弹出"选择名称"对话框，然后在文本框中输入"inlet-smoke"（烟气入口），如图 10-12 所示，设置完成后单击该对话框的"OK"按钮，完成入口的命名。

（2）命名空气入口名称。采用同样的方法，选择模型的左边线，命名为"inlet-air"（空气入口）。

（3）命名出口名称。采用同样的方法，选择模型的上边线和右边线，命名为"outlet"（出口）。

（4）命名壁面名称。采用同样的方法，选择剩余的边线，命名为"wall"（壁面）。

06 将网格平移至 Fluent 中。完成网格划分及边界命名后，需要将划分好的网格平移到 Fluent 中。选择"模型树"中的"网格"分支，系统自动切换到"网格"选项卡，然后单击"网格"面板中的"更新"按钮，系统弹出"信息"提示对话框，如图 10-13 所示，完成网格的平移。

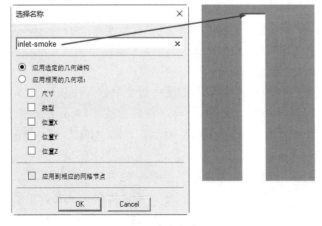

图 10-12　命名烟气入口　　　　　　　　图 10-13　"信息"提示对话框

10.7.4 分析设置

01 启动 Fluent 应用程序。右击"流体流动（Fluent）"项目模块中的"设置"栏，在弹出的快捷菜单中选择"编辑"命令，如图 10-14 所示。弹出"Fluent Launcher 2022 R1（Setting Edit Only）"对话框，勾选"Double Precision"（双倍精度）复选框，单击"Start"（启动）按钮，启动 Fluent 应用程序，如图 10-15 所示。

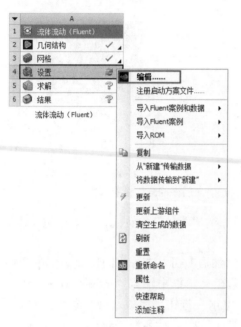

图 10-14 启动 Fluent 网格应用程序

图 10-15 "Fluent Launcher 2022 R1（Setting Edit Only）"对话框

02 检查网格。单击任务页面"通用"设置"网格"栏中的"检查"按钮 检查 ，检查网格，当"控制台"中显示"Done."（完成）时，表示网格可用。

03 设置求解类型。在任务页面"通用"设置"求解器"栏中勾选"压力基"类型，勾选"时间"为"瞬态"，勾选"重力"复选框，激活"重力加速度"，设置 y 向加速度为−9.81，如图 10-16 所示。

04 设置单位。单击任务页面"通用"设置"网格"栏中的"设置单位"按钮 设置单位... ，打开"设置单位"对话框。在"数量"列表中选择"temperature"，在"单位"列表中选择"C"，如图 10-17 所示。单击"关闭"按钮 关闭 ，关闭该对话框。

05 设置黏性模型。单击"物理模型"选项卡"模型"面板中的"黏性"按钮 ，弹出"黏性模型"对话框。在"模型"栏中勾选"k-epsilon（2eqn）"单选按钮，在"k-epsilon 模型"栏中的选"Realizable"单选按钮，其余为默认设置，如图 10-18 所示。单击"OK"按钮 OK ，关闭该对话框。

06 设置组分模型。单击"物理模型"选项卡"模型"面板中的"组分"按钮 ，弹出"组分模型"对话框，在"模型"栏中勾选"组分传递"单选按钮，其余为默认设置，如图 10-19 所示。单击"OK"按钮 OK ，关闭该对话框。

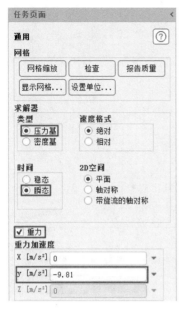

图 10-16 设置求解类型

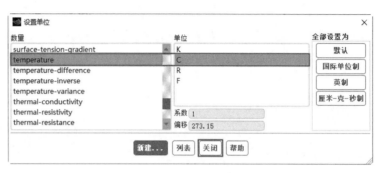

图 10-17 "设置单位"对话框

图 10-18 "黏性模型"对话框

图 10-19 "组分模型"对话框

07 定义材料。

（1）定义烟气材料。单击"物理模型"选项卡"材料"面板中的"创建/编辑"按钮 ，弹出"创建/编辑材料"对话框，如图 10-20 所示。设置"名称"为"smoke"（烟气），在"属性"栏中的"密度"列表中选择"ideal-gas"（理想气体），然后单击"更改/创建"按钮 更改/创建 ，弹出一个提示对话框，如图 10-21 所示。单击"No"按钮 No ，关闭该提示框。

图 10-20　"创建/编辑材料"对话框　　　　图 10-21　提示对话框

（2）在"创建/编辑材料"对话框中设置"材料类型"为"mixture"（混合物），切换"创建/编辑材料"对话框，如图 10-22 所示。单击"属性"栏"混合物组分"中的"编辑"按钮，打开"物质"对话框，在"可用材料"栏中选择"smoke"（烟气）选项，然后单击右侧的"添加"按钮，将其添加到"选定的组分"栏中。同理将"air"（空气）添加到"选定的组分"栏中，如图 10-23 所示。单击"OK"按钮，关闭该对话框，返回到"创建/编辑材料"对话框，然后单击"关闭"按钮，关闭该对话框。

图 10-22　设置混合材料　　　　图 10-23　设置物质组分

08 设置边界条件。

（1）设置空气入口边界条件。单击"物理模型"选项卡"区域"面板中的"边界"按钮 ▦，任务页面切换为"边界条件"。在"边界条件"下方的"区域"列表中选择"inlet-air"（空气入口）选项，然后单击"编辑"按钮 编辑……，弹出"速度入口"对话框，在"动量"面板中设置"速度大小"为 0.5，如图 10-24 所示；在"物质"面板中设置"o2"的"组分质量分数"为 0.23，设置"n2"的"组分质量分数"为 0.77，如图 10-25 所示。单击"应用"按钮 应用，然后单击"关闭"按钮 关闭，关闭"速度入口"对话框。

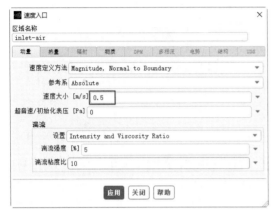

图 10-24　设置空气入口边界条件

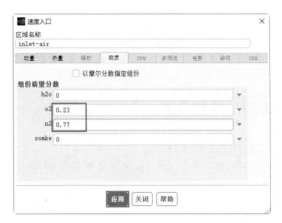

图 10-25　设置燃料组分质量分数

（2）设置烟气入口边界条件。在"边界条件"下方的"区域"列表中选择"inlet-smoke"（烟气入口）选项，然后单击"编辑"按钮 编辑……，弹出"速度入口"对话框，在"动量"面板中设置"速度大小"为 3，如图 10-26 所示；在"热量"面板中设置"温度"为 600，如图 10-27 所示；在"物质"面板中设置"smoke"的"组分质量分数"为 1，如图 10-28 所示。单击"应用"按钮 应用，然后单击"关闭"按钮 关闭，关闭"速度入口"对话框。

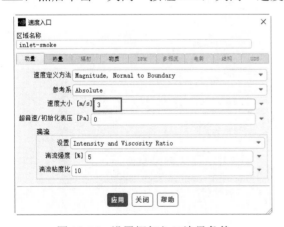

图 10-26　设置烟气入口边界条件

图 10-27　设置温度

（3）设置出口边界条件。在"边界条件"下方的"区域"列表中选择"outlet"（出口）选项，然后单击"编辑"按钮 编辑……，弹出"压力出口"对话框，在"物质"面板中设置"o2"的"回流组分质量分数"为 0.23，设置"n2"的"回流组分质量分数"为 0.77，如图 10-29 所示，单击"应用"按钮 应用，然后单击"关闭"按钮 关闭，关闭"压力出口"对话框。

图 10-28　设置烟气组分质量分数

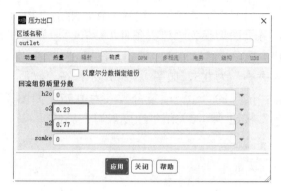

图 10-29　"压力出口"对话框

10.7.5　求解设置

01 设置求解方法。单击"求解"选项卡"求解"面板中的"方法"按钮，任务页面切换为"求解方法"。在"压力速度耦合"栏中设置"方案"为"PISO"算法，设置"压力"为"Body Force Weighted"（体积力），其余为默认设置，如图 10-30 所示。

02 流场初始化。在"求解"选项卡"初始化"面板中勾选"标准"单选按钮，然后单击"选项"按钮，"任务面板"切换为"解决方案初始化"。设置"计算参考位置"为"inlet-air"（空气入口），其余为默认设置，如图 10-31 所示。单击"初始化"按钮 初始化，进行初始化。

图 10-30　设置求解方法

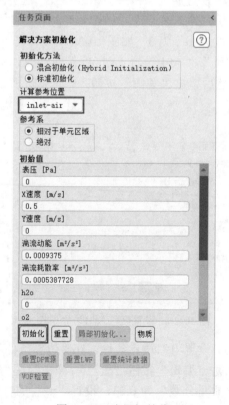

图 10-31　流场初始化

03 设置解决方案动画。单击"求解"选项卡"活动"面板"创建"下拉列表中的"解决方案动画"命令，如图 10-32 所示，弹出"动画定义"对话框，单击"新对象"按钮，在弹出的列表中选择"云图"命令，如图 10-33 所示，弹出"云图"对话框，设置"云图名称"为"contour-1"（等高线-1）。在下面的下拉菜单中选择"Mass fraction of smoke"（烟气的质量分数），如图 10-34 所示。单击"保存/显示"按钮，再单击"关闭"按钮，关闭"云图"对话框，返回"动画定义"对话框，设置"动画对象"为创建的云图"contour-1"（等高线-1），然后单击"使用激活"按钮，再单击"OK"按钮，关闭该对话框。

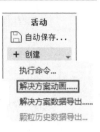

图 10-32　解决方案动画

图 10-33　新建云图

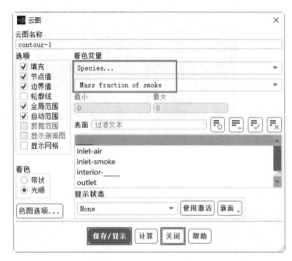

图 10-34　"云图"对话框

10.7.6　求解

单击"求解"选项卡"运行计算"面板中的"运行计算"按钮，任务页面切换为"运行计算"。在"参数"栏中设置"时间步数"为 300，设置"时间步长"为 0.05，设置"最大迭代数/时间步"为 20，其余为默认设置，如图 10-35 所示。单击"开始计算"按钮，开始求解，计算完成后弹出提示对话框。单击"OK"按钮，完成求解。

10.7.7　查看求解结果

01 查看云图。

（1）查看温度云图。单击"结果"选项卡"图形"面板"云图"下拉菜单中的"创建"命令，打开"云图"对话框，设置"云图名称"为"contour-2"（等高线-2），在"选项"列表中勾选"填充""节点

图 10-35　求解设置

值""边界值""全局范围"和"自动范围"复选框，设置"着色变量"为"Temperature"（温度），然后单击"保存/显示"按钮，显示温度云图，如图10-36所示。

（2）查看速度云图。设置"着色变量"为"Velocity"（速度），然后单击"保存/显示"按钮，显示速度云图，如图10-37所示。

（3）查看燃烧物质量分数云图。设置"着色变量"为"Species"（组分），然后在下面的下拉菜单中选择"Mass fraction of smoke"（烟气的质量分数），然后单击"保存/显示"按钮，显示烟气的质量分数云图，如图10-38所示。

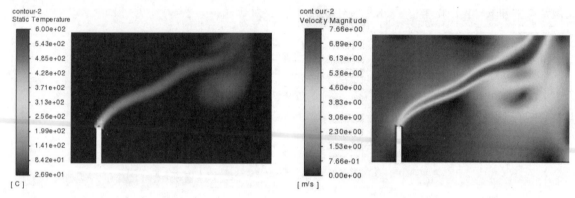

图10-36　温度云图　　　　　　　　　　　　图10-37　速度云图

02 查看残差图。单击"结果"选项卡"绘图"面板中的"残差"按钮，打开"残差监控器"对话框，采用默认设置，如图10-39所示。单击"绘图"按钮，显示残差图，如图10-40所示。

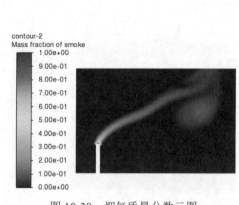

图10-38　烟气质量分数云图　　　　　　图10-39　"残差监控器"对话框

03 查看动画。单击"结果"选项卡"动画"面板中的"求解结果回放"按钮，弹出"播放"对话框，如图10-41所示。单击"播放"按钮，播放动画，查看烟气扩散图。

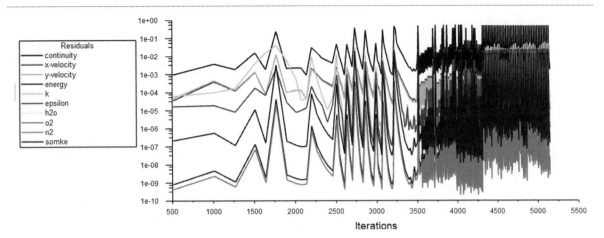

图 10-40　残差图

图 10-41　"播放"对话框

第 11 章　离散相模型模拟

内容简介

离散相是相对于连续相而言的，现实生活中离散相大多与连续相同时存在，比如空气中的尘埃颗粒、水流中的气泡，以及煤粉的燃烧等，要解决这些离散相的流动问题就需要用到 Fluent 中的离散相模型，本节就离散相的基本内容并结合实例来进行讲述。

内容要点

- ➤ 离散相模型概论
- ➤ 离散相模型
- ➤ 创建喷射源
- ➤ 组群喷射源——气力输送
- ➤ 面喷射源——沙尘天气

案例效果

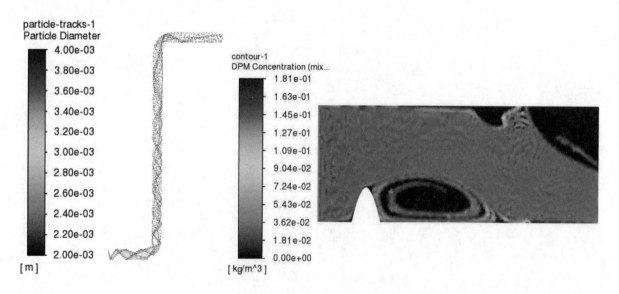

11.1 离散相模型概论

前面几个章节介绍的模型，如黏性模型、多相流模型及组分模型和这些模型相对应的实例都是基于连续相的输运方程，但是在现实生活中还有一些离散相，如颗粒的分离、液体中气泡的搅浑、风沙的扩散、水泥或煤粉的气力输送等，大多是在连续相中混合着离散相，形成含有离散相的流体。对于这类流体的模拟，就需要在 Fluent 中引入离散相模型。

离散相模型的模拟是在拉格朗日坐标系下进行的。在 Fluent 中，由定义的球形颗粒代表液滴、气泡或颗粒构成第二相分布到连续相中，随着连续相运动，计算这些颗粒的运动轨迹以及由颗粒摩擦或碰撞引起的热量和动量的传递等。

11.1.1 离散相模型的选择

在 Fluent 中对离散相模型有以下选择。
➢ 对稳态与非稳态流动，可以应用拉氏公式考虑离散相的惯性、曳力和重力。
➢ 预报连续相中，由于湍流涡旋的作用而对颗粒造成的影响。
➢ 离散相的加热/冷却。
➢ 液滴的蒸发与沸腾。
➢ 颗粒燃烧模型，包括挥发析出以及焦炭燃烧模型（因而可以模拟煤粉燃烧）。
➢ 连续相与离散相间的耦合。
➢ 液滴的进裂与合并。

11.1.2 湍流中颗粒处理方法

随机轨道模型或颗粒群模型可以考虑颗粒湍流扩散的影响。在随机轨道模型中，通过应用随机方法来考虑瞬时湍流速度对颗粒轨道的影响;而颗粒群模型则是跟踪由统计平均决定的一个"平均"轨道。假设颗粒群中的颗粒浓度分布服从高斯概率分布函数。两种模型中，颗粒对连续相湍流的生成与耗散均没有直接影响。

11.1.3 离散相模型应用范围

1. 离散相体积分数适用范围
Fluent 中离散相模型作为第二相，默认非常稀薄，因而离散相之间的相互作用和颗粒体积分数对连续相的影响可以忽略不计。这就要求离散相的体积分数很低，一般来说要小于 12%。但离散相的质量承载率可以大于 10%，即用户可以模拟离散相的质量流率大于或等于连续相的质量流率。

2. 模拟连续相中悬浮颗粒的限制
稳态拉氏离散相模型适用于具有确切定义的入口/出口边界条件的问题，不适用于模拟在连续相中无限期悬浮的颗粒流问题。这类问题经常出现在处理封闭体系中的悬浮颗粒过程中，包括搅拌釜、混合器和流化床。但是，非稳态颗粒离散相模型可以处理此类问题。

3．不能与离散相模型同时使用的模型

➤ 不能与周期性边界条件同时使用。

➤ 不能与可调整时间步长方法同时使用。

➤ 在预混合燃烧模型中不能与考虑颗粒的化学反应同时使用。

➤ 不能与采用多坐标系的流动同时使用。

11.2　离散相模型

在"物理模型"选项卡中单击"模型"面板中的"离散相"按钮 ⏁，打开"离散相模型"对话框，如图 11-1 所示。面板中可分为"交互""颗粒处理""跟踪""物理模型""UDF""数值方法"和"并行"等设置选项。

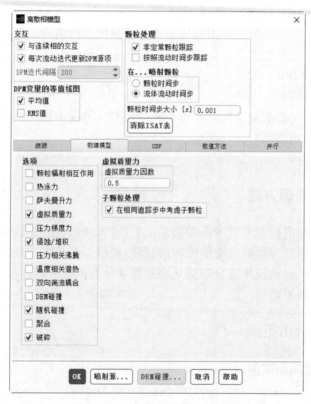

图 11-1　"离散相模型"对话框

11.2.1　交互设置面板

➤ 与连续相的交互：勾选该复选框可以激活离散相与连续相进行耦合计算。

➤ 每次流动迭代更新 DPM 源项：勾选该复选框时，粒子源将在每次迭代时依据式（11-1）进行更新，而对于非稳定模拟，这是默认设置，也是被推荐使用的选项。

$$E_{new} = E_{old} + \alpha(E_{calculated} - E_{old})$$ （11-1）

式中：E_{new} 是交换条件；E_{old} 是以前的值；$E_{calculated}$ 是新计算的值；α 是颗粒/液滴的松弛因子，大多数分析 α 的值为 0.5，但当进行带有不稳定性跟踪的瞬态流的计算时，α 的值为 0.9。

➢ DPM 迭代间隔：控制跟踪粒子和更新 PDM 源的频率。

➢ 平均值：在后处理中绘制 PDM 变量的等值线图时提供的是离散相的平均值。

➢ RMS 值：在后处理中绘制 PDM 变量的等值线图时提供的是几个离散相的均方根值。

11.2.2　颗粒处理设置面板

➢ 非定常颗粒跟踪：勾选该复选框可以支持粒子的不稳定跟踪。

➢ 按照流动时间步跟踪：勾选该复选框可以按照流动的时间步来射入粒子。

➢ 在…喷射颗粒：用于设置在什么时间步来射入粒子，包括按颗粒时间步射入粒子和按流体流动时间步射入粒子。

➢ 颗粒时间步大小：用于设置计算的粒子时间步长。

11.2.3　跟踪设置面板

跟踪设置面板如图 11-2 所示，通过设置最大步数和指定长度尺度/步长因子两个参数来控制粒子轨迹运动方程的时间积分。

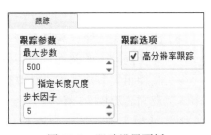

图 11-2　跟踪设置面板

➢ 最大步数：通过整合粒子力平衡公式（11-2）和轨迹方程（11-3）计算单个粒子轨迹所用的最大时间步数。稳态粒子跟踪的最大步数默认为 50000；非稳态粒子跟踪的最大步数默认为 500。

$$m_p \frac{\mathrm{d}\vec{u}_p}{\mathrm{d}t} = m_p \frac{\vec{u} - \vec{u}_p}{\tau_r} + m_p \frac{\vec{g}(\rho_p - \rho)}{\rho_p} + \vec{F} \qquad （11\text{-}2）$$

式中：m_p 为粒子质量；$\vec{u}$ 为流体相速度；$\vec{u}_p$ 为粒子速度；ρ 为流体密度；ρ_p 为粒子密度；$\vec{F}$ 为一个附加力；$m_p \dfrac{\vec{u} - \vec{u}_p}{\tau_r}$ 为阻力；τ_r 为液滴或颗粒的松弛时间。

$$\frac{\mathrm{d}x}{\mathrm{d}t} = u_p \qquad （11\text{-}3）$$

➢ 指定长度尺度：用于指定长度比例。

➢ 步长因子：用于控制对粒子运动方程进行积分的时间步长。

➢ 高分辨率跟踪：勾选该选项时计算单元被分解为四面体（子单元），并通过子单元来追踪粒子轨迹，如果不启用该选项则通过直接计算单元来追踪粒子运动轨迹。

11.2.4　物理模型设置面板

物理模型设置面板如图 11-3 所示，它包含了可选择的 13 种离散相模型。

➢ 颗粒辐射相互作用：该模型用于模拟辐射热传递对离散相粒子的影响，但是启用该模型必须先在"辐射"模型对话框中选中 P1 模型或离散坐标（DO）模型时才能选择该模型。

图 11-3　物理模型设置面板

➤ 热泳力：对于悬浮在具有温度梯度的气体流场中的颗粒，会受到一个与温度梯度相反的作用力，这就是热泳力。若考虑粒子的热泳力则勾选该模型，将热泳力作为附加力包含到模型求解中。

➤ 萨夫曼升力：当颗粒与其周围的流体存在速度差并且流体的速度梯度垂直于颗粒的运动方向时，由于颗粒两侧的流速不一样，会产生由低速指向高速方向的升力，称为萨夫曼升力。若考虑粒子的萨夫曼升力则勾选该模型，将萨夫曼升力作为附加力包含到模型求解中。

➤ 虚拟质量力：这是一个新出现的概念力，是指离散相相对于连续相做加速运动而产生的附加力。当流体密度接近或超过粒子密度时，建议勾选虚拟质量力和压力梯度力。

➤ 压力梯度力：在流体力学中指由于气压分布不均而作用于单位质量空气上的力，其方向由高压指向低压。当流体密度接近或超过粒子密度时，建议勾选虚拟质量力和压力梯度力。

➤ 侵蚀/堆积：用于计算粒子在流体中运动对壁面的侵蚀或在壁面堆积的速率。

➤ 压力相关沸腾：勾选该模型选项通过输入适当的液滴饱和蒸汽压来修改液体从液滴蒸发切换到沸腾的条件。启用该选项时系统同时自动启动温度相关潜热。

➤ 温度相关潜热：如果计算模型中考虑液滴温度对潜热的影响，则自动勾选该模型选项。

➤ 双向湍流耦合：该模型用于模拟由于粒子阻尼和湍流漩涡引起的湍流量变化的效果。

➤ DEM 碰撞：通过创建 EDM 碰撞模型模拟 DEM 碰撞。

➤ 随机碰撞：用于模拟液滴碰撞的效果。

➤ 聚合：用于模拟液滴碰撞时产生聚结的效果。

➤ 破碎：可以为所有合适的喷射源启用破碎选项，在设置喷射源属性对话框中对创建的喷射源设置破碎模型和参数。

➤ 虚拟质量力因数：用于设置虚拟质量力的比例因子。

➤ 子颗粒处理：当启用了破碎模型才会弹出该选项，用于设置当颗粒破碎后产生的子颗粒，在计算过程中是否对这些子颗粒进行追踪。

11.2.5　UDF 设置面板

UDF 设置面板如图 11-4 所示，它包含了用户自定义的"体积力""侵蚀/堆积""标量更新""源"等参数和"用户变量"，该面板很少用到，此处不作讲解。

图 11-4　UDF 设置面板

11.2.6　数值方法设置面板

数值方法设置面板如图 11-5 所示，它用于控制粒子跟踪的数值方案以及热量和质量方程的解决方案。

> 跟踪选项：通过启动"精度控制"来设置跟踪过程中允许的最大公差，在这一指定范围内求解运动方程。其中"最大细化等级"是单个积分步骤中步长调整的最大数量，如果超过该数量则将使用最后一个精确的积分步长进行积分；若勾选"绝对帧中跟踪"选项则将在绝对坐标系中跟踪粒子。

图 11-5　数值方法设置面板

> 跟踪方案选择：用于选择数值方法中的跟踪方案，包括"自动""高阶方案"和"低阶方案"。其中"自动"选项可以在保证数值稳定的情况下在高阶方案和低阶方案之间自动切换；高阶方案的稳定范围较窄，包括"梯形方案"和"龙格-库塔"方案；"低阶方案"包括"隐式"和"指数解析积分"。

> 耦合传热传质求解：使用耦合的 ODE 结算器对液滴、燃烧和多组分颗粒进行容差控制，实现相应方程的求解。

> 蒸发限制系数：该选项提供的质量和热量的默认值是通过系统测试确定的，一般不建议修改，保持默认即可。

> 取平均值：对离散相数量进行基于节点的平均值的设置，包括"启用基于节点求平均值""平均 DPM 源项"和"每个积分步长中的平均值"选项。

> 核函数设置：用于设置平均算法的内核设置，是基于节点的设置，包括"每节点单元数""最短距离""反距离"和"高斯"选项，当平均内核选择"高斯"时，需要设置高斯因子。

> 源项：该选项可以使离散相位的源项线性化。

11.2.7　并行设置面板

并行设置面板如图 11-6 所示，它用于控制并行执行离散相位计算节点的参数方法。

> 方法：用于选择进行并行处理的方法，包括"消息传递""共享内存"和"混合"。其中"消息传递"方法适用于一般的分布式内存集群计算；"共享内存"方法要求进行计算的计算机是足够大的具有共享内存的多处理器计算机；"混合"方法多用于现在多核内存集群的计算。

图 11-6　并行设置面板

> 混合选项：只有在选择"混合"方法时才可以使用该选项，其中的"使用 DPM 域"可以使用单独的计算进行粒子跟踪，提高了负载平衡和可伸缩性，但需要占用额外的内存。

离散相模型的设置能够提高计算的准确性和精确性，但对于初学者来说难度较大，平时需要多练习，总结经验，才能够熟练掌握。

11.3 创建喷射源

在离散相模型分析中，离散相作为参与分析的第二相，并不是在建模中作为模型创建的，而是在设置完离散相模型的初始条件后，以喷射源的方式创建喷射颗粒，进入连续相中随连续相进行运动，这就需要在分析过程中创建喷射源，具体方法如下。

01 单击"物理模型"选项卡"模型"面板中的"离散相"按钮 🏃，打开"离散相模型"对话框，然后在该对话框的最下方单击"喷射源"按钮 喷射源...，打开"喷射源"对话框；或者单击"物理模型"选项卡"特定模型"面板中"离散相"下拉菜单中的"喷射源"命令，也可以打开"喷射源"对话框，如图 11-7 所示。在该对话框中可以创建、复制、删除、设置、读入以及写出喷射源。

02 在"喷射源"对话框中单击"创建"按钮 创建，打开"设置喷射源属性"对话框，如图 11-8 所示。在该对话框中可以设置喷射源的名称、类型、材料、喷入位置、物理属性等参数，下面将对该对话框的主要参数设置进行简单讲解。

图 11-7 "喷射源"对话框

图 11-8 "设置喷射源属性"对话框

11.3.1　喷射源类型

喷射源类型不是指喷入粒子的类型，而是指粒子喷入的方式，比如是单一的喷入，或者是作为一个组群集体喷入，还是以面的方式喷入等。在图 11-8 中可以看到喷射源类型主要有 "single"（单一喷射源）、"group"（组群喷射源）、"surface"（面喷射源）、"flat-fan-atomizer"（平板扇叶喷射源）、"file"（读取文件喷射源）和 "condensate"（冷凝物喷射源）。

> single：为每个初始条件指定单个值时，创建单一喷射源。
> group：相对于单一喷射源，当定义一个或多个初始条件的范围时，创建组群喷射源。
> surface：若喷射范围为一个面，应创建面喷射源，此时需要选择一个面作为喷射源的喷射面。
> flat-fan-atomizer：若需要模仿喷雾雾化器的喷射方式，应创建平板扇叶喷射源，此时喷射源将以扇面的方式喷入流体区域。
> file：当软件提供的喷射源不能满足用户需要时，可以从外部读取数据获得喷射源的初始条件，但该文件应该具有喷入颗粒的喷入位置、速度、温度、直径和质量流率等参数。
> condensate：如果需要对喷入的离散相进行冷凝模拟，应创建冷凝物喷射源。

11.3.2　粒子类型的选择

粒子类型是指喷入离散相的性质，如是否有质量惯性、是否为液滴、是否可燃、是否为多组分粒子等。

> 无质量：该类型是离散相的一种形式，随连续流流动，由于没有质量，所以不需要进行物理属性的关联，也不受力的影响。
> 惰性：该类型是指具有质量惯性的粒子（如颗粒、液滴等），服从力平衡，以及加热/冷却的影响。
> 液滴：该类型是一种存在于连续相流体中的液体颗粒，同样服从力平衡，以及加热/冷却的影响。该粒子类型只有选择了传热选项并且至少有两种化学组分在计算中是被激活的，或者已经选择了非预混燃烧或部分预混合燃烧模型时才可以选择该类型，并且气相密度应选择理想气体。
> 燃烧：该类型是一种固体颗粒，只有在模型中包含有热量的转移过程并且至少三种化学组分在计算中是被激活的，或者已经选择了非预混燃烧模型时才可以选择该类型。
> 多组分：该类型是一种包含多种组分的混合型液滴颗粒，所有组分的守恒方程、能量方程和多组分颗粒表面的蒸汽-液态平衡方程组成了所有系统方程。选用该粒子类型时，需要指定混合粒子的平均密度。

11.3.3　点属性设置面板

点属性设置用于设置喷射源的初始条件。当选择不同类型的喷射源时，点属性面板的设置选项会有所不同。

1．单一喷射源的点属性

如图 11-9 所示，在单一喷射源的点属性面板中可以设置喷射源的喷入位置、速度、粒子直径、流速及持续时间。

2. 组群喷射源的点属性

如图 11-10 所示，在组群喷射源的点属性面板中可以设置喷射源的喷入位置范围、速度范围、持续时间、总流量、粒子直径范围、平均直径及分散系数。

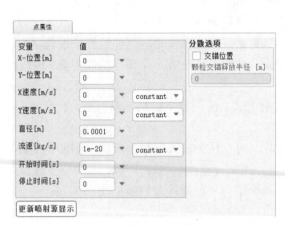

图 11-9　单一喷射源"点属性"面板　　　图 11-10　组群喷射源"点属性"面板

组群喷射源点属性的位置范围是按照线性插值的方法进行设置的，如组群喷射源有 4 个颗粒，且沿 X 轴喷入，定义喷射源位置范围为 0.0～0.6m，则第 1 颗粒子到第 4 颗粒子的初始位置分别为 0m、0.2m、0.4m、0.6m。

- ➤ 总流量：喷入粒子的平均总质量流率。
- ➤ 最小直径：组群喷射源喷入粒子的最小直径。
- ➤ 最大直径：组群喷射源喷入粒子的最大直径。
- ➤ 平均直径：罗辛-拉姆勒分布假定组群喷入粒子的直径之间存在指数关系，指定平均直径，系统将会按照罗辛-拉姆勒指数方程分布颗粒直径。
- ➤ 分散系数：指罗辛-拉姆勒分布方程中的分散指数。

3. 面喷射源的点属性

如图 11-11 所示，由于面喷射源的喷射位置为选定的面，因此在面喷射源的点属性面板中不需要设置喷射源的喷入位置，只需要设置喷射源的速度、粒子直径、持续时间及总流量即可。

4. 平板扇叶喷射源的点属性

如图 11-12 所示，平板扇叶喷射源除了需要设置喷射源的流速和持续时间外还需要设置以下参数。

- ➤ 中心：设定喷射源的扇形中心点喷出位置。
- ➤ 虚拟原点：设置喷嘴扇叶的各边的虚拟交叉点。
- ➤ 喷雾半角：设置喷射源喷出后散开为扇面的半角。
- ➤ 孔口宽度：设置喷口垂直方向上的宽度。
- ➤ 扁平风扇薄板常数：设置确定液膜破碎时形成的线状液膜长度的一个经验常数。
- ➤ 雾化器扩散角：设置雾化器喷嘴的喷射角度范围。

图 11-11 面喷射源"点属性"面板

图 11-12 平板扇叶喷射源"点属性"面板

5. 读取文件喷射源的点属性

如图 11-13 所示，由于从外部读取数据获得喷射源的初始条件，该文件已经定义了喷入颗粒的喷入位置、速度、温度、直径和质量流率等参数，因此这里只需设置喷射源的持续时间和重复间隔。

6. 冷凝物喷射源的点属性

如图 11-14 所示，对于冷凝物喷射源的点属性设置较为简单，只需设置喷射源的持续时间即可。

图 11-13 读取文件喷射源"点属性"面板

图 11-14 冷凝物喷射源"点属性"面板

对于喷射源属性的其他设置通常采用默认设置，这里不再赘述。

11.4 组群喷射源——气力输送

扫一扫，看视频

11.4.1 问题分析

气力输送又称气流输送，指利用气流的能量，在密闭管道内沿气流方向输送颗粒状物料，是流态化技术的一种具体应用。气力输送装置的结构简单、操作方便，可做水平的、垂直的或倾斜方向的输送，在输送过程中还可以同时进行物料的加热、冷却、干燥和气流分级等物理操作或某些化学操作，因此在工业生产中被广泛应用。但其本身也有一定的缺陷，由于物料与管道的摩擦，对管道壁的侵蚀较严重，维护成本较高。图 11-15（a）为粮食的气力输送的原理图，这里主要对其管道输送部分做离散相分析，分析输送过程中物料的流动状态以及物料对管道壁的侵蚀位置，模型尺寸图如图 11-15（b）所示。

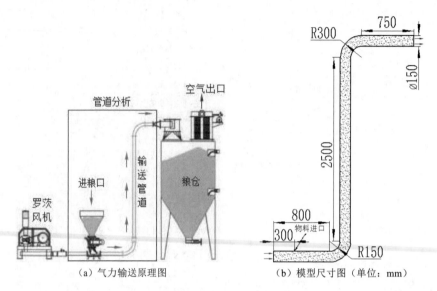

图 11-15　气力输送

11.4.2　创建几何模型

01 启动 DesignModeler 建模器。打开 Workbench 程序，展开左侧工具箱中的"分析系统"栏，将工具箱里的"流体流动（Fluent）"选项拖动到"项目原理图"界面中，创建一个含有"流体流动（Fluent）"的项目模块。右击"几何结构"栏，在弹出的快捷菜单中选择"新的 DesignModeler 几何结构"命令，启动 DesignModeler 建模器。

02 设置单位。进入 DesignModeler 建模器后，首先设置单位。单击"单位"菜单，在弹出的下拉菜单中选择"毫米"选项，设置绘图环境的单位为毫米。

03 新建草图。选择树轮廓中的"XY 平面"命令，然后单击工具栏中的"新草图"按钮，新建一个草图。此时树轮廓中"XY 平面"分支下会多出一个名为"草图 1"的草图，然后右击"草图 1"，在弹出的快捷菜单中选择"查看"命令，将视图切换为正视于"XY 平面"方向。

04 切换标签。单击树轮廓下端的"草图绘制"标签，打开"草图工具箱"，进入草图绘制环境。

05 绘制草图 1。利用"草图工具箱"中的工具绘制气力输送的管道草图，单击"生成"按钮，完成草图 1 的绘制，如图 11-16 所示。

06 创建草图表面。单击"概念"菜单，在弹出的下拉列表中选择"草图表面"命令，在弹出的"详细信息视图"中设置"基对象"为"草图 1"，设置"操作"为"添加材料"，如图 11-17 所示，单击"生成"按钮，完成模型的创建，结果如图 11-18 所示。

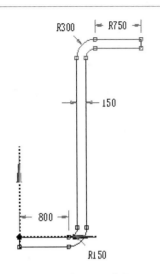

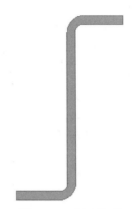

图 11-16　绘制草图 1（单位：mm）　　　图 11-17　详细信息视图　　　图 11-18　创建模型

11.4.3　划分网格及边界命名

01 启动 Meshing 网格应用程序。右击"流体流动（Fluent）"项目模块中的"网格"栏，在弹出的快捷菜单中选择"编辑"命令，启动 Meshing 网格应用程序。

02 全局网格设置。在轮廓树中单击"网格"分支，系统切换到"网格"选项卡。同时左下角弹出"网格"的详细信息，设置"单元尺寸"为 10.0mm，如图 11-19 所示。

03 设置划分方法。单击"网格"选项卡"控制"面板中的"方法"按钮 ，左下角弹出"自动方法"的详细信息，设置"几何结构"为模型的表面几何体，设置"方法"为"三角形"，其余为默认设置，此时详细信息变为"所有三角形法"的详细信息，如图 11-20 所示。

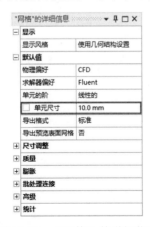

图 11-19　"网格"的详细信息　　　　　图 11-20　"所有三角形法"的详细信息

04 划分网格。单击"网格"选项卡"网格"面板中的"生成"按钮 ，系统自动划分网格。

05 边界命名。

（1）命名气体入口名称。选择模型中管道的左边界线，然后右击，在弹出的快捷菜单中选择"创建命名选择"命令，弹出"选择名称"对话框，然后在文本框中输入"inlet"（入口），如图 11-21 所示，设置完成后单击该对话框的"OK"按钮，完成入口的命名。

（2）命名气体出口名称。采用同样的方法，选择模型中管道的右边界线，命名为"outlet"（出口）。

（3）命名壁面名称。采用同样的方法，选择剩余的边线，命名为"wall"（壁面）。

06 将网格平移至 Fluent 中。完成网格划分及命名边界后，需要将划分好的网格平移到 Fluent 中。选择"模型树"中的"网格"分支，系统自动切换到"网格"选项卡，然后单击"网格"面板中的"更新"按钮，系统弹出"信息"提示对话框，如图 11-22 所示，完成网格的平移。

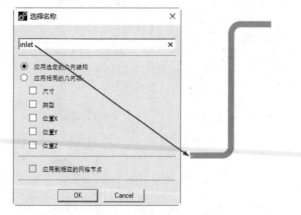

图 11-21　命名气体入口　　　　　图 11-22　"信息"提示对话框

11.4.4　分析设置

01 启动 Fluent 应用程序。右击"流体流动（Fluent）"项目模块中的"设置"栏，在弹出的快捷菜单中选择"编辑"命令，如图 11-23 所示。弹出"Fluent Launcher 2022 R1（Setting Edit Only）"对话框，勾选"Double Precision"（双精度）复选框，单击"Start"（启动）按钮，启动 Fluent 应用程序，如图 11-24 所示。

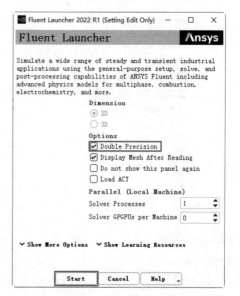

图 11-23　启动 Fluent 网格应用程序　　　图 11-24　"Fluent Launcher 2022 R1

（Setting Edit Only）"对话框

02 检查网格。单击任务页面"通用"设置"网格"栏中的"检查"按钮 检查 ，检查网格，当"控制台"中显示"Done."（完成）时，表示网格可用。

03 设置求解类型。在任务页面"通用"设置"求解器"栏中勾选"压力基"类型；勾选"时间"为"瞬态"，勾选"重力"复选框，激活"重力加速度"，设置 y 向加速度为-9.81m/s^2，如图 11-25 所示。

04 设置多相流模型。

（1）设置模型。单击"物理模型"选项卡"模型"面板中的"多相流"按钮 ，弹出"多相流模型"对话框。在"模型"栏中勾选"欧拉模型"单选按钮，在"Eulerian 参数"栏中勾选"密集离散相模型（DDPM）"复选框，其余为默认设置，如图 11-26 所示，单击"应用"按钮 应用 。

（2）设置相。在"多相流模型"对话框中单击"相"选项卡，切换到"相"面板。在左侧的"相"列表中选择"phase-1-Primary Phase"（主相）；在右侧的"相设置"中设置"名称"为"kongqi"，设置

图 11-25　设置求解类型

"相材料"为"air"（空气），如图 11-27 所示。同理设置"phase-2-Secondary Phase"（第二相）的名称为"xiaomai"，勾选"Granular"（颗粒状）复选框，然后在"Granular Properties"（颗粒特性）栏中设置"Granular Viscosity"（颗粒黏度）为"gidaspow"，设置"Granular Bulk Viscosity"（颗粒整体黏度）为"lun-et-al"，其余为默认设置，如图 11-28 所示。单击"应用"按钮 应用 ，再单击"关闭"按钮 关闭 ，关闭"多相流模型"对话框。

图 11-26　"多相流模型"对话框

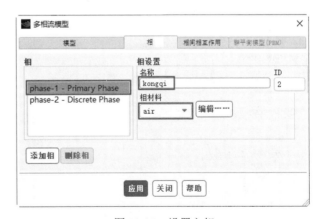

图 11-27　设置主相

05 设置离散相。

（1）设置物理模型。单击"物理模型"选项卡"模型"面板中的"离散相"按钮 ，弹出"离散相模型"对话框，选择"物理模型"选项卡，切换到"物理模型"面板。在"选项"栏中勾选"侵蚀/堆积"复选框，其余为默认设置，如图 11-29 所示。

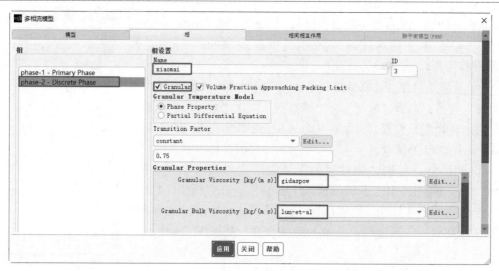

图 11-28　设置第二相

（2）设置喷射源。单击"离散相模型"对话框下方的"喷射源"按钮 喷射源..., 弹出"喷射源"对话框，如图 11-30 所示。在该对话框中单击"创建"按钮 创建, 弹出"设置喷射源属性"对话框。在该对话框中设置"喷射源名称"为"xiaomai"，设置"喷射源类型"为"group"（组群），设置"流的数量"为 30，设置"直径分布"为"rosin-rammler"（罗辛-拉姆勒）；在"点属性"面板中设置"第一个点"和"最后的点"的"X-位置"均为0.3，设置"Y 速度"均为-2，设置"开始时间"为 0、"停止时间"为 200、"总流量"为 1、"最小直径"为 0.002、"最大直径"为 0.004、"平均直径"为 0.003、"分散系数"为 8，其余为默认设置，如图 11-31 所示。单击"OK"按钮，关闭该对话框，返回"喷射源"对话框，单击"关闭"按钮 关闭, 返回"离散相模型"对话框，然后单击"OK"按钮，关闭"离散相模型"对话框。

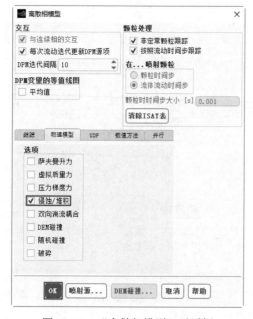

图 11-29　"离散相模型"对话框

图 11-30　"喷射源"对话框

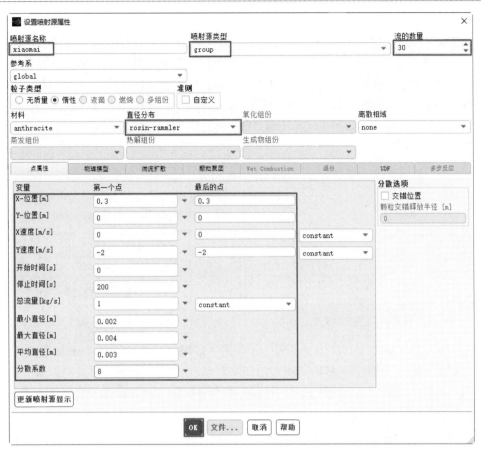

图 11-31　"设置喷射源属性"对话框

06 定义材料。单击"物理模型"选项卡"材料"面板中的"创建/编辑"按钮![icon]，弹出"创建/编辑材料"对话框，如图 11-32 所示。设置"名称"为"xiaomai"，设置"材料类型"为"inert-particle"（惰性粒子），在"属性"栏中设置"密度"为 750，然后单击"更改/创建"按钮 更改/创建 ，弹出一个提示对话框，如图 11-33 所示，单击"No"按钮 No ，关闭该提示框，然后在"创建/编辑材料"对话框中单击"关闭"按钮，关闭该对话框。

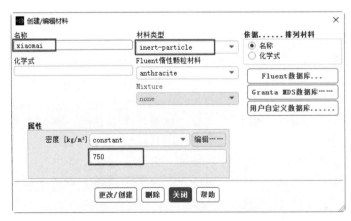

图 11-32　"创建/编辑材料"对话框

图 11-33　提示对话框

07 设置边界条件。

（1）设置空气入口速度。单击"物理模型"选项卡"区域"面板中的"边界"按钮▦，任务页面切换为"边界条件"。在"边界条件"下方的"区域"列表中选择"inlet"（入口）选项，然后单击"编辑"按钮 编辑……，弹出"速度入口"对话框，在"DPM"面板中设置"离散相边界类型"为"escape"（逃逸），如图 11-34 所示，然后将"相"修改为"kongqi"，在"动量"面板中设置"速度大小"为 15，如图 11-35 所示，单击"应用"按钮 应用，然后单击"关闭"按钮 关闭，关闭"速度入口"对话框。

图 11-34　设置离散相边界类型

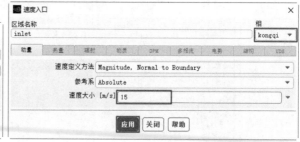
图 11-35　设置空气入口速度

（2）设置出口边界条件。在"边界条件"下方的"区域"列表中选择"outlet"（出口）选项，然后单击"编辑"按钮 编辑……，弹出"压力出口"对话框，在"DPM"面板中设置"离散相边界类型"为"escape"（逃逸），如图 11-36 所示。单击"应用"按钮 应用，然后单击"关闭"按钮 关闭，关闭"压力出口"对话框。

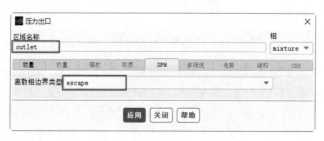
图 11-36　"压力出口"对话框

11.4.5　求解设置

01 设置求解方法。单击"求解"选项卡"控制"面板中的"控制"按钮✂，任务页面切换为"解决方案控制"，在"亚松弛因子"栏中设置"动量"为"0.5"，其余为默认设置，如图 11-37 所示。

02 流场初始化。在"求解"选项卡"初始化"面板中勾选"标准"单选按钮，然后单击"选项"按钮，"任务面板"切换为"解决方案初始化"。设置"计算参考位置"为"inlet"（入口），其余为默认设置，如图 11-38 所示。单击"初始化"按钮 初始化，进行初始化。

03 设置解决方案动画。单击"求解"选项卡"活动"面板"创建"下拉列表中的"解决方案动画"命令，如图 11-39 所示。弹出"动画定义"对话框，单击"新对象"按钮 新对象，在弹出的列表中选择"颗粒轨迹"命令，如图 11-40 所示。弹出"颗粒轨迹"对话框，"颗粒轨迹名称"为默认选项，然后在"着色变量"的下拉菜单中选择"Particle Variables"（粒子变量）和"Particle

Diameter"（粒子直径），在"从喷射源释放"栏中选择"xiaomai"，如图 11-41 所示。单击"保存/显示"按钮，再单击"关闭"按钮 关闭，关闭"颗粒轨迹"对话框，返回"动画定义"对话框，设置"动画对象"为创建的颗粒轨迹图，然后单击"使用激活"按钮 使用激活，再单击"OK"按钮 OK，关闭该对话框。

图 11-37　设置求解方法

图 11-38　流场初始化

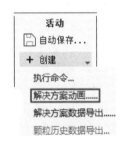

图 11-39　解决方案动画

图 11-40　"动画定义"对话框

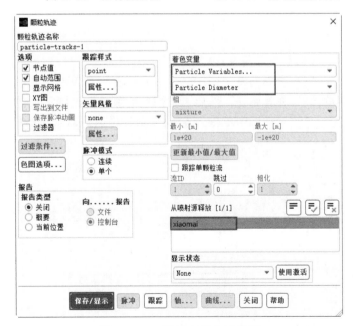

图 11-41　"颗粒轨迹"对话框

11.4.6 求解

单击"求解"选项卡"运行计算"面板中的"运行计算"按钮，任务页面切换为"运行计算"，在"参数"栏中设置"时间步数"为300，设置"时间步长"为0.01，设置"最大迭代数/时间步"为10，其余为默认设置，如图11-42所示。单击"开始计算"按钮，开始求解，计算完成后弹出提示对话框。单击"OK"按钮，完成求解。

图 11-42　求解设置

11.4.7 查看求解结果

01 查看颗粒轨迹图。

（1）查看温度云图。在"概要视图"列表中展开"结果"分支中的"图形"列表，找到"颗粒轨迹"将其展开，然后右击创建的颗粒轨迹图，如图11-43所示，重新打开"颗粒轨迹"对话框，在该对话框中单击"保存/显示"按钮，显示颗粒轨迹图，如图11-44所示。

图 11-43　右击颗粒轨迹图

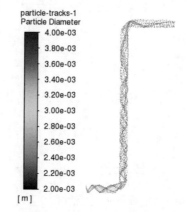

图 11-44　颗粒轨迹图

（2）查看侵蚀云图。单击"结果"选项卡"图形"面板"云图"下拉菜单中的"创建"命令，打开"云图"对话框，设置"云图名称"为"contour-1"（等高线-1），在"选项"列表中勾选"填充""节点值""全局范围"和"自动范围"复选框，设置"着色变量"为"Discrete Phase Variables"（离散相位变量）和"DPM Erosion（Finnie）"（离散相侵蚀），然后单击"保存/显示"按钮，显示侵蚀云图，如图 11-45 所示。

02 查看残差图。单击"结果"选项卡"绘图"面板中的"残差"按钮，打开"残差监控器"对话框，采用默认设置，如图 11-46 所示。单击"绘图"按钮，显示残差图，如图 11-47 所示。

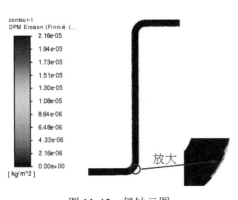

图 11-45　侵蚀云图

图 11-46　"残差监控器"对话框

03 查看动画。单击"结果"选项卡"动画"面板中的"求解结果回放"按钮，弹出"播放"对话框，如图 11-48 所示。单击"播放"按钮，播放动画，查看粒子轨迹动画。

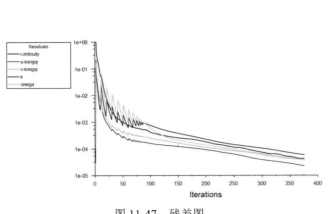

图 11-47　残差图

图 11-48　"播放"对话框

扫一扫，看视频

11.5　面喷射源——沙尘天气

11.5.1　问题分析

如图 11-49（a）所示，当风速达到一定速度时就会吹起地面的沙尘，空气将颗粒细小的沙尘带到高空形成扬沙天气。较大的颗粒在遇到沙丘时，在背风面由于风速的减慢而沉降下来，本例模拟沙尘吹过一个沙丘时颗粒的运动轨迹，模型尺寸图如图 11-49（b）所示。

（a）沙尘

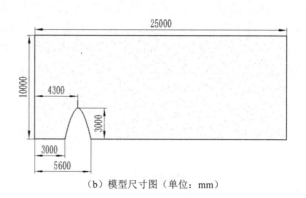

（b）模型尺寸图（单位：mm）

图 11-49　沙尘天气

11.5.2　创建几何模型

01 启动 DesignModeler 建模器。打开 Workbench 程序，展开左侧工具箱中的"分析系统"栏，将工具箱里的"流体流动（Fluent）"选项拖动到"项目原理图"界面中，创建一个含有"流体流动（Fluent）"的项目模块。右击"几何结构"栏，在弹出的快捷菜单中选择"新的 DesignModeler 几何结构"命令，启动 DesignModeler 建模器。

02 设置单位。进入 DesignModeler 建模器后，首先设置单位。单击"单位"菜单，在弹出的下拉菜单中选择"毫米"选项，设置绘图环境的单位为毫米。

03 新建草图。选择树轮廓中的"XY 平面"命令，然后单击工具栏中的"新草图"按钮，新建一个草图。此时树轮廓中"XY 平面"分支下会多出一个名为"草图 1"的草图，然后右击"草图 1"，在弹出的快捷菜单中选择"查看"命令，将视图切换为正视于"XY 平面"方向。

04 切换标签。单击树轮廓下端的"草图绘制"标签，打开"草图工具箱"，进入草图绘制环境。

05 绘制草图 1。利用"草图工具箱"中的工具绘制模型草图，单击"生成"按钮，完成草图 1 的绘制，如图 11-50 所示。

06 创建草图表面。单击"概念"菜单，在弹出的下拉列表中选择"草图表面"命令，在弹出的"详细信息视图"中设置"基对象"为"草图 1"，设置"操作"为"添加材料"，如图 11-51 所示，单击"生成"按钮，完成模型的创建，结果如图 11-52 所示。

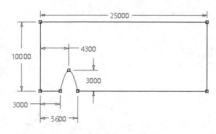

图 11-50　绘制草图 1（单位：mm）

详细信息 SurfaceSk1	
草图表面	SurfaceSk1
基对象	1 草图
操作	添加材料
以平面法线定向吗？	是
厚度（>=0）	0 mm

图 11-51　详细信息视图

图 11-52　创建模型

11.5.3 划分网格及边界命名

01 启动 Meshing 网格应用程序。右击"流体流动（Fluent）"项目模块中的"网格"栏，在弹出的快捷菜单中选择"编辑"命令，启动 Meshing 网格应用程序。

02 全局网格设置。在轮廓树中单击"网格"分支，系统切换到"网格"选项卡。同时左下角弹出"网格"的详细信息，设置"单元尺寸"为 200.0mm，如图 11-53 所示。

03 设置划分方法。单击"网格"选项卡"控制"面板中的"方法"按钮，左下角弹出"自动方法"的详细信息。设置"几何结构"为模型的表面几何体，设置"方法"为"三角形"，其余为默认设置，此时详细信息变为"所有三角形法"的详细信息，如图 11-54 所示。

图 11-53 "网格"的详细信息

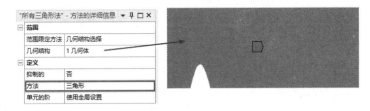

图 11-54 "所有三角形法"的详细信息

04 划分网格。单击"网格"选项卡"网格"面板中的"生成"按钮，系统自动划分网格。

05 边界命名。

（1）命名气体入口名称。选择模型的左边界线，然后右击，在弹出的快捷菜单中选择"创建命名选择"命令，弹出"选择名称"对话框，然后在文本框中输入"inlet"（入口），如图 11-55 所示，设置完成后单击该对话框的"OK"按钮，完成入口的命名。

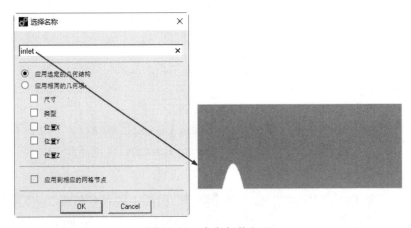

图 11-55 命名气体入口

（2）命名气体出口名称。采用同样的方法，选择模型的上边界线和右边界线，命名为"outlet"（出口）。

（3）命名壁面名称。采用同样的方法，选择剩余的边线，命名为"wall"（壁面）。

06 将网格平移至 Fluent 中。完成网格划分及命名边界后，需要将划分好的网格平移到 Fluent 中。选择"模型树"中的"网格"分支，系统自动切换到"网格"选项卡，然后单击"网格"面板中的"更新"按钮，系统弹出"信息"提示对话框，如图 11-56 所示，完成网格的平移。

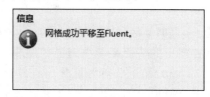

图 11-56　"信息"提示对话框

11.5.4　分析设置

01 启动 Fluent 应用程序。右击"流体流动（Fluent）"项目模块中的"设置"栏，在弹出的快捷菜单中选择"编辑"命令，如图 11-57 所示。弹出"Fluent Launcher 2022 R1（Setting Edit Only）"对话框，勾选"Double Precision"（双精度）复选框，单击"Start"（启动）按钮，启动 Fluent 应用程序，如图 11-58 所示。

02 检查网格。单击任务页面"通用"设置"网格"栏中的"检查"按钮 检查 ，检查网格，当"控制台"中显示"Done."（完成）时，表示网格可用。

03 设置求解类型。在任务页面"通用"设置"求解器"栏中勾选"压力基"类型；勾选"时间"为"瞬态"，勾选"重力"复选框，激活"重力加速度"，设置 y 向加速度为 -9.81m/s^2，如图 11-59 所示。

图 11-57　启动 Fluent 网格应用程序　　图 11-58　"Fluent Launcher 2022 R1　　图 11-59　设置求解类型
　　　　　　　　　　　　　　　　　　（Setting Edit Only）"对话框

04 设置多相流模型。

（1）设置模型。单击"物理模型"选项卡"模型"面板中的"多相流"按钮，弹出"多相流模型"对话框。在"模型"栏中勾选"欧拉模型"单选按钮，在"Eulerian 参数"栏中勾选"密集离散相模型（DDPM）"单选按钮，其余为默认设置，如图 11-60 所示，单击"应用"按钮 应用 。

（2）设置相。在"多相流模型"对话框中单击"相"选项卡，切换到"相"面板。在左侧的"相"列表中选择"phase-1-Primary Phase"（主相）；在右侧的"相设置"中设置"名称"为"kongqi"，设置"相材料"为"air"（空气），如图 11-61 所示。同理设置"phase-2-Secondary Phase"（第二相）的名称为"shashi"，勾选"Granular"（颗粒状）复选框，然后在"Granular Properties"（颗粒特性）栏中设置"Granular Viscosity"（颗粒黏度）为"gidaspow"，设置"Granular Bulk Viscosity"（颗粒整体黏度）为"lun-et-al"，其余为默认设置，如图 11-62 所示。单击"应用"按钮 应用 ，再单击"关闭"按钮 关闭 ，关闭"多相流模型"对话框。

图 11-60　"多相流模型"对话框

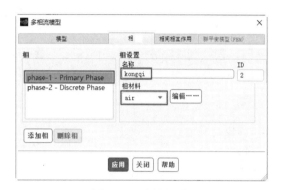

图 11-61　设置主相

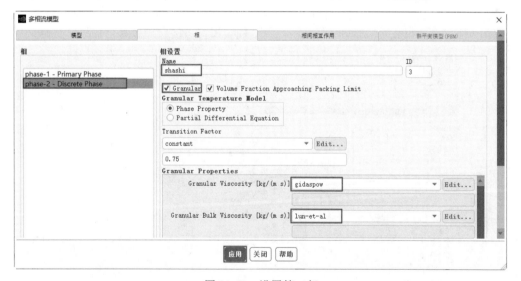

图 11-62　设置第二相

05 设置离散相。

（1）设置物理模型。单击"物理模型"选项卡"模型"面板中的"离散相"按钮 ，弹出"离散相模型"对话框，选择"物理模型"选项卡，切换到"物理模型"面板。在"选项"栏中勾选"侵蚀/堆积"复选框，其余为默认设置，如图 11-63 所示。

（2）设置喷射源。单击"离散相模型"对话框下方的"喷射源"按钮 喷射源… ，弹出"喷射源"对话框，如图 11-64 所示。在该对话框中单击"创建"按钮 创建 ，弹出"设置喷射源属性"对

文版 *ANSYS Fluent 2022 流体分析从入门到精通（实战案例版）*

话框。在该对话框中设置"喷射源名称"为"shashi"，设置"喷射源类型"为"surface"（面），设置"Injection Surfaces"（喷射面）为"inlet"（入口），设置"直径分布"为"rosin-rammler"（罗辛-拉姆勒）；在"点属性"面板中设置"X 速度"均为 8，设置"开始时间"为 0、"停止时间"为 200、"总流量"为 1、"最小直径"为 0.00002、"最大直径"为 0.0002、"平均直径"为 0.00011、"分散系数"为 10、"直径数量"为 5，其余为默认设置，如图 11-65 所示。单击"OK"按钮，关闭该对话框，返回"喷射源"对话框，单击"关闭"按钮 关闭，返回"离散相模型"对话框，然后单击"OK"按钮，关闭"离散相模型"对话框。

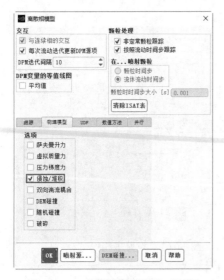

图 11-63　"离散相模型"对话框　　　　　　　图 11-64　"喷射源"对话框

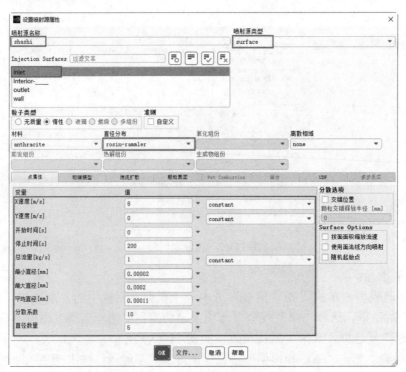

图 11-65　"设置喷射源属性"对话框

06 定义材料。单击"物理模型"选项卡"材料"面板中的"创建/编辑"按钮🔧，弹出"创建/编辑材料"对话框，如图 11-66 所示。设置"名称"为"shashi"，设置"材料类型"为"inert-particle"（惰性粒子），在"属性"栏中设置"密度"为 1400，然后单击"更改/创建"按钮 更改/创建，弹出一个提示对话框，如图 11-67 所示，单击"No"按钮 No，关闭该提示框，然后在"创建/编辑材料"对话框中单击"关闭"按钮，关闭该对话框。

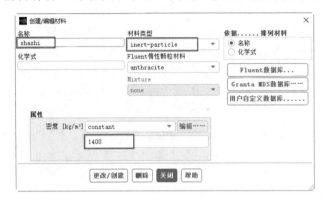

图 11-66　"创建/编辑材料"对话框

图 11-67　提示对话框

07 设置边界条件。

（1）设置空气入口速度。单击"物理模型"选项卡"区域"面板中的"边界"按钮，任务页面切换为"边界条件"。在"边界条件"下方的"区域"列表中选择"inlet"（入口）选项，然后单击"编辑"按钮 编辑……，弹出"速度入口"对话框，在"DPM"面板中设置"离散相边界类型"为"escape"（逃逸），如图 11-68 所示，然后将"相"修改为"kongqi"，在"动量"面板中设置"速度大小"为 8，如图 11-69 所示。单击"应用"按钮 应用，然后单击"关闭"按钮 关闭，关闭"速度入口"对话框。

图 11-68　设置离散相边界类型

图 11-69　设置空气入口速度

（2）设置出口边界条件。在"边界条件"下方的"区域"列表中选择"outlet"（出口）选项，然后单击"编辑"按钮 编辑……，弹出"压力出口"对话框，在"DPM"面板中设置"离散相边界类型"为"escape"（逃逸），如图 11-70 所示。单击"应用"按钮 应用，然后单击"关闭"按钮 关闭，关闭"压力出口"对话框。

图 11-70　"压力出口"对话框

11.5.5 求解设置

01 设置求解方法。单击"求解"选项卡"控制"面板中的"控制"按钮✂，任务页面切换为"解决方案控制"，在"亚松弛因子"栏中设置"动量"为"0.5"，其余为默认设置，如图 11-71 所示。

02 流场初始化。在"求解"选项卡"初始化"面板中勾选"标准"单选按钮，然后单击"选项"按钮，"任务面板"切换为"解决方案初始化"。设置"计算参考位置"为"inlet"（入口），其余为默认设置，如图 11-72 所示。单击"初始化"按钮 初始化，进行初始化。

03 设置解决方案动画。单击"求解"选项卡"活动"面板"创建"下拉列表中的"解决方案动画"命令，如图 11-73 所示。弹出"动画定义"对话框，单击"新对象"按钮 新对象，在弹出的列表中选择"颗粒轨迹"命令，如图 11-74 所示。弹出"颗粒轨迹"对话框，"颗粒轨迹名称"为默认选项，然后在"着色变量"的下拉菜单中选择"Particle Variables"（粒子变量）和"Particle Diameter"（粒子直径），在"从喷射源释放"栏中选择"shashi"，如图 11-75 所示。单击"保存/显示"按钮，再单击"关闭"按钮 关闭，关闭"颗粒轨迹"对话框，返回"动画定义"对话框，设置"动画对象"为创建的颗粒轨迹图，然后单击"使用激活"按钮 使用激活，再单击"OK"按钮 OK，关闭该对话框。

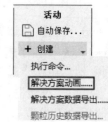

图 11-71　设置求解方法　　　　图 11-72　流场初始化　　　　图 11-73　解决方案动画

图 11-74　新建颗粒轨迹图

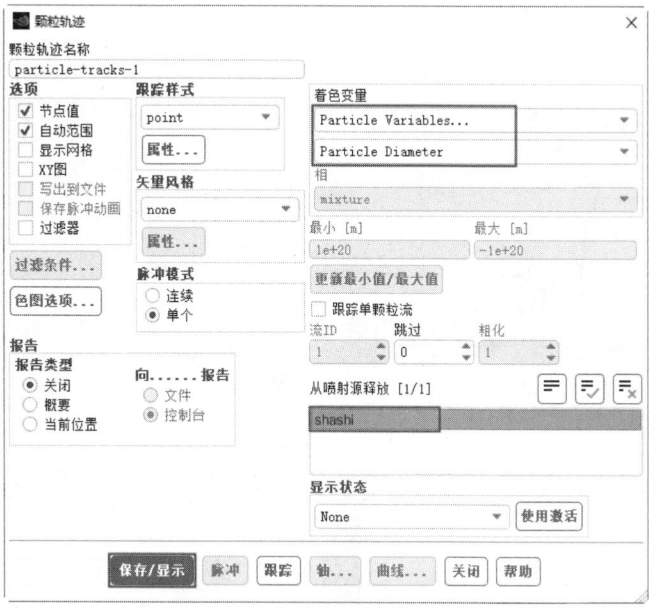

图 11-75　"颗粒轨迹"对话框

11.5.6　求解

单击"求解"选项卡"运行计算"面板中的"运行计算"按钮，任务页面切换为"运行计算"，在"参数"栏中设置"时间步数"为 400，设置"时间步长"为 0.01，设置"最大迭代数/时间步"为 5，其余为默认设置，如图 11-76 所示。单击"开始计算"按钮，开始求解，计算完成后弹出提示对话框。单击"OK"按钮，完成求解。

11.5.7　查看求解结果

01　查看颗粒轨迹图。

（1）查看温度云图。在"概要视图"列表中展开"结果"分支中的"图形"列表，找到"颗粒轨迹"将其展开，然后右击创建的颗粒轨迹图，如图 11-77 所示，重新打开"颗粒轨迹"对话框，在该对话框中单击"保存/显示"按钮，显示颗粒轨迹图，如图 11-78 所示。

（2）查看堆积云图。单击"结果"选项卡"图形"

图 11-76　求解设置

面板"云图"下拉菜单中的"创建"命令，打开"云图"对话框，设置"云图名称"为"contour-1"（等高线-1），在"选项"列表中勾选"填充""节点值""全局范围"和"自动范围"复选框，设置"着色变量"为"Discrete Phase Variables"（离散相位变量）和"DPM Concentration"（离散相堆积），然后单击"保存/显示"按钮，显示堆积云图，如图 11-79 所示。

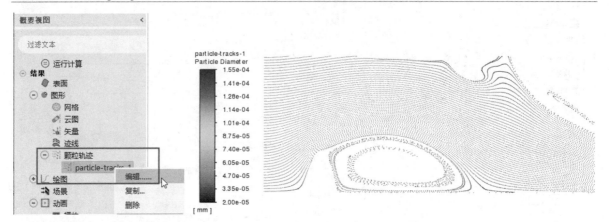

图 11-77　右击颗粒轨迹图　　　　　图 11-78　颗粒轨迹图

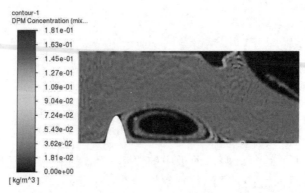

图 11-79　堆积云图

（3）查看速度云图。在"云图"对话框中，设置"着色变量"为"Velocity"（速度），设置"相"为"kongqi"，然后单击"保存/显示"按钮，显示速度云图，如图 11-80 所示。

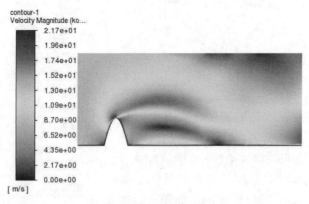

图 11-80　速度云图

02 查看残差图。单击"结果"选项卡"绘图"面板中的"残差"按钮，打开"残差监控器"对话框，采用默认设置，如图 11-81 所示，单击"绘图"按钮，显示残差图，如图 11-82 所示。

03 查看动画。单击"结果"选项卡"动画"面板中的"求解结果回放"按钮，弹出"播放"对话框，如图 11-83 所示。单击"播放"按钮，播放动画，查看粒子轨迹动画。

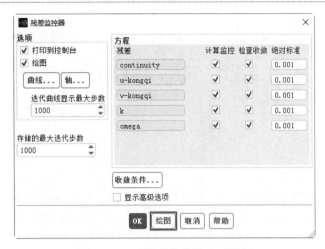

图 11-81　"残差监控器"对话框

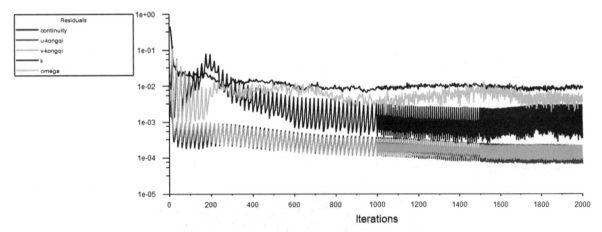

图 11-82　残差图

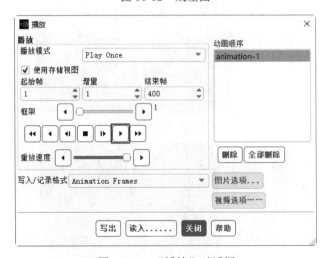

图 11-83　"播放"对话框

第 12 章　动网格模型模拟

内容简介

本章主要讲述了动网格模型的概念以及使用方法，通过实例展示了动网格模型的设置及求解过程，另外还阐述了如何采用边界函数定义物体的运动，帮助读者熟悉 Fluent 变形区域流体流动的问题，并能够利用该模型处理生活中的实际工程。

内容要点

➢ 动网格模型概论
➢ 动网格模型
➢ 实例——水车运水
➢ 实例——小球落水

案例效果

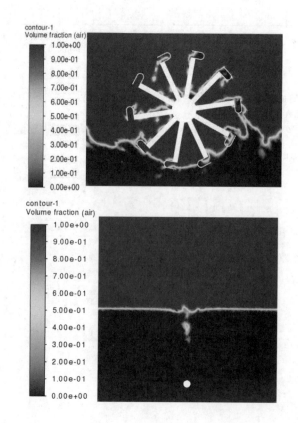

12.1　动网格模型概论

动网格模型是用来模拟流场形状由于边界运动而随时间改变的情况。边界的运动形式可以是预先定义的运动，即可以在计算前指定其速度或角速度，也可以是预先未作定义的运动，即边界的运动要由前一步的计算结果决定。

网格的更新过程由 Fluent 根据每个迭代步中边界的变化情况自动完成。在使用移动网格模型时，必须首先定义初始网格、边界运动的方式并指定参与运动的区域，也可以用边界型函数或者 UDF 定义边界的运动方式。Fluent 要求将运动的描述定义在网格面或网格区域上。如果流场中包含运动与不运动两种区域，则需要将它们组合在初始网格中以对它们进行识别。那些由于周围区域运动而发生变形的区域必须被组合到各自的初始网格区域中。不同区域之间的网格不必是正则的，可以在模型设置中用 Fluent 软件提供的非正则或者滑动界面功能将各区域连接起来。

12.2　动网格模型

在"域"选项卡中单击"网格模型"面板中的"动网格"按钮，任务页面切换为"动网格"，如图 12-1 所示，在该面板中勾选"动网格"复选框，启动动网格模型。

图 12-1　"动网格"任务面板

12.2.1　动网格方法

动网格方法包括"光顺""层铺"和"重新划分网格"3 种类型。

1．光顺

在光顺模型中，网格的边被理想化为节点间相互连接的弹簧。移动前的网格间距相当于边界移动前由弹簧组成的系统处于平衡状态。在网格边界节点发生位移后，会产生与位移成比例的力，力量的大小根据胡克定律计算。边界节点位移形成的力虽然破坏了弹簧系统原有的平衡，但是在外力作用下，弹簧系统经过调整将达到新的平衡，也就是说由弹簧连接在一起的节点，将在新的位置上重新获得力的平衡。从网格划分的角度说，从边界节点的位移出发，采用胡克定律，经过迭代计算，最终可以得到使各节点上的合力等于零的新的网格节点位置。原则上弹簧光顺模型可以用于任何一种网格体系，但是在非四面体网格区域（二维非三角形）中，需要满足下列条件。

（1）移动为单方向。

（2）移动方向垂直于边界。

2．层铺

对于棱柱型网格区域（六面体或楔形），可以应用层铺方法。层铺方法是根据紧邻运动边界网格层高度的变化，添加或减少动态层。即在边界发生运动时，如果紧邻边界的网格层高度增大到一定程度，就将其划分为两个网格层；如果网格层高度降低到一定程度，就将紧邻边界的两个网格层合并为一个层。动网格模型的应用有如下限制。

（1）与运动边界相邻的网格必须为楔形或六面体（二维四边形）网格。

（2）在滑动网格交界面以外的区域，网格必须被单面网格区域包围。

（3）如果网格周围区域中有双侧壁面区域，则必须首先将壁面和阴影区分割开，再用滑动交界面将二者耦合起来。

（4）如果动态网格附近包含周期性区域，则只能用 Fluent 的串行版求解；但是如果周期性区域被设置为周期性非正则交界面，则可以用 Fluent 的并行版求解。

3．重新划分网格

在使用非结构网格的区域上一般采用光顺方法进行动网格划分，但是如果运动边界的位移远远大于网格尺寸，则采用光顺方法可能导致网格质量下降，甚至出现体积为负值的网格，或因网格畸变过大导致计算不收敛。为了解决这个问题，Fluent 在计算过程中将畸变率过大或尺寸变化过于剧烈的网格集中在一起进行局部网格的重新划分，如果重新划分后的网格可以满足畸变率要求和尺寸要求，则用新的网格代替原来的网格，如果新的网格仍然无法满足要求，则放弃重新划分的结果。

在重新划分局部网格之前，首先需要将重新划分的网格识别出来。Fluent 中识别不合乎要求网格的判据有两个：一个是网格畸变率，另一个是网格尺寸，其中网格尺寸又分最大尺寸和最小尺寸。在计算过程中，如果一个网格的尺寸大于最大尺寸，或者小于最小尺寸，或者网格畸变率大于系统畸变率标准，则这个网格就被标记为需要重新划分的网格。在遍历所有动网格之后，再开始进行重新划分的过程。局部重划模型不仅可以调整体网格，也可以调整动边界上的表面网格。需要注意的是，局部重划模型仅能用于四面体网格和三角形网格。在定义了动边界面以后，如果在动边界面附近同时定义了局部重划模型，则动边界面上的表面网格必须满足下列条件。

（1）需要进行局部调整的表面网格是三角形（三维）或直线（二维）。

（2）将被重新划分的面网格单元必须紧邻动网格节点。

（3）表面网格单元必须处于同一个面上并构成一个循环。

（4）被调整单元不能是对称面（线）或正则周期性边界的一部分。

4．网格方法设置

当选择了网格方法后，单击"设置"按钮 设置……，弹出"网格方法设置"对话框，如图 12-2 所示，分别对应"光顺""层铺"和"重新划分网格"3 种网格方法的设置。

（1）光顺网格方法设置：分为"弹簧/Laplace/边界层""扩散"和"线性弹性固体"3 种设置方法。

➢ 弹簧/Laplace/边界层：选择该设置方法，单击"高级"按钮 高级...，弹出"网格光顺参数"对话框，如图 12-3（a）所示。此对话框用于设置泊松比、AMG 稳定、最大迭代次数及相对收敛容差等参数。

➢ 扩散：选择该设置方法，单击"高级"按钮 高级...，弹出"网格光顺参数"对话框，如图 12-3（b）所示。此对话框用于设置扩散函数、AMG 稳定、最大迭代次数及相对收敛容差等参数。

➢ 线性弹性固体：选择该设置方法，单击"高级"按钮 高级...，弹出"网格光顺参数"对话框，如图 12-3（c）所示。此对话框用于设置泊松比、AMG 稳定、最大迭代次数及相对收敛容差等参数。

（2）层铺网格方法设置：用于设置是基于高度来进行网格层铺还是基于网格高宽比来进行网格层铺的选择，以及设置网格拆分的高宽比的分离因子和控制网格合并到下一层的高宽比的坍塌因子。

（a）光顺设置　　　　　（b）层铺设置　　　　　（c）重新划分网格设置

图 12-2　"网格方法设置"对话框

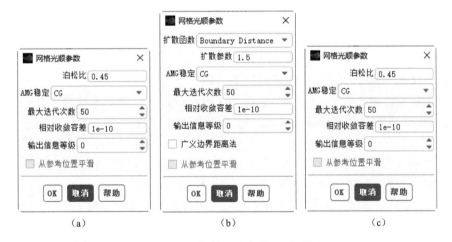

（a）　　　　　　　　　（b）　　　　　　　　　（c）

图 12-3　"网格光顺参数"对话框

（3）重新划分网格方法设置：用于设置是"基于方法的重新网格化"还是"统一网格重新划分"；进行重新划分网格的方法的选择和尺寸调整选项以及重新划分网格的长度参数的设置等。

12.2.2　动网格选项

用于特殊动网格类型的选择，包括"内燃机""6 自由度""周期位移""隐式更新"和"接触检测"等选项。当勾选了一种选项后，单击"设置"按钮 设置……，弹出"选项"对话框，同时对应的网格类型设置被激活。

12.2.3　创建动网格区域

在"动网格"任务面板中单击"创建/编辑"按钮 创建/编辑……，弹出"动网格区域"对话框，如

图 12-4 所示，包括"区域名称""动网格区域""类型""运动属性""几何定义""网格划分选项"和"求解器选项"等设置面板。

图 12-4 "动网格区域"对话框

（1）区域名称：用于选择创建动网格区域的名称。

（2）动网格区域：用于列出创建的所有动态区域。

（3）类型：包括"静止""刚体""变形""用户自定义"和"系统耦合"5 种类型。

1）静止：如果被指定区域为静止区域，则其设置过程如下。

①在"区域名称"下选择这个区域，并在"类型"下下勾选"静止"单选按钮。

②在"网格划分选项"面板中指定"邻近区域"的"单元高度"用于网格重新划分。

③单击"创建"按钮 ，完成设置。

2）刚体：如果被指定区域为刚体运动区域，则其设置过程如下。

①在"区域名称"下选择这个区域，并在"类型"下勾选"刚体"单选按钮。

②在"运动属性"面板下的"运动 UDF/离散分布"中确定究竟是用型函数还是用 UDF 来进行运动定义。

③在"重心位置"中定义刚体重心的初始位置。

④在"刚体方向"中定义重力在惯性系中的方向。

⑤单击"创建"按钮 ，完成设置。

3）变形：如果被指定区域为变形区域，则其设置过程如下。

①在"区域名称"中选择这个区域，并在"类型"下勾选"变形"单选按钮。

②在"定义几何"面板中定义变形区的几何特征。如果没有合适的几何形状，就在"定义"中选择"none"；如果变形区为平面，则选择"plane"并在"锥轴上的点"中定义平面上一点，同时在"平面法线"中定义法线方向；如果变形区为圆柱面，则选择"cylinder"，并同时定义"圆柱半径""圆柱原点""圆柱轴"；如果变形区几何形状需要用 UDF 来定义，则在"定义"中选择"user-defined"，并在"几何模型 UDF"中选择适当的函数。

③单击"创建"按钮 ，完成设置。

4）用户自定义：对于同时存在运动和变形的区域，只能使用 UDF 来定义其运动方式，定义步骤如下。

①在"区域名称"中选择需要定义的区域，并在"类型"下选择"用户自定义"单选按钮。

②在"运动属性"面板中的"网格运动 UDF/轮廓"下选择相应的 UDF 函数。

③单击"创建"按钮 [创建]，完成设置。

12.2.4　动网格预览

在设置好动网格模型及动网格区的运动方式后，可以通过预览的方式检查设置效果。单击"动网格"任务页面中的"预览网格运动"按钮 [预览网格运动...]，弹出"网格运动"对话框，如图 12-5 所示，具体操作如下。

（1）首先设置"时间步长"和"时间步数"。在计算过程中，当前时间将被显示在"当前网格时间"栏中。

（2）为了在图形窗口中预览网格变化过程，需要勾

图 12-5　"网格运动"对话框

选"选项"栏中的"显示网格"单选按钮，并在"显示频率"中设置显示频率数，即每分钟显示图幅数量。如果要保存显示的图形，则同时勾选"保存图片"单选按钮。

（3）单击"预览"按钮 [预览]，开始预览。

12.3　实例——水车运水

扫一扫，看视频

12.3.1　问题分析

水车是古代劳动人民智慧的产物，能够将河中的水由低处运送到高处，然后将水输送到水槽中，实现农业的灌溉。图 12-6（a）为水车模型图，本例就利用动网格来模拟水车的运水过程，如图 12-6（b）所示为水车模型的尺寸图。

（a）水车模型图

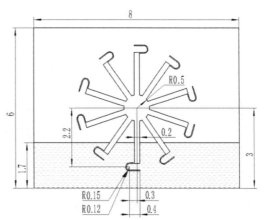

（b）水车模型尺寸图（单位：m）

图 12-6　水车运水

12.3.2　创建几何模型

01 启动 DesignModeler 建模器。打开 Workbench 程序，展开左侧工具箱中的"分析系统"栏，将工具箱里的"流体流动（Fluent）"选项拖动到"项目原理图"界面中，创建一个含有"流体流动（Fluent）"的项目模块。右击"几何结构"栏，在弹出的快捷菜单中选择"新的 DesignModeler 几何结构"命令，启动 DesignModeler 建模器。

02 设置单位。进入 DesignModeler 建模器后，首先设置单位。单击"单位"菜单，在弹出的下拉菜单中选择"米"选项，设置绘图环境的单位为米。

03 新建草图。选择树轮廓中的"XY 平面"命令✓★，然后单击工具栏中的"新草图"按钮🔊，新建一个草图。此时树轮廓中"XY 平面"分支下会多出一个名为"草图 1"的草图，然后右击"草图 1"，在弹出的快捷菜单中选择"查看"命令🔊，将视图切换为正视于"XY 平面"方向。

04 切换标签。单击树轮廓下端的"草图绘制"标签，打开"草图工具箱"，进入草图绘制环境。

05 绘制矩形草图。单击"草图工具箱"→"绘制"栏中的"矩形"按钮☐，在绘图区域中绘制一个矩形，然后单击"维度"栏中的"通用"按钮📏，标注尺寸，结果如图 12-7 所示。

06 绘制水车中心圆。单击"草图工具箱"→"绘制"栏中的"圆"按钮🔵，在原点绘制一个圆，然后单击"维度"栏中的"通用"按钮📏，标注尺寸，结果如图 12-8 所示。

07 绘制水桶。单击"草图工具箱""绘制"栏中的"圆"按钮🔵，在绘图区域绘制两个同心圆，然后单击"维度"栏中的"通用"按钮📏，标注尺寸，结果如图 12-9 所示。单击"草图工具箱"→"绘制"栏中的"切线"按钮🖊，绘制同心圆的 4 条切线，如图 12-10 所示。

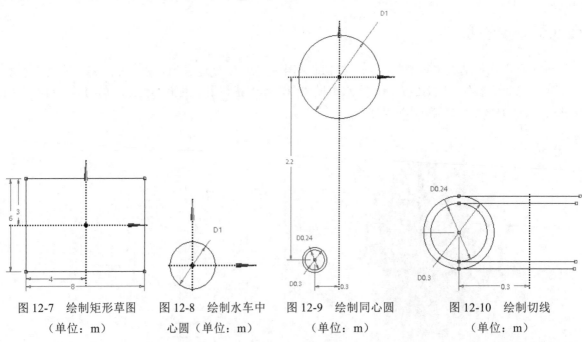

图 12-7　绘制矩形草图　　图 12-8　绘制水车中　　图 12-9　绘制同心圆　　图 12-10　绘制切线
（单位：m）　　　　心圆（单位：m）　　　　（单位：m）　　　　（单位：m）

08 绘制水车臂。单击"草图工具箱"→"绘制"栏中的"矩形"按钮☐，在绘图区域绘制一个矩形，然后单击"维度"栏中的"水平的"按钮🔛，标注水平尺寸，结果如图 12-11 所示。

09 修剪图形。单击"草图工具箱""修改"栏中的"修剪"按钮，在绘图区域修剪掉多余的线段，结果如图 12-12 所示。

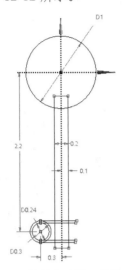 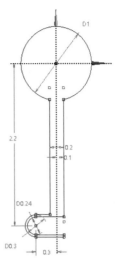

图 12-11 绘制水平臂（单位：m）　　　　图 12-12 修剪图形（单位：m）

10 复制水车臂和水桶。单击"草图工具箱"→"修改"栏中的"复制"按钮，并修改旋转角度"r"为 36°，比例系数"f"为 1，如图 12-13 所示。在绘图区域选中绘制的水车臂和水桶进行右击，在弹出的快捷菜单中选择"结束/设置粘贴句柄"命令，如图 12-14 所示。以鼠标选择原点作为旋转中心，再次右击，在弹出的快捷菜单中选择"绕 r 旋转"命令，如图 12-15 所示，然后再用鼠标选择原点，复制图形，结果如图 12-16 所示。重复右击，在弹出的快捷菜单中选择"绕 r 旋转"命令，复制图形，结果如图 12-17 所示。

11 修剪图形。单击"草图工具箱""修改"栏中的"修剪"按钮，在绘图区域修剪掉水车中心圆多余的线段。

图 12-13 修改旋转角度"r"和　　　图 12-14 选择"结束/设置　　　图 12-15 "绕 r 旋转"
比例系数"f"　　　　　　　　粘贴句柄"命令　　　　　　命令

12 创建草图表面。单击"概念"菜单，在弹出的下拉列表中选择"草图表面"命令，在弹出的"详细信息视图"中设置"基对象"为"草图 1"，设置"操作"为"添加材料"，单击"生成"按钮，完成模型的创建，结果如图 12-18 所示。

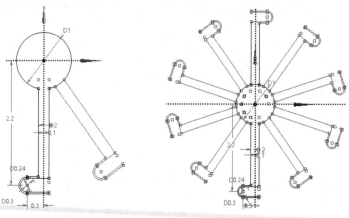

图 12-16　复制图形（单位：m）　　图 12-17　完成复制（单位：m）　　图 12-18　水车模型

12.3.3　划分网格及边界命名

01 启动 Meshing 网格应用程序。右击"流体流动（Fluent）"项目模块中的"网格"栏，在弹出的快捷菜单中选择"编辑"命令，启动 Meshing 网格应用程序。

02 全局网格设置。在轮廓树中单击"网格"分支，系统切换到"网格"选项卡。同时在左下角弹出"网格"的详细信息，设置"单元尺寸"为 100.0mm，如图 12-19 所示。

03 设置划分方法。单击"网格"选项卡"控制"面板中的"方法"按钮，左下角弹出"自动方法"的详细信息。设置"几何结构"为模型的表面几何体，设置"方法"为"三角形"，其余为默认设置，此时详细信息变为"所有三角形法"的详细信息，如图 12-20 所示。

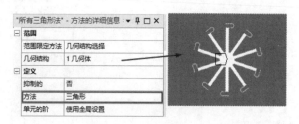

图 12-19　"网格"的详细信息　　　　　图 12-20　"所有三角形法"的详细信息

04 划分网格。单击"网格"选项卡"网格"面板中的"生成"按钮，系统自动划分网格。

05 边界命名。

（1）命名矩形外壁面名称。选择模型中的矩形边线，然后右击，在弹出的快捷菜单中选择

"创建命名选择"命令，弹出"选择名称"对话框，然后在文本框中输入"wall"（壁面），如图 12-21 所示，设置完成后单击该对话框的"OK"按钮，完成矩形外壁面的命名。

（2）命名水车壁面名称。采用框选的方法，选择模型中水车的所有边线，命名为"shuiche"。

06 将网格平移至 Fluent 中。完成网格划分及命名边界后，需要将划分好的网格平移到 Fluent 中。选择"模型树"中的"网格"分支，系统自动切换到"网格"选项卡，然后单击"网格"面板中的"更新"按钮🔂，系统弹出"信息"提示对话框，如图 12-22 所示，完成网格的平移。

图 12-21　命名矩形外壁面　　　　　　　　图 12-22　"信息"提示对话框

12.3.4　分析设置

01 启动 Fluent 应用程序。右击"流体流动（Fluent）"项目模块中的"设置"栏，在弹出的快捷菜单中选择"编辑"命令，如图 12-23 所示。弹出"Fluent Launcher 2022 R1（Setting Edit Only）"对话框，选择"Double Precision"（双精度）复选框，单击"Start"（启动）按钮，启动 Fluent 应用程序，如图 12-24 所示。

图 12-23　启动 Fluent 网格应用程序　　　　图 12-24　"Fluent Launcher 2022 R1（Setting Edit Only）"对话框

02 检查网格。单击任务页面"通用"设置"网格"栏中的"检查"按钮 <kbd>检查</kbd>，检查网格，当"控制台"中显示"Done."（完成）时，表示网格可用。

03 设置求解类型。在任务页面"通用"设置"求解器"栏中勾选"压力基"类型，勾选"时间"为"瞬态"，勾选"重力"复选框，激活"重力加速度"，设置 y 向加速度为-9.81m/s^2，如图 12-25 所示。

04 设置黏性模型。单击"物理模型"选项卡"模型"面板中的"黏性"按钮 ，弹出"黏性模型"对话框。在"模型"栏中勾选"k-epsilon（2 eqn）"单选按钮，在"k-epsilon 模型"栏中勾选"Realizable"（可实现）单选按钮，在"壁面函数"栏中勾选"标准壁面函数（SWF）"单选按钮，其余为默认设置，如图 12-26 所示。单击"OK"按钮，关闭该对话框。

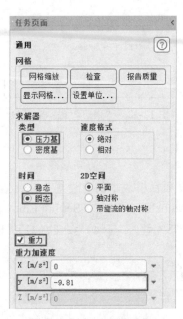

图 12-25　设置求解类型

图 12-26　"黏性模型"对话框

05 定义材料。单击"物理模型"选项卡"材料"面板中的"创建/编辑"按钮，弹出"创建/编辑材料"对话框，如图 12-27 所示。系统默认的流体材料为"air"（空气），需要再添加一个"水"材料。单击对话框中的"Fluent 数据库"按钮 <kbd>Fluent数据库...</kbd>，弹出"Fluent 数据库材料"对话框，在"Fluent 流体材料"栏中选择"water-liquid（h2o <l>）"（液体水）材料，如图 12-28 所示，单击"复制"按钮，复制该材料，再单击"关闭"按钮，关闭"Fluent 数据库材料"对话框，返回"创建/编辑材料"对话框，单击"关闭"按钮，关闭"创建/编辑材料"对话框。

06 设置多相流模型。

（1）设置模型。单击"物理模型"选项卡"模型"面板中的"多相流"按钮，弹出"多相流模型"对话框，在"模型"栏中勾选"VOF"单选按钮，其余为默认设置，如图 12-29 所示，单击"应用"按钮。

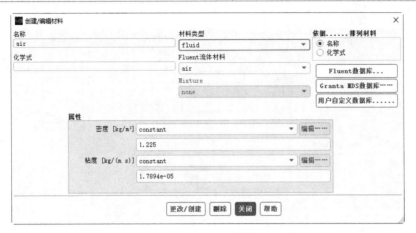

图 12-27　"创建/编辑材料"对话框

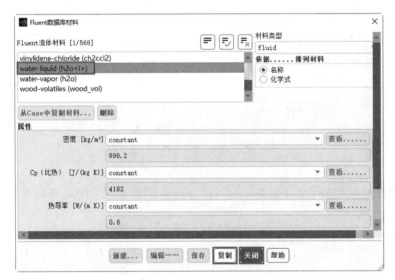

图 12-28　"Fluent 数据库材料"对话框

图 12-29　"多相流模型"对话框

（2）设置相。在"多相流模型"对话框中单击"相"选项卡，切换到"相"面板。在左侧的
"相"列表中选择"phase-1-Primary Phase"（主相）；在右侧的"相设置"中设置"名称"为"air"
（空气），设置"相材料"为"air"（空气），如图 12-30 所示。同理设置"phase-2-Secondary Phase"
（第二相）的名称为"water"（空气），设置"相材料"为"water-liquid"（液体水），然后单
击"应用"按钮 应用 。

（3）设置相间相互作用。在"多相流模型"对话框中单击"相间相互作用"选项卡，切换到
"相间相互作用"面板。在左侧的"相间作用"列表中选择"air water"（空气-水），在"全局选
项"中勾选"表面张力模型"复选框，设置"模型"为"连续表面力"；在右侧的"相间作用力
设置"栏中设置"表面张力系数"为"constant"（常数），设置"constant"（常数）值为 0.072，
如图 12-31 所示。单击"应用"按钮 应用 ，再单击"关闭"按钮 关闭 ，关闭"多相流模型"对话框。

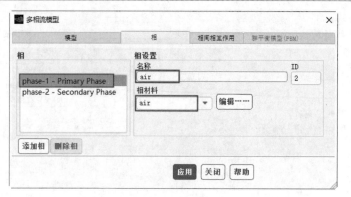

图 12-30　设置相

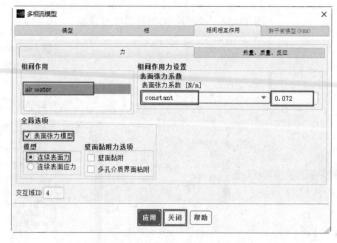

图 12-31　设置相间相互作用

07 编写并读入 Profile 文件。

（1）编写 Profile 文件。使用计算机新建一个.txt 文件，编写以下内容作为本例中的边界函数，然后以"shuiche"作为文件名保存文件。

```
((shuiche transient 3 0)
(time 0 1 2)
(omega_z 1 1 1))
```

（2）读入 Profile 文件。单击"文件"菜单，在展开的下拉菜单中选择"读入"下一级菜单中的"Profile"命令，打开"Select File"（选择文件）对话框，设置"Files of type"（文件类型）为"All Files（*）"（所有类型），找到编写的 Profile 文件，如图 12-32 所示。单击"OK"按钮 ，读入 Profile 文件。

08 设置动网格。

（1）设置网格方法。单击"域"选项卡"网格模型"面板中的"动网格"按钮，任务页面切换为"动网格"。在"动网格"下方勾选"动网格"单选按钮，激活动网格的设置。在"网格方法"面板中勾选"光顺"和"重新划分网格"复选框，然后单击"设置"按钮，打开"网格方法设置"对话框，在"光顺"面板中勾选"弹簧/Laplace/边界层"单选按钮，如图 12-33 所示。切换到"重新划分网格"面板，在"尺寸调整选项"中单击"默认"按钮，如图 12-34 所示，然后单击"OK"按钮，关闭"网格方法设置"对话框。

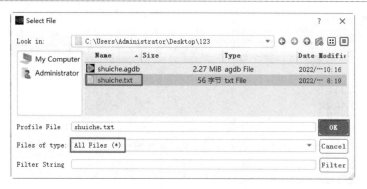

图 12-32　读入 Profile 文件

图 12-33　设置"光顺"面板

图 12-34　设置"重新划分网格"面板

（2）创建动网格。单击"动网格"任务页面中的"创建/编辑"按钮，打开"动网格区域"对话框。在"区域名称"中选择"shuiche"，在"运动属性"面板中的"运动 UDF/离散分布"中选择创建的 Profile 文件定义的运动"shuiche"，其余为默认设置，如图 12-35 所示。单击"创建"按钮 创建 ，创建动网格。

（3）创建静止网格。在"动网格区域"对话框中设置"区域名称"为"wall"，在"类型"面板中勾选"静止"单选按钮，其余为默认设置，如图 12-36 所示。单击"创建"按钮 创建 ，创建静止网格，然后单击"关闭"按钮 关闭 ，关闭"动网格区域"对话框。

09 区域标记。单击"域"选项卡"自适应"面板中的"自动"按钮 ，打开"网格自适应"对话框，如图 12-37 所示。单击"单元标记"下拉菜单中的"创建"→"区域"命令，打开"区域标记"对话框，如图 12-38 所示，设置"名称"为"shui"，在"输入坐标"面板中设置"X最小值"为-4、"X 最大值"为 4、"Y 最小值"为-3、"Y 最大值"为-1.3，然后单击"保存/显示"按钮 保存/显示 ，在图形区域显示标记的"shui"区域，如图 12-39 所示。单击"关闭"按钮 关闭 ，返回"网格自适应"对话框，单击"关闭"按钮 ，关闭该对话框。

文版 ANSYS Fluent 2022 流体分析从入门到精通（实战案例版）

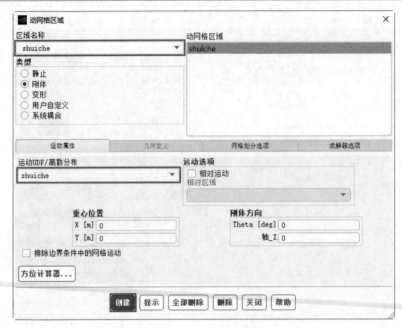

图 12-35　创建动网格

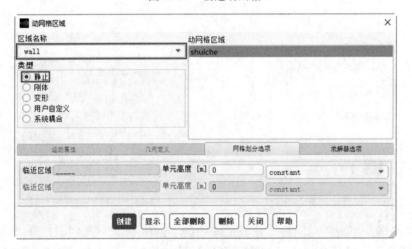

图 12-36　创建静止网格

图 12-37　"网格自适应"对话框

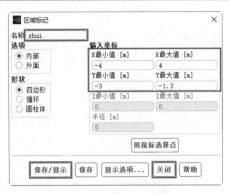

图 12-38 "区域标记"对话框

图 12-39 标记的"shui"区域

12.3.5 求解设置

01 设置求解方法。单击"求解"选项卡"求解"面板中的"方法"按钮，任务页面切换为"求解方法"，采用默认设置，如图 12-40 所示。

02 流场初始化。

（1）整体初始化。单击"求解"选项卡"初始化"面板中的"初始化"按钮，系统自动进行进行初始化。

（2）局部初始化。单击"求解"选项卡"初始化"面板中的"局部初始化"按钮，弹出"局部初始化"对话框。在"相"列表中选择"water"（水），在"Variable（变量）"栏中选择"Volume Fraction"（体积分数），在"待修补区域"中选择"shui"，设置"值"为 1，如图 12-41 所示。单击"局部初始化"按钮，进行局部初始化，然后单击"关闭"按钮，关闭该对话框。

图 12-40 设置求解方法

图 12-41 "局部初始化"对话框

（3）查看初始化效果。单击"结果"选项卡"图形"面板"云图"下拉菜单中的"创建"命令，打开"云图"对话框。设置"云图名称"为"contour-1"（等高线-1），设置"着色变量"为"Phases"（相），设置"相"值为"water"（水），如图 12-42 所示。单击"保存/显示"按钮，显示初始相云图，如图 12-43 所示。

图 12-42　"云图"对话框

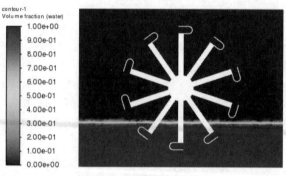

图 12-43　初始相云图

03 设置解决方案动画。单击"求解"选项卡"活动"面板"创建"下拉列表中的"解决方案动画"命令，如图 12-44 所示，弹出"动画定义"对话框，设置"记录间隔"为 4，设置"动画对象"为"contour-1"，然后单击"使用激活"按钮 使用激活 ，再单击"OK"按钮 OK ，关闭该对话框，如图 12-45 所示。

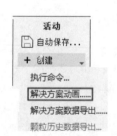

图 12-44　解决方案动画

图 12-45　新建颗粒轨迹图

12.3.6　求解

单击"求解"选项卡"运行计算"面板中的"运行计算"按钮，任务页面切换为"运行计算"。在"参数"栏中设置"时间步数"为 4000，设置"时间步长"为 0.002，设置"最大迭代数/时间步"为 5，其余为默认设置，如图 12-46 所示。单击"开始计算"按钮，开始求解，计算完成后弹出提示对话框。单击"OK"按钮，完成求解。

图 12-46　求解设置

12.3.7　查看求解结果

01 查看云图。

（1）查看相云图。在"概要视图"列表中展开"结果"分支中的"图形"列表，找到"云图"将其展开，然后右击创建的相云图，如图 12-47 所示，重新打开"云图"对话框，在该对话框中单击"保存/显示"按钮，显示计算后的相云图，如图 12-48 所示。

（2）查看速度云图。在"云图"对话框中设置"着色变量"为"Velocity"（速度），然后单击"保存/显示"按钮，显示速度云图，如图 12-49 所示。

图 12-47　右击相云图

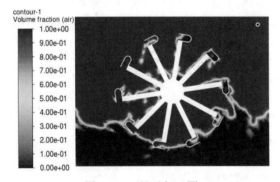

图 12-48　显示相云图

图 12-49　速度云图

02 查看残差图。单击"结果"选项卡"绘图"面板中的"残差"按钮 ，打开"残差监控器"对话框，采用默认设置，如图 12-50 所示。单击"绘图"按钮，显示残差图，如图 12-51 所示。

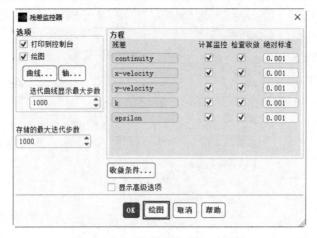

图 12-50　"残差监控器"对话框

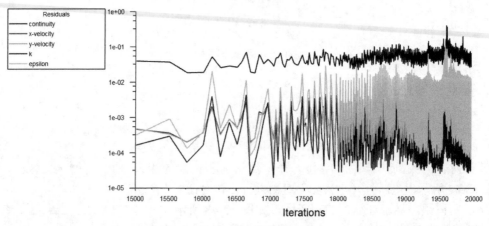

图 12-51　残差图

03 查看动画。单击"结果"选项卡"动画"面板中的"求解结果回放"按钮▦▦，弹出"播放"对话框，如图 12-52 所示。单击"播放"按钮▶，播放动画，查看粒子轨迹动画。

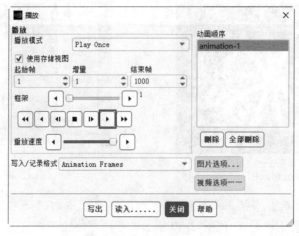

图 12-52　"播放"对话框

12.4　实例——小球落水

12.4.1　问题分析

小球落水是生活中常见的一种现象。本例计算小球自空气中坠入水中的过程，观察小球坠落过程中流场的变化情况，同时监测小球重心的运动规律。小球位于水面上 3m 处，小球直径为 0.4m，下方水深为 5m，计算区域为高 10m、宽 10m 的矩形。图 12-53 为小球落水现象及模型尺寸图。

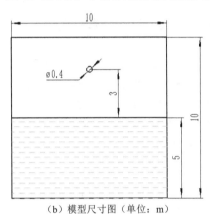

（a）小球落水瞬间　　　　　　　　（b）模型尺寸图（单位：m）

图 12-53　小球落水

12.4.2　创建几何模型

01 启动 DesignModeler 建模器。打开 Workbench 程序，展开左侧工具箱中的"分析系统"栏，将工具箱里的"流体流动（Fluent）"选项拖动到"项目原理图"界面中，创建一个含有"流体流动（Fluent）"的项目模块。右击"几何结构"栏，在弹出的快捷菜单中选择"新的 DesignModeler 几何结构"命令，启动 DesignModeler 建模器。

02 设置单位。进入 DesignModeler 建模器后，首先设置单位。单击"单位"菜单，在弹出的下拉菜单中选择"米"选项，设置绘图环境的单位为米。

03 新建草图。选择树轮廓中的"XY 平面"命令 ★，然后单击工具栏中的"新草图"按钮 ，新建一个草图。此时树轮廓中"XY 平面"分支下会多出一个名为"草图 1"的草图，然后右击"草图 1"，在弹出的快捷菜单中选择"查看"命令 ，将视图切换为正视于"XY 平面"方向。

04 切换标签。单击树轮廓下端的"草图绘制"标签，打开"草图工具箱"，进入草图绘制环境。

05 绘制草图 1。利用"草图工具箱"中的工具绘制小球和计算区域草图，单击"生成"按钮 ，完成草图 1 的绘制，如图 12-54 所示。

06 创建草图表面。单击"概念"菜单，在弹出的下拉列表中选择"草图表面"命令 ，在弹出的"详细信息视图"中设置"基对象"为"草图 1"，设置"操作"为"添加材料"，如图 12-55 所示，单击"生成"按钮 ，完成模型的创建，结果如图 12-56 所示。

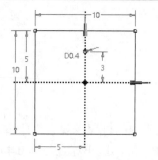

图 12-54　绘制草图 1（单位：m）

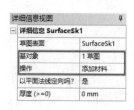

图 12-55　详细信息视图

图 12-56　创建模型

12.4.3　划分网格及边界命名

01 启动 Meshing 网格应用程序。右击"流体流动（Fluent）"项目模块中的"网格"栏，在弹出的快捷菜单中选择"编辑"命令，启动 Meshing 网格应用程序。

02 全局网格设置。在轮廓树中单击"网格"分支，系统切换到"网格"选项卡。同时在左下角弹出"网格"的详细信息，设置"单元尺寸"为 100.0mm，如图 12-57 所示。

03 设置划分方法。单击"网格"选项卡"控制"面板中的"方法"按钮 ，左下角弹出"自动方法"的详细信息，设置"几何结构"为模型的表面几何体，设置"方法"为"三角形"，其余为默认设置，此时详细信息变为"所有三角形法"的详细信息，如图 12-58 所示。

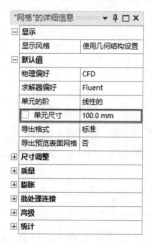

图 12-57　"网格"的详细信息

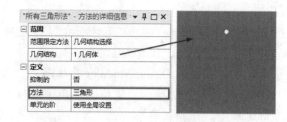

图 12-58　"所有三角形法"的详细信息

04 划分网格。单击"网格"选项卡"网格"面板中的"生成"按钮 ，系统自动划分网格。

05 边界命名。

（1）命名矩形外壁面。选择模型中矩形边线，然后右击，在弹出的快捷菜单中选择"创建命名选择"命令，弹出"选择名称"对话框，然后在文本框中输入"wall"（壁面），如图 12-59 所示，设置完成后单击该对话框的"OK"按钮，完成矩形外壁面的命名。

（2）命名小球壁面。采用框选的方法，选择模型中小球的所有边线，命名为"ball"。

06 将网格平移至 Fluent 中。完成网格划分及命名边界后，需要将划分好的网格平移到 Fluent 中。选择"模型树"中的"网格"分支，系统自动切换到"网格"选项卡，然后单击"网格"面板中的"更新"按钮 ，系统弹出"信息"提示对话框，如图 12-60 所示，完成网格的平移。

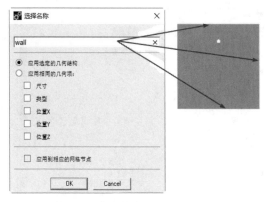

图 12-59　命名矩形外壁面

图 12-60　信息提示对话框

12.4.4　分析设置

01 启动 Fluent 应用程序。右击"流体流动（Fluent）"项目模块中的"设置"栏，在弹出的快捷菜单中选择"编辑"命令，如图 12-61 所示。弹出"Fluent Launcher 2022 R1（Setting Edit Only）"对话框，选择"Double Precision"（双精度）复选框，单击"Start"（启动）按钮，启动 Fluent 应用程序，如图 12-62 所示。

图 12-61　启动 Fluent 网格应用程序

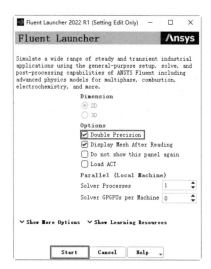

图 12-62　"Fluent Launcher 2022 R1（Setting Edit Only）"对话框

02 检查网格。单击任务页面"通用"设置"网格"栏中的"检查"按钮 检查 ，检查网格，当"控制台"中显示"Done."（完成）时，表示网格可用。

03 设置求解类型。在任务页面"通用"设置"求解器"栏中勾选"压力基"类型，勾选"时间"为"瞬态"，勾选"重力"复选框，激活"重力加速度"，设置 y 向加速度为-9.81m/s²，如图 12-63 所示。

04 设置黏性模型。单击"物理模型"选项卡"模型"面板中的"黏性"按钮，弹出"黏性模型"对话框，在"模型"栏中勾选"k-omega（2 eqn）"单选按钮，在"k-omega 模型"栏中勾选"SST"单选按钮，其余为默认设置，如图 12-64 所示。单击"OK"按钮，关闭该对话框。

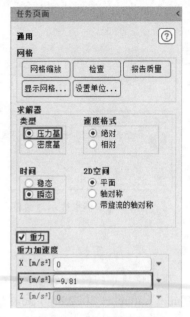

图 12-63 设置求解类型

图 12-64 "黏性模型"对话框

05 定义材料。单击"物理模型"选项卡"材料"面板中的"创建/编辑"按钮，弹出"创建/编辑材料"对话框，如图 12-65 所示。系统默认的流体材料为"air"（空气），需要再添加一个"水"材料。单击对话框中的"Fluent 数据库"按钮 Fluent数据库... ，弹出"Fluent 数据库材料"对话框，在"Fluent 流体材料"栏中选择"water-liquid（h2o <l>）"（液体水）材料，如图 12-66 所示。单击"复制"按钮 复制 ，复制该材料，再单击"关闭"按钮 关闭 ，关闭"Fluent 数据库材料"对话框，返回"创建/编辑材料"对话框，单击"关闭"按钮 关闭 ，关闭"创建/编辑材料"对话框。

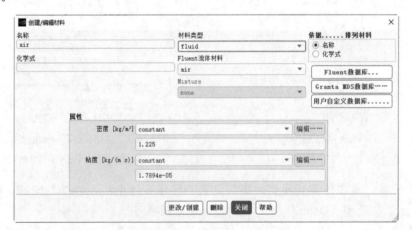

图 12-65 "创建/编辑材料"对话框

06 设置多相流模型。

（1）设置模型。单击"物理模型"选项卡"模型"面板中的"多相流"按钮，弹出"多相流模型"对话框。在"模型"栏中勾选"VOF"单选按钮，其余为默认设置，如图 12-67 所示，单击"应用"按钮 应用 。

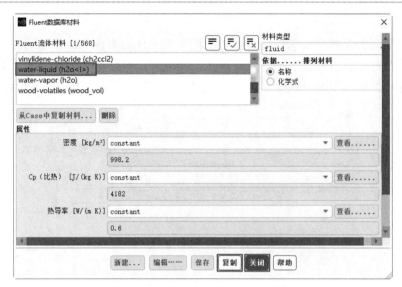

图 12-66 "Fluent 数据库材料"对话框

（2）设置相。在"多相流模型"对话框中单击"相"选项卡，切换到"相"面板。在左侧的"相"列表中选择"phase-1-Primary Phase"（主相）；在右侧的"相设置"中设置"名称"为"air"（空气），设置"相材料"为"air"（空气），如图 12-68 所示。同理设置"phase-2-Secondary Phase"（第二相）的名称为"water"（空气），设置"相材料"为"water-liquid"（液体水），然后单击"应用"按钮 应用。

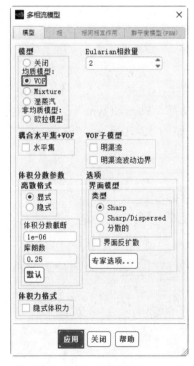

图 12-67 "多相流模型"对话框　　　　　　图 12-68 设置相

（3）设置相间相互作用。在"多相流模型"对话框中单击"相间相互作用"选项卡，切换到

"相间相互作用"面板。在左侧的"相间作用"列表中选择"air water"（空气-水），在"全局选项"中勾选"表面张力模型"复选框，设置"模型"为"连续表面力"；在右侧的"相间作用力设置"栏中设置"表面张力系数"为"constant"（常数），设置"constant"（常数）值为 0.072，如图 12-69 所示。单击"应用"按钮 应用 ，再单击"关闭"按钮 关闭 ，关闭"多相流模型"对话框。

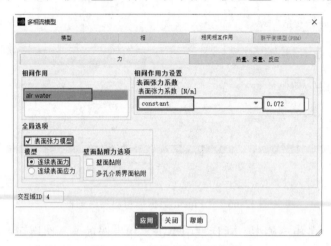

图 12-69　设置相间相互作用

07 编写并读入 Profile 文件。

（1）编写 Profile 文件。用计算机新建一个.txt 文件，编写以下内容作为本例中的边界函数，然后以"xiaoqiu"作为文件名保存文件。

```
((xiaoqiu 3 point)
(time 0 0.01 0.05)
(v_x 0 0 0)
(v_y 0 -200 -200))
```

（2）读入 Profile 文件。单击"文件"菜单，在展开的下拉菜单中选择"读入"下一级菜单中的"Profile"命令，打开"Select File"（选择文件）对话框。设置"Files of type"（文件类型）为"All Files（*）"（所有类型），找到编写的 Profile 文件，如图 12-70 所示。单击"OK"按钮 OK ，读入 Profile 文件。

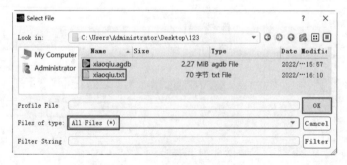

图 12-70　读入 Profile 文件

08 设置动网格。

（1）设置网格方法。单击"域"选项卡"网格模型"面板中的"动网格"按钮，任务页面切换为"动网格"，在"动网格"下方勾选"动网格"单选按钮，激活动网格的设置。在"网格方法"面板中勾选"光顺"和"重新划分网格"复选框，然后单击"设置"按钮 设置......，打开"网格方法设置"对话框，在"光顺"面板中勾选"弹簧/Laplace/边界层"单选按钮，如图 12-71 所示。切换到"重新划分网格"面板，在"尺寸调整选项"中单击"默认"按钮 默认，如图 12-72 所示。单击"OK"按钮，关闭"网格方法设置"对话框。

图 12-71　设置"光顺"面板

图 12-72　设置"重新划分网格"面板

（2）创建动网格。单击"动网格"任务页面中的"创建/编辑"按钮，打开"动网格区域"对话框。在"区域名称"中选择"ball"，在"运动属性"面板中的"运动 UDF/离散分布"中选择创建的 Profile 文件定义的运动"xiaoqiu"，其余为默认设置，如图 12-73 所示。单击"创建"按钮 创建，创建动网格。

图 12-73　创建动网格

（3）创建静止网格。在"动网格区域"对话框中设置"区域名称"为"wall"，在"类型"面板中勾选"静止"单选按钮，其余为默认设置，如图 12-74 所示，单击"创建"按钮 创建 ，创建静止网格，然后单击"关闭"按钮 关闭 ，关闭"动网格区域"对话框。

图 12-74　创建静止网格

09 区域标记。单击"域"选项卡"自适应"面板中的"自动"按钮 ，打开"网格自适应"对话框，如图 12-75 所示。单击"单元标记"下拉菜单中的"创建"→"区域"命令，打开"区域标记"对话框，如图 12-76 所示，设置"名称"为"shui"，在"输入坐标"面板中设置"X 最小值"为-5、"X 最大值"为 5、"Y 最小值"为-5、"Y 最大值"为 0，然后单击"保存/显示"按钮 保存/显示 ，在图形区域显示标记的"shui"区域，如图 12-77 所示。单击"关闭"按钮 关闭 ，返回"网格自适应"对话框，然后单击"关闭"按钮 ，关闭该对话框。

图 12-75　"网格自适应"对话框

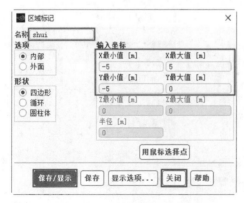

图 12-76　"区域标记"对话框

图 12-77　标记的"shui"区域

12.4.5　求解设置

01 设置求解方法。单击"求解"选项卡"求解"面板中的"方法"按钮，任务页面切换为"求解方法"，采用默认设置，如图 12-78 所示。

02 流场初始化。

（1）整体初始化。单击"求解"选项卡"初始化"面板中的"初始化"按钮，系统自动进行初始化。

（2）局部初始化。单击"求解"选项卡"初始化"面板中的"局部初始化"按钮，弹出"局部初始化"对话框。在"相"列表中选择"water"（水），在"Variable（变量）"栏中选择"Volume Fraction"（体积分数），在"待修补区域"中选择"shui"，设置"值"为1，如图 12-79 所示。单击"局部初始化"按钮，进行局部初始化，然后单击"关闭"按钮，关闭该对话框。

图 12-78　设置求解方法　　　　　　图 12-79　"局部初始化"对话框

（3）查看初始化效果。单击"结果"选项卡"图形"面板"云图"下拉菜单中的"创建"命令，打开"云图"对话框。设置"云图名称"为"contour-1"（等高线-1），设置"着色变量"为"Phases"（相），设置"相"值为"water"（水），如图 12-80 所示。单击"保存/显示"按钮，显示初始相云图，如图 12-81 所示。

03 设置解决方案动画。单击"求解"选项卡"活动"面板"创建"下拉列表中的"解决方案动画"命令，如图 12-82 所示，弹出"动画定义"对话框，设置"记录间隔"为4，设置"动

文版 *ANSYS Fluent 2022* 流体分析从入门到精通（实战案例版）

画对象"为 contour-1，然后单击"使用激活"按钮 使用激活 ，如图 12-83 所示。单击"OK"按钮 OK ，关闭该对话框。

图 12-80 "云图"对话框

图 12-81 初始相云图

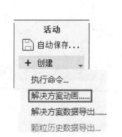

图 12-82 解决方案动画

图 12-83 "动画定义"对话框

12.4.6 求解

单击"求解"选项卡"运行计算"面板中的"运行计算"按钮，任务页面切换为"运行计算"。在"参数"栏中设置"时间步数"为 400，设置"时间步长"为 0.0001，其余为默认设置，如图 12-84 所示。单击"开始计算"按钮，开始求解，计算完成后弹出提示对话框，单击"OK"按钮，完成求解。

图 12-84　求解设置

12.4.7　查看求解结果

01 查看云图。

（1）查看相云图。在"概要视图"列表中展开"结果"分支中的"图形"列表，找到"云图"将其展开，然后右击创建的相云图，如图 12-85 所示，重新打开"云图"对话框，在该对话框中单击"保存/显示"按钮，显示计算后的相云图，如图 12-86 所示。

图 12-85　右击相云图

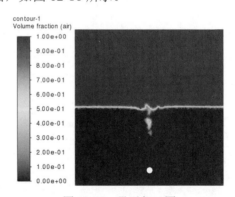

图 12-86　显示相云图

（2）查看速度云图。在"云图"对话框中设置"着色变量"为"Velocity"（速度），然后单击"保存/显示"按钮，显示速度云图，如图 12-87 所示。

02 查看残差图。单击"结果"选项卡"绘图"面板中的"残差"按钮，打开"残差监控器"对话框，采用默认设置，如图 12-88 所示。单击"绘图"按钮，显示残差图，如图 12-89 所示。

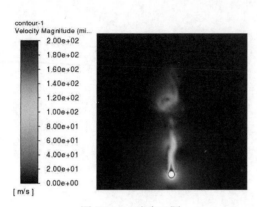

图 12-87　速度云图

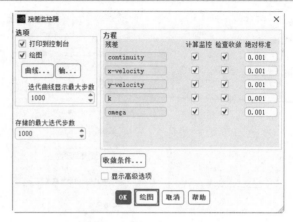

图 12-88　"残差监控器"对话框

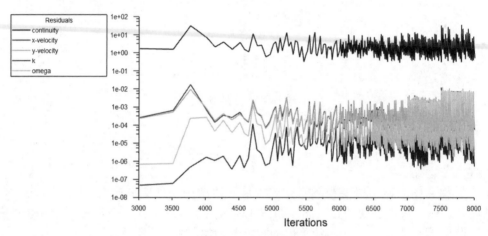

图 12-89　残差图

03 查看动画。单击"结果"选项卡"动画"面板中的"求解结果回放"按钮▦，弹出"播放"对话框，如图 12-90 所示。单击"播放"按钮▸，播放动画，查看粒子轨迹动画。

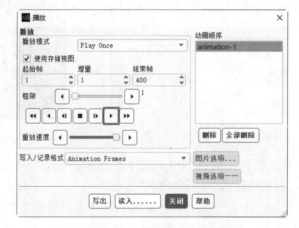

图 12-90　"播放"对话框

第 13 章　UDF 使用简介

内容简介

　　UDF（User-Defined Function）是指用户定义函数。本章介绍 UDF 的基础知识、UDF 宏以及 UDF 的解释和编译，重点介绍 UDF 宏和常用宏的功能，使读者初步了解 UDF 的基本理论和使用方法，并通过实例操作帮助读者掌握 UDF 的基本用法，为实际应用打下基础。

内容要点

- ➢ UDF 基础
- ➢ UDF 宏
- ➢ UDF 的解释和编译
- ➢ 实例——金属铸造凝固过程

案例效果

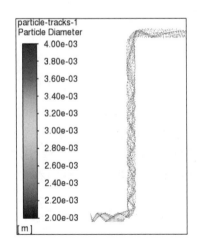
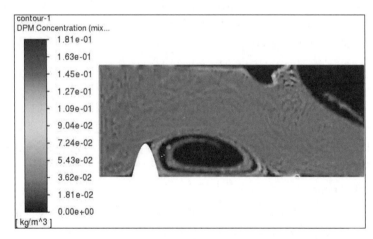

13.1 UDF 基础

UDF 概念出现在 MySQL、Interbase、Firebird 中，是用户自编的程序，它可以动态地连接到 Fluent 求解器来提高求解器性能。

13.1.1 UDF 概述

UDF 用 C 语言编写，使用 DEFINE 宏来定义。UDF 中可以使用标准 C 语言的库函数，也可以使用 Fluent Inc.提供的预定义宏。通过这些预定义宏可以获得 Fluent 求解器得到的数据。

UDF 使用时可以被当作解释函数或编译函数。解释函数在运行时读入并解释，而编译函数则在编译时被嵌入共享库中与 Fluent 连接。解释函数用起来简单，但是有源代码和速度方面的限制。

编译函数执行起来较快，也没有源代码限制，但设置和使用较为麻烦。

基本用户定义函数是一类代码，对 MySQL 服务器功能进行扩充，通过添加新函数，性质就像使用本地 MySQL 函数 abs()或 concat()。

在 Fluent 中 UDF 可以完成各种不同的任务。如果它们在 udf.h 文件中没有被定义为 void，那么可以返回一个值。如果没有返回一个值，则还可以修改一个哑元，或是修改一个没有被作为哑元传递的变量，或者借助示例文件和数据文件执行输入输出任务。现在简要介绍一下 UDF 的一些功能。

> ➢ 定制边界条件、定义材料属性、定义表面和体积反应率、定义 Fluent 输运方程中的源项、用户自定义标量输运方程（UDS）中的源项扩散率函数等。
> ➢ 在每次迭代的基础上调节计算值。
> ➢ 方案的初始化。
> ➢ （需要时）UDF 的异步执行。
> ➢ 后处理功能的改善。
> ➢ Fluent 模型的改进（例如离散项模型、多项混合物模型、离散发射辐射模型）。

UDF 的源文件只能以扩展名“.c”保存。通常源文件只有一个 UDF，但是也允许在一个文件中包含多个前后相连的 UDF。源文件在 Fluent 中既可以被解释也可以被编译。对于解释型 UDF，源文件直接被加载和解释；而对于编译型 UDF，首先要建立一个共享的目标模块库，然后将它加载到 Fluent 中。

一旦解释或编译了 UDF，相应的 UDF 名字将在 Fluent 窗口中出现，并在相应的对话框中通过选择这个函数将其连接到一个求解器中去。

13.1.2 Fluent 网格拓扑

网络拓扑结构是指用传输媒介互连各种设备的物理布局。流场的网格由大量控制体或单元组成，每个单元都是由一组网格点（或节点）、一个单元中心和包围这个单元的面所定义的。表 13-1 是对网格实体的定义。图 13-1 和图 13-2 分别为简单的二维和三维网格。

单元和单元面组成了代表流场各个部分区域（进口、出口、壁面和流动区域等）。一个面围住的是一个还是两个单元（c0 和 c1）取决于它是一个边界面还是一个内部面。如果是边界面，那么仅有 c0 存在（对于一个边界面，不定义 c1）；如果是内部面，则需要同时定义 c0 和 c1 单元。一个面两侧的单元可以属于同一个单元线程，也可以属于另一个单元线程。

表 13-1 网格实体的定义

名　　称	含　　义
单元（cell）	区域被分割成的控制容积
单元中心（cell center）	Fluent 中场数据存储的地方
面（face）	单元（2D 或 3D）的边界
边（edge）	面（3D）的边界
节点（node）	网格点
单元线索（cell thread）	在其中分配了材料数据和源项的单元组
面线索（face_thread）	在其中分配了边界数据的面组
节点线索（node thread）	节点组
区域（domain）	由网格定义的所有节点、面和单元线索的组合

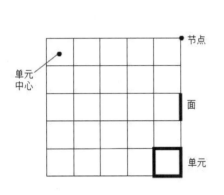

图 13-1　简单的二维网格

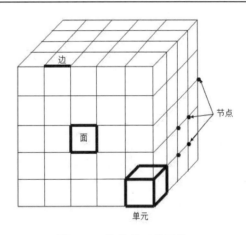

图 13-2　简单的三维网格

13.1.3　Fluent 数据类型

除了标准的 C 语言数据类型（如 real、int 等）可用于 UDF 中定义数据外，还有几个 Fluent 指定的与求解器数据相关的数据类型。这些数据类型描述了 Fluent 中定义的网格的计算单位。使用这些数据类型定义的变量既有代表性地补充了 DEFINE macros 的自变量，也补充了其他专门访问 Fluent 求解器数据的函数。

一些经常使用的 Fluent 数据类型如下。

➤ cell_t 是线索（thread）内单元标识符的数据类型。它是一个识别给定线索内单元的整数下标。

➤ face_t 是线索内面标识符的数据类型。它是一个识别给定线索内面的整数下标。

➤ Thread 数据类型是 Fluent 中的数据结构。它充当了一个与它描述的单元或面的组合相关的数据容器。

➤ Node 数据类型是 Fluent 中的数据结构。它充当了一个与单元或面的拐角相关的数据容器。

➤ Domain 数据类型代表了 Fluent 中最高水平的数据结构。它充当了一个与网格中所有节点、面和单元线索组合相关的数据容器。

13.2　UDF 宏

13.2.1　UDF 中访问 Fluent 变量的宏

Fluent 提供了一系列预定义函数来从求解器中读写数据。这些函数以宏的形式存放在代码中。本小节所列出的宏是被定义在扩展名为.h 的文件中的，例如 mem.h、metric.h 和 dpm.h。在 udf.h 文件中包含了宏的定义和本章所用到的大部分宏文件和它的说明。因此如果在原程序中包含了 udf.h 文件，那么也就包含了各种的求解器读写文件了。

下面列出了一些变量，这些变量需要使用预先设计的宏来进行读写。

- ➢ 溶液变量及它们的组合变量（速度、温度、湍流量等）。
- ➢ 几何变量（坐标、面积、体积等）。
- ➢ 网格和节点变量（节点速度等）。
- ➢ 材料性质变量（密度、黏度、导电性等）。
- ➢ 分散相模拟变量。

除了指定的热量数据以外，存取数据还指定读写数据。而对于指定的热量数据是只能读不能修改的。下文将列出每一个宏所包含的参数、参数类型和返回值，其参数的数据类型如下所示。

- ➢ cell_t c：单元格标识符。
- ➢ face_t：面积标识符。
- ➢ Thread *t：线指示器。
- ➢ Thread **pt：象限矩阵指示器。
- ➢ Int I：整数。
- ➢ Node *node：节点指示器。

1. 单元宏

单元宏是由求解器返回的实数变量，并且这些变量都在一个单元格中定义。

（1）用来读写单元流体变量的宏。在 Fluent 中可以用来读写流体变量的宏见表 13-2。表中，_G、_RG、_M1 和_M2 这些下标的单元格温度的宏可以应用于除了单元格压力（C-P）外表中所有求解器的变量中，它们分别表示的是矢量梯度、改造的矢量梯度、前一次的步长和前两次的步长。而对于单元格压力，它的矢量梯度和相应的分量是使用 C_DP 得到的，而不是 C_P_G。每一个标的描述和用法如下。

1）读写梯度矢量和其分量。在宏中加入_G 可以得到梯度矢量和它的分量，例如，C_T_G(c,t) 返回单元格的温度梯度矢量。注意，只有当已经求解出包含这个变量的方程时才能得到梯度变量。如果定义了一个关于能量的原程序，那么 UDF 可以读写单元格的温度梯度（使用 C_T_G），却不能读写 X 方向的速度分量（使用 C_U_G）。

在调用梯度矢量时把某一分量作为参数，这样就可以得到梯度分量了（参数 0 代表 X 方向的分量，1 代表 Y 方向的分量，2 代表 Z 方向的分量），例如，C_T_G(c,t)[0] 返回温度梯度 X 方向的分量。注意，在表中虽然只列出了温度梯度和其分量求解的宏，但是却可以扩展到除了压力以外的所有变量中去，对于压力只能按照表中的方法使用 C_DP 来得到压力梯度和其分量。

2）读写改造过的梯度矢量和其分量。通过加入_RG 可以在宏中得到梯度向量和它的分量。通过使用恰当的整数作为参数来获得想要的矢量分量。当完成插补计划时，可以使用改造过的梯度。改造过的温度梯度和其分量已经在表 13-2 中列出，而且可以推广到所有的变量中。注意改造过的梯度矢量和梯度矢量一样都只有在梯度方程被求解出来时才可以得到。

表 13-2　在 mem.h 文件中的流体变量宏

名称（参数）	参数类型	返回值
C_T(c,t)	cell_t c, Thread *t	温度
C_T_G(c,t)	cell_t c, Thread *t	温度梯度矢量
C_T_G(c,t)[i]	cell_t c,Thread *t, int i	温度梯度矢量的分量
C_T_RG(c,t)	cell_t c, Thread *t	改造后的温度梯度矢量
C_T_RG(c,t)[i]	cell_t c, Thread *t,int i	改造后的温度梯度矢量的分量
C_T_M1(c,t)	cell_t c, Thread *t	温度的前一次步长
C_T_M2(c,t)	cell_t c, Thread *t	温度的前两次步长
C_P(c,t)	cell_t c, Thread *t	压力
C_DP(c,t)	cell_t c, Thread *t	压力梯度矢量
C_DP(c,t)[i]	cell_t c, Thread *t,int I	压力梯度矢量的分量
C_U(c,t)	cell_t c, Thread *t	u 方向的速度
C_V(c,t)	cell_t c, Thread *t	v 方向的速度
C_W(c,t)	cell_t c, Thread *t	w 方向的速度
C_H(c,t)	cell_t c, Thread *t	焓
C_YI(c,t,i)	cell_t c, Thread *t,int i	物质质量分数
C_K(c,t)	cell_t c, Thread *t	湍流运动能
C_D(c,t)	cell_t c, Thread *t	湍流运动能的分散
C_O(c,t)	cell_t c, Thread *t	确定的分散速率

3）读写前一次步长下的时间变量。在表里的宏中加入 _M1 就可以得到前一次步长时间下（$t-\Delta t$）的变量值。得到的这些数据可以在不稳定的模拟中使用。例如，C_T_M1(c,t)返回前一次步长时间下的单元格温度的值。

4）读写前两次步长下的时间变量。在表 13-2 中宏的后面加入 _M2 就可以得到前两次步长下的时间（$t-2\Delta t$）。

（2）读写导数的宏。用于读写有速度导数的宏见表 13-3。

表 13-3　用于读写有速度导数的宏

名称（参数）	参数类型	返回值
C_DUDX(c,t)	cell_t c, Thread *t	U 速度对 x 方向的导数
C_DUDY(c,t)	cell_t c, Thread *t	U 速度对 y 方向的导数
C_DUDZ(c,t)	cell_t c, Thread *t	U 速度对 z 方向的导数
C_DVDX(c,t)	cell_t c, Thread *t	V 速度对 x 方向的导数
C_DVDY(c,t)	cell_t c, Thread *t	V 速度对 y 方向的导数
C_DVDZ(c,t)	cell_t c, Thread *t	V 速度对 z 方向的导数
C_DWDX(c,t)	cell_t c, Thread *t	W 速度对 x 方向的导数
C_DWDY(c,t)	cell_t c, Thread *t	W 速度对 y 方向的导数
C_DWDZ(c,t)	cell_t c, Thread *t	W 速度对 z 方向的导数

（3）存取材料性质的宏。用于存取材料性质的宏见表 13-4。

表 13-4　在 mem.h 中存取材料性质的宏

名称（参数）	参数类型	返回值
C_FMEAN(c,t)	cell_t c, Thread *t	第一次混合分数的平均值
C_FMEAN2(c,t)	cell_t c, Thread *t	第二次混合分数的平均值
C_FVAR(c,t)	cell_t c, Thread *t	第一次混合分数变量
C_FVAR2(c,t)	cell_t c, Thread *t	第二次混合分数变量
C_PREMIXC(c,t)	cell_t c, Thread *t	反应过程变量
C_LAM FLAME SPEED(c,t)	cell_t c, Thread *t	层流焰速度
C_CRITICAL STRAIN	cell_t c, Thread *t	临界应变速度
C_POLLUT(c,t,i)	cell_t c, Thread *t, int i	第 i 个污染物质的质量分数
C_R(c,t)	cell_t c, Thread *t	密度
C_MU_L(c,t)	cell_t c, Thread *t	层流速度
C_MU_T(c,t)	cell_t c, Thread *t	湍流速度
C_MU_EFF(c,t)	cell_t c, Thread *t	有效黏度
C_K_L(c,t)	cell_t c, Thread *t	热导率
C_K_T(c,t)	cell_t c, Thread *t	湍流热导率
C_K_EFF(c,t)	cell_t c, Thread *t	有效热导率
C_CP(c,t)	cell_t c, Thread *t	确定的热量
C_RGAS(c,t)	cell_t c, Thread *t	气体常数
C_DIFF_L(c,t,i,j)	cell_t c, Thread *t, int i,int j	层流物质的扩散率
C_DIFF_EFF(c,t,i)	cell_t c, Thread *t, int i	物质的有效扩散率
C_ABS_COEFF(c,t)	cell_t c, Thread *t	吸附系数
C_SCAT_COEFF(c,t)	cell_t c, Thread *t	扩散系数
C_NUT(c,t)	cell_t c, Thread *t	Spalart-Allmaras 湍流速度

（4）读写用户定义的标量和存储器的宏。表 13-5 中列出的宏可以为单元格读写用户定义的标量和存储器。

表 13-5　在 mem.h 文件中的可以为单元格读写用户定义的标量和存储器的宏

名称（参数）	参数类型	返回值
C_UDSI(c,t,i)	cell_t c, Thread *t, int i	用户定义的标量（单元格）
C_UDSI M(c,t,i)	cell_t c, Thread *t, int i	前一次步长下用户定义的标量（单元格）
C_UDSI_DIFF(c,t,i)	cell_t c, Thread *t, int i	用户定义的标量的分散率（单元格）
C_UDMI(c,t,i)	cell_t c, Thread *t, int i	用户定义的存储器（单元格）

（5）读写雷诺压力模型的宏。表 13-6 列出了可以给雷诺压力模型读写变量的宏。

表 13-6　在 metric.h 中的 RSM 宏

名称（参数）	参数类型	返回值
C_RUU(c,t)	cell_t c, Thread *t	uu 雷诺压力
C_RVV(c,t)	cell_t c, Thread *t	vv 雷诺压力
C_RWW(c,t)	cell_t c, Thread *t	ww 雷诺压力

名称（参数）	参数类型	返回值
C_RUV(c,t)	cell_t c, Thread *t	uv 雷诺压力
C_RVW(c,t)	cell_t c, Thread *t	vw 雷诺压力
C_RUW(c,t)	cell_t c, Thread *t	uw 雷诺压力

2．面宏

面宏是在单元格的边界面上定义的并且从求解器中返回一个真值，仅可在偏析求解器中使用。面宏的定义可以在相关的.h 文件中找到，如 mem.h 等。

（1）读写流体变量的宏。表 13-7 列出的宏可以在边界面读写流体变量。注意，如果表面在边界上，那么流体的方向是由 F_FLUX 决定的点指向外围空间的。

表 13-7　在 mem.h 中的流体变量读写的宏

名称（参数）	参数类型	返回值
F_R(f,t)	face_t f, Thread *t,	密度
F_P(f,t)	face_t f, Thread *t,	压力
F_U(f,t)	face_t f, Thread *t,	u 方向的速度
F_V(f,t)	face_t f, Thread *t,	v 方向的速度
F_W(f,t)	face_t f, Thread *t,	w 方向的速度
F_T(f,t)	face_t f, Thread *t,	温度
F_H(f,t)	face_t f, Thread *t,	焓
F_K(f t)	face_t f, Thread *t,	湍流运动能
F_D(f,t)	face_t f, Thread *t,	湍流运动能的分散速率
F_YI(f,t,i)	face_t f, Thread *t, int i	物质的质量分数
F_FLUX(f,t)	face_t f, Thread *t	通过边界表面的质量流速

（2）读写用户定义的标量和存储器的宏。表 13-8 列出了用于给表面读写用户定义的标量和存储器的宏。

表 13-8　用于给表面读写用户定义的标量和存储器的宏

名称（参数）	参数类型	返回值
F_UDSI(f,t,i)	face_t f, Thread *t, int i	用户确定的表面标量
F_UDMI(f,t,i)	face_t f, Thread *t, int i	用户定义的表面存储器

（3）读写混合面变量的宏。表 13-9 列出了读写混合面变量的宏。

表 13-9　读写混合面变量的宏

名称（参数）	参数类型	返回值
F_C0(f,t)	face_t f, Thread *t	访问表面\0 边上的单元变量
F_C0_THREAD(f,t)	face_t f, Thread *t	访问表面\0 边上的单元线索
F_C1(f,t)	face_t f, Thread *t	访问表面\1 边上的单元变量
F_C1_THREAD(f,t)	face_t f, Thread *t	访问表面\1 边上的单元线索

3. 几何宏

几何宏是在 Fluent 中重新得到的几何变量，包括节点和面的数量、重心、表面积和体积等。

（1）节点和面的数量。表 13-10 列出了返回节点与面个数的宏。

表 13-10　在 mem.h 中的节点和表面的宏

名称（参数）	参数类型	返回值
C_NNODES(c,t)	cell_t c, Thread *t	一个单元格中的节点数
C_NFACES(c,t)	cell_t c, Thread *t	一个单元格中的表面数
F_NNODES(f,t)	face_t f, Thread *t	一个表面中的节点数

（2）单元格和表面的重心。表 13-11 列出了获得一个单元格或表面真实重心的宏。

表 13-11　在 metric.h 中单元格和表面的重心宏

名称（参数）	参数类型	返回值
C_CENTROID(x,c,t)	real x[ND ND], cell_t c, Thread * t	x（单元格重心）
F_CENTROID(x,f,t)	real x[ND ND], face_t f, Thread *t	x（表面中心）

（3）表面积。表 13-12 列出了获得面积向量的宏。

表 13-12　在 metric.h 中的表面积宏

名称（参数）	参数类型	返回值
F_AREA(A,f,t)	A[ND ND], face_t f, Thread *t	A（面积矢量）

（4）单元格体积。表 13-13 列出了获得二维、三维和轴对称模型的单元格真实体积的宏。

表 13-13　在 mem.h 中的单元格体积宏

名称（参数）	参数类型	返回值
C_VOLUME(c,t)	cell_t c, Thread *t	二维或三维的单元格体积（单元格体积/2π 是轴对称模型的体积）

4. 节点宏

节点宏主要是返回单元格节点的实数直角坐标（在单元格的拐角）和相应的节点速度的分量。例如，在移动的网格模拟中节点速度是相对应的。每个变量的节点×节点的参数定义了一个节点。这些宏的定义可以在相关的扩展名为.h 的文件中找到，如 mem.h 等。

（1）节点坐标宏见表 13-14。

表 13-14　在 metric.h 中变量的节点坐标宏

名称（参数）	参数类型	返回值
NODE_X(node)	Node *node	节点的 X 坐标
NODE_Y(node)	Node *node	节点的 Y 坐标
NODE_Z(node)	Node *node	节点的 Z 坐标

（2）节点速度变量宏见表 13-15。

表 13-15　在 metric.h 中的节点速度变量宏

名称（参数）	参数类型	返 回 值
NODE_GX(node)	Node *node	节点速度的 X 分量
NODE_GY(node)	Node *node	节点速度的 Y 分量
NODE_GZ(node)	Node *node	节点速度的 Z 分量

5．多相宏

多相宏主要是返回一个与整体多相节点相连的实数变量。这些变量的定义在 sg_mphase.h 文件中可以找到，sg_mphase.h 文件包含在 udf.h.文件中，见表 13-16。

表 13-16　在 sg_mphase.h 中的多相宏

名称（参数）	参数类型	返 回 值
C_VOF(c,pt[0])	cell_t c, Thread **pt	主要相的体积分数
C_VOF(c,pt[n])	cell_t c, Thread **pt	第 n 个辅助相的体积分数

13.2.2　UDF 实用工具宏

Fluent 提供了针对 Fluent 变量操作的一系列工具，这些工具中大部分可以作为宏直接执行。

1．一般目的的循环宏

一般目的的循环宏主要是完成基本的查询，可以用于 Fluent 单相和多相模型的 UDF 中。

（1）查询控制区的单元线。可以使用 thread_loop_c 查询给定控制区的单元线。它包含单独的说明，后面是对控制区的单元线所做的操作，其定义包含在大括号（{}）中。

```
Domain *domain;
Thread *c_thread;
thread_loop_c(c_thread, domain) /*循环遍历域内所有单元格线程*/
{
}
```

（2）查询控制区的面。可以使用 thread_loop_f 查询给定控制区的面。它包含单独的说明，后面是对控制区的面单元所做的操作，其定义包含在大括号（{}）中。注意，thread_loop_f 在执行上和 thread_loop_c 相似。

```
Thread *f_thread;
Domain *domain;
thread_loop_f(f_thread, domain)/* 循环遍历域中的所有 face_threaes*/
{
}
```

（3）查询单元线中的单元。可以使用 begin_c_loop 和 end_c_loop 查询给定单元线 c_thread 上所有的单元。它包含 begin 和 end loop 的说明，可对单元线中的单元进行操作，其定义包含在大括号（{}）中。当需要查找控制区单元线的单元时，其应用的 loop 全部嵌套在 thread_loop_c 中。

```
cell_t c;
Thread *c_thread;
begin_c_loop(c, c_thread) /* 在单元格线程中的单元格上循环 */
{
```

```
   }
end_c_loop(c, c_thread)
```

（4）查询面线中的面。可以使用 begin_f_loop 和 end_f_loop 查找给定面线 f_thread 的所有的面。它包含 begin 和 end loop 的说明，完成对面线中面单元所做的操作，其定义包含在大括号（{ }）中。当查找控制区面线的所有面时，应用的 loop 全嵌套在 thread_loop_f 中。

```
face_t f;
Thread *f_thread;
begin_f_loop(f, f_thread) /* 在 face_thread 中遍历面 */
{
}
end_f_loop(f, f_thread)
```

（5）查询单元中的面。下面函数用以查询给定单元中所有的面，包含单独的查询说明。

```
face_t f;
Thread *tf;
int n;
c_face_loop(c, t, n) /* 在单元格的所有面上循环 */
{
...
f = C_FACE(c,t,n);
tf = C_FACE_THREAD(c,t,n);
...
}
```

这里的 n 是"本地-面"的索引号。"本地-面"的索引号用在 C_FACE 宏中以获得所有面的数量[例如，f = C_FACE(c,t,n)]。

另一个在 c_face_loop 中有用的宏是 C_FACE_THREAD。这个宏用于合并两个面线[例如，tf = C_FACE_THREAD(c,t,n)]。

（6）查询单元节点。可以用 c_node_loop 查询单元节点。下面函数用以查询给定单元中所有节点，包含单独的查询说明。

```
cell_t c;
Thread *t;
int n;
c_node_loop(c, t, n)
{
...
node = C_NODE(c,t,n);
...
}
```

这里，n 是本地节点的索引号。本地面的索引号用在 C_NODE 宏中以获得所有面的数量[例如，node = C_NODE(c,t,n)]。

2. 多相组分查询宏

多相组分查询宏用于多相模型的 UDF 中。

（1）查询混合物中相的控制区。sub_domain_loop 宏用于查询混合物控制区的所有相的子区。这个宏查询在混合物控制区给每个相区定义指针以及相关的 phase_domain_index。注意，sub_domain_loop

宏在执行中和 sub_thread_loop 宏相似。

```
int phase_domain_index;          /* 子区指针的索引号 */
Domain *mixture_domain;
Domain *subdomain;
sub_domain_loop(subdomain, mixture_domain, phase_domain_index)
```

sub_domain_loop 的变量是 subdomain、mixture_domain 和 phase_domain_index。

subdomain 是 phase-level domain 的指针，mixture_domain 是 mixture-level domain 的指针。当使用 DEFINE 宏时，mixture_domain（包含控制区变量，如 DEFINE_ADJUST）通过 Fluent 求解器自动传递 UDF，混合物就和 UDF 相关了。如果 mixture_domain 没有显式传递给 UDF，则使用另外一个宏来恢复它。phase_domain_index 是子区指针索引号。初始相的索引号为 0，混合物中其他相依次加 1。

◀)) 注意：

> subdomain 和 phase_domain_index 是在 sub_domain_loop 宏定义中初始化的。

（2）查询混合物的相线。sub_thread_loop 宏在所有与混合线程相关的子线程上循环。该宏运行并将指针返回每个子线程以及相关的 phase_domain_index。如果 subthread 指针与进口区域相关，那么这个宏将提供给进口区域每个相线指针。

```
int phase_domain_index;
Thread *subthread;
Thread *mixture_thread;
sub_thread_loop(subthread, mixture_thread, phase_domain_index)
```

sub_thread_loop 的自变量是 subthread、mixture_thread 和 phase_domain_index。

subthread 是相线的指针，mixture_thread 是 mixture-level thread 的指针。当使用 DEFINE 宏（包含一个线自变量）时，通过 Fluent 的求解器 mixture_thread 自动传递给 UDF，UDF 就和混合物相关了。如果 mixture_thread 没有显式传递给 UDF，则需要在调用 sub_thread_loop 之前，调用工具宏恢复它。phase_domain_index 是子区指针索引号，可以用宏 PHASE_DOMAIN_INDEX 恢复。初始相的索引号为 0，混合物中其他相依次加 1。

◀)) 注意：

> subthread 和 phase_domain_index 在 sub_thread_loop 宏定义中被初始化。

（3）查询混合物中所有单元的线。mp_thread_loop_c 宏在混合域内所有的单元线程中循环，并提供了与每个混合线程相关的子线程的指针。当在混合域使用时，该宏几乎和 thread_loop_c 宏是等价的。不同之处在于，除了运行每个单元线程外，该宏也会返回一个与相关子线程等价的指针数组(pt)。单元线第 i 相的指针是 pt[i]，这里的 i 是相控制区索引号 phase_domain_index。pt[i] 可以用作宏的自变量。相控制区索引号 phase_domain_index 可以用宏 PHASE_DOMAIN_INDEX 恢复。

```
Thread **pt;
Thread *cell_threads;
Domain *mixture_domain;
mp_thread_loop_c(cell_threads, mixture_domain, pt)
```

mp_thread_loop_c 的自变量是 cell_threads、mixture_domain、pt。cell_threads 是网格线的指针，mixture_domain 是 mixture-level 控制区的指针，pt 是含有 phase-level 线的指针数组。

当用包含控制区变量（例如，DEFINE_ADJUST 的宏 DEFINE）时，mixture_domain 通过 Fluent 的求解器自动传递给 UDF 文件，UDF 就和混合物相关了。若 mixture_domain 没有显式地传递给 UDF 文件，则使应用另外一个工具[如 Get_Domain(1)]来恢复。

 注意：

> pt 和 cell_threads 的值是由查询函数派生出来的。mp_thread_loop_c 一般用于 begin_c_loop 中。begin_c_loop 查询网格线内的所有网格。当 begin_c_loop 嵌套在 mp_thread_loop_c 中，就可以查询混合物中相单元线的所有网格了。

（4）查询混合物中所有的相面线。宏 mp_thread_loop_f 查询混合物控制区内所有混合物等值线的面线并且给每个与混合物等值线有关的相等值线指针。在混合物控制区内，这和宏 thread_loop_f 几乎是等价的。区别是：除了查找每一个面线外，这个宏还返回一个指针数组 pt，它与相等值线相互关联。指向第 i 相的面线指针是 pt[i]，这里是 phase_domain_index。当需要相等值线指针时，pt[i] 可以作为宏的自变量。phase_domain_index 可以用宏 PHASE_DOMAIN_INDEX 恢复。

```
Thread **pt;
Thread *face_threads;
Domain *mixture_domain;
mp_thread_loop_f(face_threads, mixture_domain, pt)
```

mp_thread_loop_f 的自变量是 face_threads、mixture_domain 和 pt。face_threads 是面线的指针，mixture_domain 是混合物等值线控制区的指针，pt 是包含相等值线的指针数组。

3．设置面变量的宏

当设置面变量的值时，可以应用 F_PROFILE 宏。当生成边界条件的外形或存储新的变量值时，自动调用这一函数。

```
F_PROFILE(f, t, n)
```

变量通过 Fluent 的求解器自动传递给 UDF，不需要赋值。整数 n 是在边界上设定的变量标志符。例如，进口边界包含总压和总温，二者都在用户定义函数中定义。进口边界的变量在 Fluent 赋予整数 0，其他赋予整数 1。当在 Fluent 的进口边界面板中定义边界条件时，这些整数值由求解器设定。

4．访问没有赋值的自变量的宏

针对单相和多相的模型（比如定义源项、性质和外形），大多数标准的 UDF 在求解过程中通过求解器自动作为自变量直接传递给 UDF。然而，并非所有的 UDF 都直接把函数所需的自变量传递给求解器。例如，DEFINE_ADJUST 和 DEFINE_INIT UDFs 传递给混合物控制区变量，这里的 DEFINE_ON_DEMAND UDFs 是没有被传递的自变量。下面提供了通过 DEFINE 函数访问没有被直接传递给 UDF 文件的工具。

（1）Get_Domain。若控制区指针没有显式地作为自变量传递给 UDF，则可以用 Get_Domain 宏恢复控制区指针。

```
Get_Domain(domain_id);
```

domain_id 是一个整数，混合物控制区其值为 1，在多相混合物模型中其值依次加 1。
在单相流中，domain_id 为 1，Get_Domain(1)将放回流体控制区指针。

```
DEFINE_ON_DEMAND(my_udf)
{
Domain *domain;            /* 域声明为变量 */
domain = Get_Domain(1);    /* 返回流体域指针 */
...
}
```

在多相流中，Get_Domain 的返回值可能是混合物等值线、单相等值线、相等值线或相等值
线控制区指针，domain_id 的值在混合物控制区始终是 1，可以用 Fluent 里的图形用户界面获得
domain_id。

```
DEFINE_ON_DEMAND(my_udf)
{
Domain *mixture_domain;
mixture_domain = Get_Domain(1);       /* 返回混合域指针 */
/* and assigns to variable */
Domain *subdomain;
subdomain = Get_Domain(2);            /* 返回 ID=2 域指针的阶段*/
/* and assigns to variable */
...
}
```

（2）通过相控制区索引号使用相控制区指针。可以用宏 DOMAIN_SUB_DOMAIN 或
Get_Domain 来获得混合物控制区具体相（或子区）的指针。DOMAIN_SUB_DOMAIN 有两个自
变量：mixture_domain 和 phase_domain_index。这个函数返回给定 phase_domain_index 的相指针。

```
Int phase_domain_index=0;              /* 主相位指数为 0 */
Domain *minture_domain;
Domain *subdomain=DOMAIN SUB DOMAIN(mixture_domain,phase_domain_index);
```

🔊 注意：

> DOMAIN_SUB_DOMAIN 在执行上和 THREAD_SUB_THREAD 宏相似。

Mixture_domain 是 mixture-level domain 的指针。

当使用包含控制区自变量（例如 DEFINE_ADJUST）的宏 DEFINE 时，phase_domain_index
可以自动通过 Fluent 的求解器传递给 UDF，从而实现与混合物的关联。若 mixture_domain 没
有显式地传递给 UDF 文件，则需要在调用 sub_domain_loop 前，用其他宏工具来恢复[如
Get_Domain(1)]。

（3）通过相控制区索引号使用相等值线指针。THREAD_SUB_THREAD 宏可以用来恢复给定
相控制区索引号的 phase-level thread (subthread)指针。THREAD_SUB_THREAD 有两个自变量：
mixture_thread 和 phase_domain_index。这一函数返回给定 phase_domain_index 的 phase-level 线指针。

```
int phase_domain_index = 0;            /* 一次相指数为 0  */
Thread *mixture_thread;                /* 混合级线程指针 */
Thread *subthread = THREAD_SUB_THREAD(mixture_thread,phase_domain_index);
```

📢 注意:

> THREAD_SUB_THREAD 在执行上与 DOMAIN_SUB_DOMAIN 宏相似。

mixture_thread 是 mixture-level 线的指针。当使用包含控制区自变量（如 DEFINE_PROFILE）和宏 DEFINE 时，会自动通过 Fluent 的求解器传递给 UDF 文件，实现和混合物相关联。否则，如果混合物控制线指针没有显式地传递给 UDF，则需要在调用 Lookup_Thread 宏之前用另外一个宏工具来恢复[如 Get_Domain(1)]。

phase_domain_index 是子区指针的索引号。它是一个整数，初始相值为 0，以后每相依次加 1。当使用包含相控制区索引号变量（如 DEFINE_EXCHANGE_PROPERTY、DEFINE_VECTOR_EXCHANGE_PROPERTY）的 DEFINE 宏时，phase_domain_index 通过 Fluent 的求解器自动传递给 UDF，UDF 就和具体的相互作用的相相互关联了。否则需要用硬代码改变宏 THREAD_SUB_THREAD 的 phase_domain_index 值。如果多相流模型中只有两相，那么 phase_domain_index 对初始相的值是 0，第二个相的值为 1。然而，如果多相流模型中有更多的相，则需要用 PHASE_DOMAIN_INDEX 宏来恢复与给定区域相关的 phase_domain_index。

（4）通过混合物等值线使用相线指针数组。THREAD_SUB_THREADS 宏可以用以恢复指针数组 pt，它的元素包含相等值线（子线）的指针。THREADS_SUB_THREADS 有一个变量 mixture_thread。

```
Thread *mixture_thread;
Thread **pt;          /* 初始化 pt */
pt = THREAD_SUB_THREADS(mixture_thread);
```

mixture_thread 是 mixture-level thread 代表网格线或面线的指针。当用包含线变量 DEFINE 宏时，就会通过 Fluent 的求解器自动传递给 UDF，这个函数就和混合物有关了；否则，如果混合物线的指针没有显式地传递给 UDF，就需要用另一种方法来恢复。

pt[i] 数组的元素是与第 i 相的相等值线有关的值，这里 i 是 phase_domain_index。当要恢复网格具体相的信息时，可以用 pt[i] 作为一些网格变量宏的自变量。指针 pt[i] 可以用 THREAD_SUB_THREAD 来恢复，用 i 作为自变量。phase_domain_index 可以用宏 PHASE_DOMAIN_INDEX 来恢复。

（5）通过相控制区指针调用混合物控制区指针。当 UDF 有权访问特殊的相等值线（子区）指针，可以用宏 DOMAIN_SUPER_DOMAIN 恢复混合物等值线控制区指针。DOMAIN_SUPER_DOMAIN 含有一个变量 subdomain。

```
Domain *subdomain;
Domain *mixture_domain = DOMAIN_SUPER_DOMAIN(subdomain);
```

📢 注意:

> DOMAIN_SUPER_DOMAIN 在执行上和 THREAD_SUPER_THREAD 宏非常相似。

subdomain 是多相流混合物控制区相等值线的指针。当用包含控制区变量 DEFINE 宏时，通过 Fluent 的求解器可以自动传递给 UDF 文件，这个函数就会和混合物中的第一相和第二相相关了。

📢 注意:

> 在当前的 Fluent 版本中，DOMAIN_SUPER_DOMAIN 将返回与 Get_Domain(1) 相同的指针。这样，如果 UDF 可以使用子区的指针，建议使用宏 DOMAIN_SUPER_DOMAIN 来代替 Get_Domain 宏，以避免将来

的 Fluent 版本造成的不兼容问题。

（6）通过相线指针使用混合物线指针。当 UDF 有权访问某一条相线子线指针，而想恢复混合物的等值线指针时，可以使用宏 THREAD_SUPER_THREAD。THREAD_SUPER_THREAD 有一个自变量 subthread。

```
Thread *subthread;
Thread *mixture_thread = THREAD_SUPER_THREAD(subthread);
```

subthread 在多相流混合物中是一个特殊的相等值线指针。当使用包含线变量 DEFINE 宏时，通过 Fluent 的求解器，它自动传递给 UDF 文件，这个函数就和混合物中的两相相互关联了。

（7）通过区的 ID 使用线指针。当要在 Fluent 的边界条件面板中恢复与给定区域 ID 的线指针时，可以使用宏 Lookup_Thread。UDF 还可以使用 Lookup_Thread 来获得指针。这一过程分两步：首先，从 Fluent 的边界条件面板中导入区域的 ID；然后，使用硬代码作为自变量调用宏 Lookup_Thread。Lookup_Thread 返回与给定区域 ID 相关的线的指针。可以将线指针赋给 thread_name，在 UDF 中使用。

```
int zone_ID;
Thread *thread_name = Lookup_Thread(domain,zone_ID);
```

在多相流的上下文中，通过宏 Lookup_Thread 返回的线是与控制区自变量相关的相的等值线。

（8）使用相的控制区指针。当有权访问与给定相等值线控制区指针的 domain_id 时，可以使用 DOMAIN_ID。DOMAIN_ID 有一个自变量 subdomain，它是相等值线控制区的指针。控制区（混合物）的最大的等值线的 domain_id 的默认值是 1，即如果被传递给 DOMAIN_ID 的控制区指针是混合物控制区的等值线指针，则函数的返回值为 1。

📢 注意：

> 当在 Fluent 的相面板中选择需要的相时，宏所返回的 domain_id 是和显示在图形用户界面中的整数值 ID 相同的。
>
> ```
> Domain *subdomain;
> int domain_id = DOMAIN_ID(subdomain);
> ```

（9）通过相控制区使用相控制区索引号。宏 PHASE_DOMAIN_INDEX 返回给定相等值线控制区（子区）指针的 phase_domain_index。PHASE_DOMAIN_INDEX 有一个自变量 subdomain。它是 phase-level domain 的指针。phase_domain_index 是子区指针的索引号。初始相的值为整数 0，以后每相依次加 1。

```
Domain *subdomain;
int phase_domain_index = PHASE_DOMAIN_INDEX(subdomain);
```

5. 访问邻近网格和线的变量

可以用 Fluent 提供的宏来确定邻近网格面。在复杂的 UDF 文件中，当查询特定网格或线的面时，可能会用到这个信息。对给定的面 f 和它的线 tf，两个相邻的网格点为 c0 和 c1。若是控制区附面层上的面则只有 c0，c1 的值为 NULL。一般情况下，当把网格导入 Fluent 中时，按照右手定则定义面上节点的顺序，面 f 上的网格点 c0、c1 都存在。下面的宏返回网格点 c0 和 c1 的 ID 和所在的线。

```
cell_t c0 = F_C0(f,tf);        /* 返回 c0 的 ID */
tc0 = THREAD_T0(tf);           /* 返回 c0 的单元格线程 */
cell_t c1 = F_C1(f,tf);        /* 返回 c1 的 ID */
tc1 = THREAD_T1(tf);           /* 返回 c1 的单元格线程 */
```

宏与 F_AREA 和 F_FLUX 返回的信息是直接相关的，这些值从网格 c0 到 c1 返回正值。

6．为网格定义内存

为了存储、恢复由 UDF 网格区域变量的值，可以用 C_UDMI 函数分配 500 个单元。这些值可以用作后处理。这个在用户定义内存中存储变量的方法比用户定义标量（C_UDSI）更有效。

```
C_UDMI( c, thread, index)
```

C_UDMI 有三个自变量：c、thread 和 index。c 是网格标志符号，thread 是网格线指针，index 是识别数据内存分配的。与索引号 0 相关的用户定义的内存区域为 0（或 udm-0）。在内存中存放变量之前，首先需要在 Fluent 的"User-Defined Memory"面板中分配内存。

7．矢量工具

Fluent 提供了一些工具，可以用来在 UDF 中计算有关矢量的量。这些工具在源程序中以宏的形式运行。例如，可以用实函数 NV_MAG(V) 计算矢量 V 的大小（模）。另外可以用函数 NV_MAG2(V) 获得矢量 V 模的平方。在矢量工具宏中有个约定俗成的惯例，即 V 代表矢量、S 代表标量、D 代表一系列三维的矢量，最后一项在二维计算中被忽略。

在矢量函数中约定的计算顺序括号、指数、乘除、加减（PEMDAS）不再适用；相反，下划线符号（_）用来表示一组操作数，因此对元素的操作优先于矢量函数。注意，这部分所有的矢量工具都用在 Fluent 2D 和 3D 中。因此，没有必要在 UDF 中作任何的测试。

下面是在 UDF 中可以利用的矢量工具列表。

（1）NV_MAG。计算矢量的大小，即矢量平方和的平方根。

```
NV_MAG(x)
2D: sqrt(x[0]*x[0] + x[1]*x[1]);
3D: sqrt(x[0]*x[0] + x[1]*x[1] + x[2]*x[2]);
```

（2）NV_MAG2。计算矢量的平方和。

```
NV_MAG2(x)
2D: (x[0]*x[0] + x[1]*x[1]);
3D: (x[0]*x[0] + x[1]*x[1] + x[2]*x[2]);
```

（3）ND_ND。在 RP_2D（Fluent 2D）和 RP_3D（Fluent 3D）中，常数 ND_ND 定义为 2。如果要在 2D 中建立一个矩阵或在 3D 中建立一个矩阵，可以用到它。

```
real A[ND_ND][ND_ND]
for (i=0; i<ND_ND; ++i) for (j=0; J<ND_ND; ++j)
A[i][j] = f(i, j);
```

（4）ND_SUM。计算 ND_ND 的和。

```
ND_SUM(x, y, z)
2D: x + y;
3D: x + y + z;
```

（5）ND_SET。产生 ND_ND 任务说明。

```
ND_SET(u, v, w, C_U(c, t), C_V(c, t), C_W(c, t))
u = C_U(c, t);
v = C_V(c, t);
if 3D:
w = C_W(c, t);
```

（6）NV_V。完成对两个矢量的操作。

```
NV_V(a, =, x);
a[0] = x[0]; a[1] = x[1];
```

📢 注意：

如果在上面的方程中用+=代替=，将得到 a[0]+=x[0]。

（7）NV_VV。完成对矢量的基本操作。在下面的宏调用中，这些操作用符号（-、/、*）代替+。

```
NV_VV(a, =, x, +, y)
2D: a[0] = x[0] + y[0], a[1] = x[1] + y[1];
```

（8）NV_V_VS。用来把两个矢量相加（后一项都乘以常数）。

```
NV_V_VS(a, =, x, +, y, *, 0.5);
2D: a[0] = x[0] + (y[0]*0.5), a[1] = x[1] +(y[1]*0.5);
```

（9）NV_VS_VS。用来把两个矢量相加（每一项都乘以常数）。

```
NV_VS_VS(a, =, x, *, 2.0, +, y, *, 0.5);
2D: a[0] = (x[0]*2.0) + (y[0]*0.5), a[1] = (x[1]*2.0) + (y[1]*0.5);
```

📢 注意：

符号+可以替换成-、*或/,符号*可以替换成/。

（10）ND_DOT。计算两个矢量的点积。

```
ND_DOT(x, y, z, u, v, w)
2D: (x*u + y*v);
3D: (x*u + y*v + z*w);
NV_DOT(x, u)
2D: (x[0]*u[0] + x[1]*u[1]);
3D: (x[0]*u[0] + x[1]*u[1] + x[2]*u[2]);
NVD_DOT(x, u, v, w)
2D: (x[0]*u + x[1]*v);
3D: (x[0]*u + x[1]*v + x[2]*w);
```

8．与非定常数值模拟有关的宏

RP 变量宏有权访问 UDF 中非定常的变量。例如，UDF 可以利用 RP_Get_Real 宏获得流动时间。

```
real current_time;
current_time = RP_Get_Real（"flow-time"）;
```

在每个时间步长处理时间信息的 RP 宏列表见表 13-17。

表 13-17 RP 宏列表

RP 宏	返 回 信 息
RP_Get_Real("flow-time")	返回当前的计算时间（s）
RP_Get_Real("physical-time-step")	返回当前的计算时间步长（s）
RP_Get_Integer("time-step")	返回当前的计算时间步长数（s）

13.2.3 常用 DEFINE 的宏

UDF 是用 Fluent 软件中提供的 DEFINE 宏加以定义的。DEFINE 宏一般分为通用 DEFINE 宏、模型指定的 DEFINE 宏、多相流模型中的 DEFINE 宏、离散模型（DPM）以及动网格模型中的 DEFINE 宏。

1. 通用 DEFINE 宏

通用 DEFINE 宏执行了 Fluent 中模型相关的通用解算器函数。Fluent 中的 DEFINE 宏，以及这些宏定义的功能和激活这些宏的面板的快速参考向导见表 13-18。

表 13-18 通用 DEFINE 宏

DEFINE 宏	激活该宏的面板	功　　能
DEFINE_ADJUST	User-Defined Function Hooks	处理变量
DEFINE_INIT	User-Defined Function Hooks	初始化变量
DEFINE_ON_DEMAND	Execute On Demand	异步执行
DEFINE_RW_FILE	User-Defined Function Hooks	读写变量到 Case 和 Data 文件
DEFINE_DELTAT	User-Defined Function Hooks	控制时间步长
DEFINE_EXECUTE_AT_END	Execute On Demand	计算流量

下面对通用 DEFINE 宏的功能和使用方法进行简单介绍。

（1）DEFINE_ADJUST。DEFINE_ADJUST 宏是一个用于调节和修改 Fluent 变量的通用宏，它可以用来修改流动变量（如速度、压力）并计算积分，或者对某一标量在整个流场上积分，然后在该结果的基础上调节边界条件。在每一步迭代中都可以执行用 DEFINE_ADJUST 定义的宏，并在解输运方程之前的每一步迭代中调用它。该函数包括两个哑元：symbol name 和 Domain *d。name 是所指定的 UDF 的名字；d 是 Fluent 解算器传给 UDF 的变量。该函数不返回任何值给解算器。

（2）DEFINE_INIT。DEFINE_INIT 宏可以定义一组解的初始值。每一次初始化后，该函数都会被执行一次，并在解算器完成默认的初始化之后立即被调用，与使用 patch 一样，常用于设定流动变量的初值。该函数包括的两个哑元：symbol name 和 Domain *d。name 是所指定的 UDF 的名字；d 是 Fluent 解算器传给 UDF 的变量。该函数不返回任何值给解算器。

（3）DEFINE_ON_DEMAND。DEFINE_ON_DEMAND 宏可以定义一个按命令执行的 UDF，UDF 只有在接到用户指令被激活的时候才能被调用，并不和迭代过程联系在一起。该函数只有一个哑元：symbol name。name 是所指定的 UDF 的名字，该函数不返回任何值给解算器。

（4）DEFINE_RW_FILE。DEFINE_RW_FILE 宏被用于定义要写入 Case 或 Data 文件的信息，可以保持或存储任何 Data 类型的自定义变量。DEFINE_RW_FILE 宏包括两个参数：name 和 fp。name 是所指定的 UDF 的名字，fp 是 Fluent 解算器传递给 UDF 的变量。该函数不返回任何值给解算器。

（5）DEFINE_DELTAT。DEFINE_DELTAT宏用于非定常问题求解时时间步长的控制和调整，只有在可变时间步长选项被激活的情况下才可以调用。函数返回值就是时间步长的值。该函数包括两个哑元：symbol name 和 Domain *d。name是所指定的UDF的名字，d是Fluent解算器传给UDF的变量。该函数的返回值是实型。

（6）DEFINE_EXECUTE_AT_END。DEFINE_EXECUTE_AT_END宏在迭代的最后一步或者最后一个时间步完成后被执行。如果想在某个特殊的时刻计算流量，就可以调用该函数。该函数只有一个哑元：symbol name。name是所指定的UDF的名字。该函数不返回任何值给解算器。

除此之外，在退出Fluent任务时执行的DEFINE_EXECUTE_AT_EXIT，在所指定的某个图标或者其他GUI控件被单击时执行的DEFINE_EXECUTE_FROM_GUI以及只能用于编译型的UDF中，在Fluent加载编译完UDF时执行的DEFINE_EXECUTE_ON_LOADING。

2．模型指定的DEFINE宏

模型指定的DEFINE宏用于设置Fluent中特定模型的参数。表13-19列出了相关模型指定宏的函数名与功能。

表13-19　相关模型指定宏的函数名与功能

DEFINE 宏函数名	功　能
DEFI_DEFINE_PROFILE	自定义边界截面上的变量分布
DEFINE_PROPERTY	自定义材料属性
DEFINE_HEAT_FLUX	用于修正壁面的热通量
DEFINE_NET_REATION_RATE	返回所有组分的质量净摩尔反应速率
DEFINE_CHEM_STEP	在给定时间步上积分获得所有组分的均相净质量反应率，可用于 EDC 和 PDF 输运模型
DEFINE_SOURCE	定义用户源项
DEFINE_CPHI	部分预混燃烧模型中混合常数的定义
DEFINE_TURB_PREMIX_SOURCE	定义湍流燃烧率和源项
DEFINE_DIFFUSIVITY	确定用于定义组分输运方程或者用户自定义标量（UDS）方程中扩散率和扩散系数
DEFINE_DOM_DIFFUSE_REFLECTIVITY	常用于修改界面上的扩散反射率和扩散传播率
DEFINE_DOM_SPECULAR_REFLECTIVITY	改变特殊反射半透明壁面的内表面发射率
DEFINE_DOM_SOURCE	改变关于离散坐标辐射模型中辐射输运方程中的发射项和散射项等源项
DEFINE_SCAT_PHASE_FUNC	为辐射模型定义辐射分数相函数
DEFINE_SOLAR_INTENSITY	用于太阳辐射模型中定义辐射强度参数
DEFINE_GRAY_BAND_ABS_COEFF	自定义灰带的吸收系数为温度的某个函数，用于非灰带 DO 辐射模型
DEFINE_VR_RATE	自定义容积化学反应速率表达式
DEFINE_SR_RATE	定义用户表面反应率
DEFINE_NOX_RATE	用于修改热、燃料等各种 NO_x 的生成率
DEFINE_SOX_RATE	修改 SO_x 的生成率
DEFINE_PR_RATE	在粒子表面反应模型中自定义一个粒子表面反应
DEFINE_PRANDTL_(D、K、O、T、T_WALL)	用于湍流计算中规定的各个湍流参数方程的普朗特数
DEFINE_TRUBULENT_VISCOSITY	自定义一种湍流黏度函数
DEFINE_WALL_FUNCTIONS	自定义壁面函数

3. 多相流模型中的 DEFINE 宏

多相流模型中的 DEFINE 宏只应用在多相流模型中。表 13-20 简单介绍了其主函数。

表 13-20　多相流模型中的 DEFINE 宏

DEFINE 宏函数名	功　　能
DEFINE_CAVITATION_RATE	对一个多相混合模型流动建立由压力张力而产生水蒸气的模型
DEFINE_EXCHANGE_PROPERTY	规定关于多相模型中相间相互作用变量的 UDFs
DEFINE_HET_RXN_RATE	指定多相反应速率
DEFINE_MASS_TRANSFER	指定多相流问题中的质量传输速率
DEFINE_VECTOR_EXCHANGE_PROPERTY	定义相间速度滑移

4. 离散模型中的 DEFINE 宏

离散模型中的 DEFINE 宏的主函数功能见表 13-21。

表 13-21　离散模型中的 DEFINE 宏

DEFINE 宏函数名	功　　能
DEFINE_DPM_BC	自定义粒子达到边界后的状态
DEFINE_DPM_BODY_FORCE	定义除粒子重力或阻力外其他体积力
DEFINE_DPM_DRAG	自定义颗粒和流体之间的阻力系数
DEFINE_DPM_EROSION	定义颗粒撞击壁表面后的腐蚀和增长率
DEFINE_DPM_INJECTION_INIT	自定义颗粒入射到流场中的初始条件
DEFINE_DPM_LAW	自定义粒子定律
DEFINE_DPM_OUTPUT	修改写入取样输出的内容
DEFINE_DPM_PROPERTY	自定义离散粒子的材料属性
DEFINE_DPM_SCALAR_UPDATE	在每次颗粒位置更新后更新标量的值
DEFINE_DPM_SOURCE	自定义粒子运动方程中的源项
DEFINE_DPM_SWITCH	修改粒子定律之间的转换标准
DEFINE_DMP_TIMESTEP	自定义颗粒轨道模型中的时间步长
DEFINE_DMP_VP_EQUILIB	指定平衡蒸汽压力

5. 动网格模型中的 DEFINE 宏

动网格模型中的 DEFINE 宏中相关函数及其功能见表 13-22。

表 13-22　动网格模型中的 DEFINE 宏

宏函数名	功　　能
DEFINE_GC_MOTION	定义重心移动
DEFINE_GEOM	定义变形的几何区域，重新配置节点
DEFINE_MESH_MOTION	独立控制每个节点的运动
DEFINE_SDOF_PROPRTTIES	定义移动物体的六自由度运动规律

13.3　UDF 的解释和编译

一旦使用文本编辑器写了 UDF，并且以扩展名.c 的形式把源文件保存在用户当前的工作目录中，那么就要准备对其进行解释和编译。而解释和编译完 UDF 之后，需要把它连接到 Fluent 中，并且在用户的 Fluent 模型中使用这个函数。

13.3.1　UDF 的解释

UDF 的解释过程是：首先将编好的 UDF 文件安放在工作目录下，然后单击 "User Defined"
选项卡 "User Defined" 面板 "Function" 按钮 *f(x)* 下拉菜单中的 "Interpreted" 命令，弹出 "Interpreted UDFs" 对话框，如图 13-3 所示。

在 "Source File Name" 中输入 UDF 文件名（扩展名为.c），单击 "Interpret" 按钮开始 UDF 的解释。若勾选 "Display Assembly Listing" 复选框，视图窗口还会有解释列表信息显示。如果程序有错误，Fluent 就会提示错误的原因及发生错误的程序行数。解释成功后，UDF 就加载到工程中，可根据需要在边界、材料属性或其他对话框中调用。

图 13-3　"Interpreted UDFs" 对话框

13.3.2　UDF 的编译

编译 UDF 和 Fluent 的构建方式一样，主要用于对不支持解释运行的函数进行编译。脚本 Makefile 被用来调用 C 编译器来构建一个当地目标代码库。其编译过程包括两步：建立和装载。首先，访问 "Compiled UDFs"（编译的 UDF）对话框，在此对话框上从一个或多个源文件建立一个共享库，然后把共享库（例如，libudf）装载进 Fluent 中。一旦共享库被装载，可以把它写进 Case文件中，以便今后读进 Case 文件时，共享库被自动地装载。这避免了每次运行一个模拟时必须重新装载所编译的库。UDF 或者通过 "Compiled UDFs" 对话框手动编译，或者通过读进一个 Case文件被自动编译，一旦被编译，所有包含在共享库里的编译的 UDF 将在 Fluent 的图形用户界面的面板中变得可视和可选。

在 Fluent 内部，必须提前安装 C/C++编译器。之后单击 "User Defined" 选项卡 "User Defined"面板 "Function" 按钮 *f(x)* 下拉菜单中的 "Compiled" 命令，弹出 "Compiled UDFs" 对话框，如图 13-4 所示。

在 "Source Files" 列表中可以增加和显示 UDF程序，在 "Header Files" 列表中可以增加和显示需要的头文件。单击 "Add" 按钮，就可以加载UDF 文件。然后在 "Library Name" 中输入共享库的名字，并单击 "Build" 按钮，建立一个共享库，同时编译 UDF 文件，并把编译好的 UDF 文件放入该共享库中。若编译正确，就可单击 "Load"

图 13-4　"Compiled UDFs" 对话框

按钮将编译好的 UDF 文件装载到当前的工程中。

13.3.3 在 Fluent 中激活 UDF

1. 求解初始化

一旦已经编译（并连接）了 UDF，就可以在 Fluent 中使用 UDF。这一 UDF 在 Fluent 中将成为可见的和可选择的。单击"User Defined"选项卡"User Defined"面板中的"Function Hooks"按钮$f(x)$ Function Hooks...，弹出"User-Defined Function Hooks"对话框，如图 13-5 所示。选择"Adjust"模块，单击其右边的"Edit"按钮，弹出"Adjust Functions"对话框，如图 13-6 所示，在其下拉菜单中就可以进行选择。

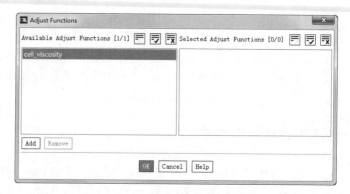

图 13-5　"User-Defined Function Hooks"
对话框

图 13-6　"Adjust Functions"对话框

求解初始化 UDF 使用 DEFINE_INIT 宏定义。

2. 用命令执行 UDF

单击"User Defined"选项卡"User Defined"面板中的"Execute On Demand"命令，弹出"Execute On Demand"对话框，如图 13-7 所示，在下拉列表中选择 UDF。

单击"Execute"按钮，以命令执行的 UDF 用 DEFINE_ON_COMMAND 宏定义。

3. 从 Case 和 Data 文件中读出及写入

单击"User Defined"选项卡"User Defined"面板中的"Function Hooks"按钮$f(x)$ Function Hooks...，弹出"User-Defined Function Hooks"对话框。

读 Case 函数在将一个 Case 文件读入 Fluent 时调用。它将指定从 Case 文件读出的定制片段。

写 Case 函数在从 Fluent 写入一个 Case 文件时调用。它将指定写入 Case 文件的定制片段。

读 Data 函数在将一个 Data 文件读入 Fluent 时调用。它将指定从 Data 文件读出的定制片段。

写 Data 函数在从 Fluent 写入一个 Data 文件时调用。它将指定写入 Data 文件的定制片段。

上述 4 个函数用 DEFINE_RW_FUNCTION 宏定义。

4．用户定义内存

可以使用 UDF 将计算出的值存入内存，以便以后能重新得到它。为了能访问这些内存，需要在"User-Defined Memory"对话框中指定用户定义内存单元数量（Number of User_Defined Memory Locations）。单击"User Defined"选项卡"User Defined"面板中的"Memory"按钮📇，弹出"User-Defined Memory"对话框，如图 13-8 所示。

图 13-7　"Execute On Demand"对话框　　　图 13-8　"User-Defined Memory"对话框

已经存储在用户定义内存中的场值将在下次写入时存入 Data 文件。这些场同样也出现在 Fluent 后处理面板中下拉列表的"User Defined Memory…"中。它们将被命名为"udm-0""udm-1"等，基于内存位置索引，内存位置的整个数量限制在 500。

5．激活 UDF

（1）边界条件。一旦已经编译（并连接）了 UDF，就可以在 Fluent 中使用 UDF。这一 UDF 在 Fluent 中将成为可见的和可选择的，可以在适当的边界条件面板中选择它。例如，当 UDF 定义了一个速度入口边界条件，就可以在"Velocity Inlet"对话框中适当的下拉列表中选择 UDF 名字（在 C 函数中已经定义，如 inlet_x_velocity），如图 13-9 所示。

（2）物理属性。例如，在"Material"面板中的"Viscosity"中选择"User-Defined"，则会弹出"User-Defined Functions"对话框，如图 13-10 所示，在其中选择合适的函数名字。如果需要编译多于一个的解释型 UDF，这些函数应在编译前连接。

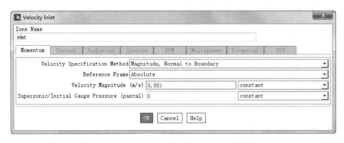

图 13-9　"Velocity Inlet"对话框　　　图 13-10　"User-Defined Functions"对话框

此外，还可以激活多相 UDF、DPM UDF 等，这里就不再详细介绍。详尽资料请查看 UDF 使用说明。

扫一扫，看视频

13.4　实例——金属铸造凝固过程

13.4.1　问题分析

铸造是将液体金属浇铸到与零件形状相适应的铸造空腔中，待其冷却凝固后，以获得零件或毛坯的方法，如图 13-11（a）所示是铸造的实景图。本例就利用 UDF 通过自定义函数来模拟在金属铸造的过程中流动与冷凝固的过程，图 13-11（b）为模型尺寸图，铸造的过程描述如下。

液体金属[密度：8000kg/m³，黏度 5.5×10⁻³kg/(m·s)，比热容：680J/(kg·K)，热导率：30W/(m·K)]在 290K 的温度下从左边以 1mm/s 的速度进入管道。在金属液体沿管道前进了 0.5m 以后，受到了冷壁面的冷却，壁面温度保持在 280K。温度 T>288K 时，流体的黏度为 5.5×10⁻³kg/(m·s)，而更冷区域（T<286K）的黏度有更大的值[1.0kg/(m·s)]。在中等温度范围内（286K≤T≤288K），黏度在上面给出的两个值之间按线性分布：μ=143.2135-0.49725T。这个模型的基础是假设液体冷却时很快地变为高黏度，它的速度降低，所以模拟的是凝固。

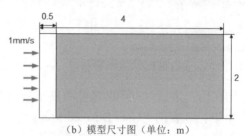

（a）金属铸造实景   （b）模型尺寸图（单位：m）

图 13-11　金属铸造

13.4.2　创建几何模型

01 启动 DesignModeler 建模器。打开 Workbench 程序，展开左侧工具箱中的"分析系统"栏，将工具箱里的"流体流动（Fluent）"选项拖动到"项目原理图"界面中，创建一个含有"流体流动（Fluent）"的项目模块。右击"几何结构"栏，在弹出的快捷菜单中选择"新的 DesignModeler 几何结构"命令，启动 DesignModeler 建模器。

02 设置单位。进入 DesignModeler 建模器后，首先设置单位。单击"单位"菜单，在弹出的下拉菜单中选择"米"选项，设置绘图环境的单位为米。

03 新建草图。选择树轮廓中的"XY 平面"命令✻，然后单击工具栏中的"新草图"按钮⃝，新建一个草图。此时树轮廓中"XY 平面"分支下会多出一个名为"草图 1"的草图，然后右击"草图 1"，在弹出的快捷菜单中选择"查看"命令鄽，将视图切换为正视于"XY 平面"方向。

04 切换标签。单击树轮廓下端的"草图绘制"标签，打开"草图工具箱"，进入草图绘制环境。

05 绘制草图 1。利用"草图工具箱"中的工具绘制管道草图，如图 13-12 所示，然后单击"生成"按钮⚡，完成草图 1 的绘制。

06 创建草图表面。单击"概念"菜单，在弹出的下拉列表中选择"草图表面"命令鄽，在弹出的"详细信息视图"中设置"基对象"为"草图 1"，设置"操作"为"添加材料"，如图 13-13 所示，单击"生成"按钮⚡，完成模型的创建，结果如图 13-14 所示。

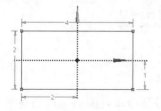

图 13-12　绘制草图 1（单位：m）

详细信息视图	
详细信息 SurfaceSk1	
草图表面	SurfaceSk1
基对象	1 草图
操作	添加材料
以平面法线定向吗？	是
厚度（>=0）	0 mm

图 13-13　详细信息视图

图 13-14　创建模型

13.4.3　划分网格及边界命名

01 启动 Meshing 网格应用程序。右击"流体流动（Fluent）"项目模块中的"网格"栏，在弹出的快捷菜单中选择"编辑"命令，启动 Meshing 网格应用程序。

02 全局网格设置。在轮廓树中单击"网格"分支，系统切换到"网格"选项卡。同时在左下角弹出"网格"的详细信息，设置"单元尺寸"为 100.0mm，如图 13-15 所示。

03 设置划分方法。单击"网格"选项卡"控制"面板中的"方法"按钮 ，左下角弹出"自动方法"的详细信息。设置"几何结构"为模型的表面几何体，设置"方法"为"三角形"，其余为默认设置，此时详细信息变为"所有三角形法"的详细信息，如图 13-16 所示。

 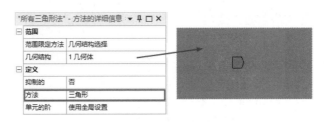

图 13-15　"网格"的详细信息　　　　图 13-16　"所有三角形法"的详细信息

04 划分网格。单击"网格"选项卡"网格"面板中的"生成"按钮 ，系统自动划分网格。

05 边界命名。

（1）命名入口名称。选择模型的左边界线，然后右击，在弹出的快捷菜单中选择"创建命名选择"命令，弹出"选择名称"对话框，然后在文本框中输入"inlet"（入口），如图 13-17 所示，设置完成后单击该对话框的"OK"按钮，完成入口的命名。

（2）命名出口名称。采用同样的方法，选择模型的右边线，命名为"outlet"（出口）。

（3）命名壁面名称。采用同样的方法，选择模型的上下边线，命名为"wall"（壁面）。

（4）命名流体名称。采用同样的方法，选择模型实体，命名为"fluid"（流体）。

06 将网格平移至 Fluent 中。完成网格划分及命名边界后，需要将划分好的网格平移到 Fluent 中。选择"模型树"中的"网格"分支，系统自动切换到"网格"选项卡，然后单击"网格"面板中的"更新"按钮 ，系统弹出"信息"提示对话框，如图 13-18 所示，完成网格的平移。

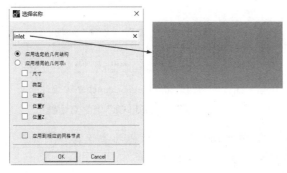

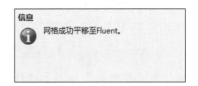

图 13-17　命名入口　　　　　　　　　图 13-18　"信息"提示对话框

13.4.4 编写 UDF 函数

使用计算机新建一个.txt 文件，编写以下内容，然后以"niandu.c"作为文件名及扩展名保存文件。

```
#include "udf.h"
DEFINE_PROPERTY(niandu, cell, thread)
{
real mu_lam;
real temp = C_T(cell, thread);
if (temp > 288.)
mu_lam = 5.5e-3;
else if (temp > 286.)
mu_lam = 143.2135 - 0.49725 * temp;
else
mu_lam = 1.;
return mu_lam;
}
```

13.4.5 分析设置

01 启动 Fluent 应用程序。右击"流体流动（Fluent）"项目模块中的"设置"栏，在弹出的快捷菜单中选择"编辑"命令，如图 13-19 所示。弹出"Fluent Launcher 2022 R1（Setting Edit Only）"对话框，勾选"Double Precision"（双精度）复选框，单击"Start"（启动）按钮，启动 Fluent 应用程序，如图 13-20 所示。

图 13-19　启动 Fluent 网格应用程序

图 13-20　"Fluent Launcher 2022 R1（Setting Edit Only）"对话框

02 检查网格。单击任务页面"通用"设置"网格"栏中的"检查"按钮 检查 ，检查网格，当"控制台"中显示"Done."（完成）时，表示网格可用。

03 设置求解类型。在任务页面"通用"设置"求解器"栏中勾选"压力基"类型，勾选

"时间"为"稳态",其余为默认设置,如图 13-21 所示。

04 启动能量方程。勾选"物理模型"选项卡"模型"面板中的"能量"复选框,启动能量方程。

05 导入 UDF。单击"用户自定义"选项卡"用户自定义"面板中的"函数"下一级菜单中的"解释"命令,弹出"解释 UDF"对话框,如图 13-22 所示。在该对话框中单击"浏览"按钮 浏览... ,弹出"Select File"(选择文件)对话框,选择编写好的 UDF 文件,如图 13-23 所示。单击"OK"按钮 OK ,返回到"解释 UDF"对话框,单击"解释"按钮,导入 UDF 文件,然后单击"关闭"按钮 关闭 ,关闭该对话框。

06 定义材料。单击"物理模型"选项卡"材料"面板中的"创建/编辑"按钮,弹出"创建/编辑材料"对话框,如图 13-24 所示。系统默认的流体材料为"air"(空气),在此基础上设置材料属性。设置"名称"为"jinshuye",然后在"属性"栏中设置"密度"为"8000","比热"为 680、"热导率"为 30,然后在"黏度"下拉列表中选择"user-defined"(用户自定义),弹出"用户自定义函数"对话框,如图 13-25 所示,选择"niandu",然后单击"OK"按钮,弹出一个"Question"(问题)对话框,如图 13-26 所示。单击"Yes"按钮,返回"创建/编辑材料"对话框,然后单击"关闭"按钮,关闭该对话框。

图 13-21 设置求解类型

图 13-22 "解释 UDF"对话框

图 13-23 "Select File"对话框

图 13-24 "创建/编辑材料"对话框

图 13-25 "用户自定义材料"对话框

07 设置单元区域。单击"物理模型"选项卡"区域"面板中的"单元区域"按钮▦，任务页面切换为"单元区域条件"。在"单元区域条件"下方的"区域"列表中选择"fluid"（流体）选项，单击"编辑"按钮编辑……，弹出"流体"对话框，设置"材料名称"为"jinshuye"，其余为默认设置，如图13-27所示。单击"应用"按钮应用，然后单击"关闭"按钮关闭，关闭该对话框。

图 13-26 "Question"对话框

图 13-27 "流体"对话框

08 设置边界条件。

（1）设置入口边界条件。单击"物理模型"选项卡"区域"面板中的"边界"按钮▦，任务页面切换为"边界条件"。在"边界条件"下方的"区域"列表中选择"inlet"（入口）选项，显示"类型"为"velocity-inlet"（速度入口），如图13-28所示。单击"编辑"按钮编辑……，弹出"速度入口"对话框，在"动量"面板中设置"速度大小"为0.001，如图13-29所示；在"热量"面板中设置"温度"为290，如图13-30所示。单击"应用"按钮应用，然后单击"关闭"按钮关闭，关闭"速度入口"对话框。

图 13-28 入口边界条件

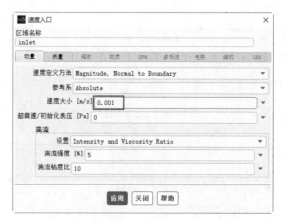

图 13-29 设置入口动量

图 13-30 设置入口热量

（2）设置壁面边界条件。在"边界条件"下方的"区域"列表中选择"wall"（壁面）选项，显示"类型"为"wall"（壁面），然后单击"编辑"按钮 编辑……，弹出"壁面"对话框，在"热量"面板中勾选"温度"单选按钮，设置"温度"为 280，如图 13-31 所示。单击"应用"按钮 应用，然后单击"关闭"按钮 关闭，关闭"壁面"对话框。

图 13-31　设置壁面热量

13.4.6　求解设置

01 设置求解方法。单击"求解"选项卡"求解"面板中的"方法"按钮，任务页面切换为"求解方法"，采用默认设置，如图 13-32 所示。

02 流场初始化。在"求解"选项卡"初始化"面板中勾选"标准"单选按钮，然后单击"选项"按钮，"任务面板"切换为"解决方案初始化"。设置"计算参考位置"为"inlet"（入口），其余为默认设置，如图 13-33 所示。单击"初始化"按钮 初始化，进行初始化。

图 13-32　设置求解方法

图 13-33　流场初始化

13.4.7　求解

单击"求解"选项卡"运行计算"面板中的"运行计算"按钮，任务页面切换为"运行计算"。在"参数"栏中设置"迭代次数"为300，其余为默认设置，如图13-34所示。单击"开始计算"按钮，开始求解，计算完成后弹出提示对话框。单击"OK"按钮，完成求解。

图13-34　求解设置

13.4.8　查看求解结果

查看云图。

（1）查看分子黏度云图。单击"结果"选项卡"图形"面板"云图"下拉菜单中的"创建"命令，打开"云图"对话框，设置"云图名称"为"contour-1"（等高线-1），在"选项"列表中勾选"填充""节点值""边界值""全局范围"和"自动范围"复选框，设置"着色变量"为"Properties"（属性）和"Molecular Viscosity"（分子黏度），然后单击"保存/显示"按钮，显示分子黏度云图，如图13-35所示。

（2）查看凝固函数等值线图。在云图对话框中的"选项"列表中勾选"全局范围"和"自动范围"复选框，设置"着色变量"为"Velocity"（速度）和"Stream Function"（流动函数），然后单击"保存/显示"按钮，显示凝固函数等值线图，如图13-36所示。

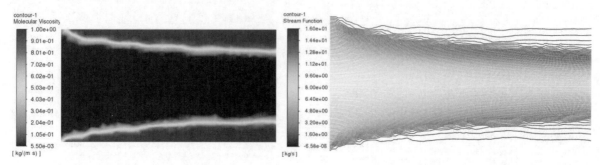

图13-35　分子黏度云图　　　　　　　　　　　图13-36　凝固函数等值线图

　　（3）查看速度云图。在云图对话框中的"选项"列表中勾选"填充""节点值""边界值"
"全局范围"和"自动范围"复选框，设置"着色变量"为"Velocity"（速度）和"Velocity Magnitude"
（速度大小），然后单击"保存/显示"按钮，显示速度云图，如图 13-37 所示。

　　（4）查看温度云图。在云图对话框中的"选项"列表中勾选"填充""节点值""边界值"
"全局范围"和"自动范围"复选框，设置"着色变量"为"Temperature"（温度）和"Total Temperature"
（总体温度），然后单击"保存/显示"按钮，显示总体温度云图，如图 13-38 所示。

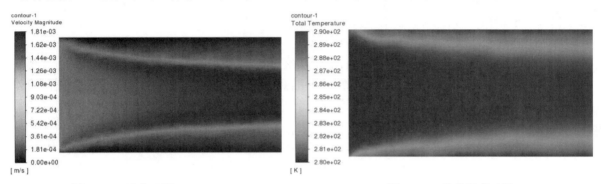

　　　　　　图 13-37　速度云图　　　　　　　　　　　　　图 13-38　总体温度云图

第 14 章　内部流动分析

内容简介

　　流体机械设备及管道广泛应用于水利、发电、石油、化工、冶金、矿山、钢铁及军工等重要行业中。在创造巨大经济效益的同时，也是主要的耗能设备，约占全国总耗能的 23%。提高流体机械设备与管道单机的设计与系统效率，任务十分艰巨。

内容要点

➢ 混合物模型实例——油水混合流体 T 形管流动
➢ 雷诺应力模型——偏心环空中的轴向流

案例效果

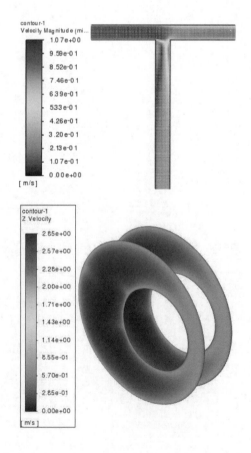

14.1 混合物模型实例——油水混合流体 T 形管流动

14.1.1 问题分析

图 14-1 为一个 T 形管，它的直径为 0.5m，水和油的混合物从左端以 1m/s 的速度进入，其中油的质量分数为 80%。在交叉点处混合流分流，78%质量流率的混合流从下口流出，22%质量流率的混合流从右端流出。

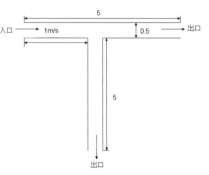

图 14-1 T 形管（单位：m）

14.1.2 导入几何模型

01 创建项目模块。打开 Workbench 程序，展开左侧工具箱中的"分析系统"栏，将工具箱里的"流体流动（Fluent）"选项拖动到"项目原理图"界面中，创建一个含有"流体流动（Fluent）"的项目模块。

02 导入模型。在项目模块中右击"几何结构"命令，在弹出的快捷菜单中选择"导入几何模型"下一级菜单中的"浏览"命令，弹出"打开"对话框，如图 14-2 所示。选择要导入的模型"Txingguan"，然后单击"打开"按钮 打开(O) 。

图 14-2 "打开"对话框

📢 说明：

> 由于该模型较简单，读者可以自己建模，也可以导入本书提供的模型文件。

14.1.3 划分网格及边界命名

01 启动 Meshing 网格应用程序。右击"流体流动（Fluent）"项目模块中的"网格"栏，在弹出的快捷菜单中选择"编辑"命令，启动 Meshing 网格应用程序，如图 14-3 所示。

02 设置单位系统。单击"主页"选项卡"工具"面板中的"单位"按钮 mft，弹出"单位系统"下拉菜单，勾选"度量标准（mm、kg、N、s、mV、mA）"选项，如图 14-4 所示。

03 全局网格设置。在轮廓树中单击"网格"分支，系统切换到"网格"选项卡。同时在左下角弹出"网格"的详细信息，设置"单元尺寸"为 50.0mm，如图 14-5 所示。

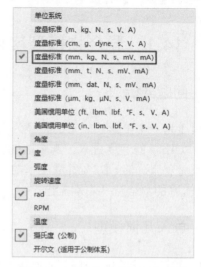

图 14-3　启动 Meshing 网格应用程序　　　　图 14-4　"单位系统"下拉菜单

04 划分网格。单击"网格"选项卡"网格"面板中的"生成"按钮，系统自动划分网格，结果如图 14-6 所示。

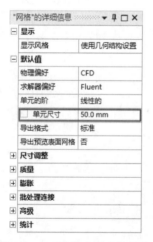

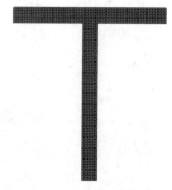

图 14-5　"网格"的详细信息　　　　　图 14-6　划分网格

05 边界命名。

（1）命名入口名称。选择 T 形管的左边线，然后右击，在弹出的快捷菜单中选择"创建命名选择"命令，如图 14-7 所示，弹出"选择名称"对话框，在文本框中输入"inlet"（入口），如图 14-8 所示，设置完成后单击该对话框的"OK"按钮，完成入口的命名。

（2）命名出口名称。采用同样的方法，选择 T 形管的右边线，命名为"outlet-1"（出口-1），选择 T 形管的下边线，命名为"outlet-2"（出口-2）。

（3）命名 T 形管壁面名称。采用同样的方法，选择 T 形管剩下的边线，命名为"wall"（壁面）。

（4）命名流体名称。采用同样的方法，选择 T 形管主体，将其命名为"fluid"（流体）。

06 将网格平移至 Fluent 中。完成网格划分及边界命名后，需要将划分好的网格平移到 Fluent 中。选择"模型树"中的"网格"分支，系统自动切换到"网格"选项卡，然后单击"网格"面板中的"更新"按钮，系统弹出"信息"提示对话框，如图 14-9 所示，完成网格的平移。

图 14-7　选择"创建命名选择"命令　　　图 14-8　命名入口　　　图 14-9　"信息"提示对话框

14.1.4　分析设置

01 启动 Fluent 应用程序。右击"流体流动（Fluent）"项目模块中的"设置"栏，在弹出的快捷菜单中选择"编辑"命令，如图 14-10 所示。弹出"Fluent Launcher 2022 R1（Setting Edit Only）"对话框，勾选"Double Precision"（双精度）复选框，单击"Start"（启动）按钮，启动 Fluent 应用程序，如图 14-11 所示。

图 14-10　启动 Fluent 网格应用程序

图 14-11　"Fluent Launcher 2022 R1（Setting Edit Only）"对话框

02 检查网格。单击任务页面"通用"设置"网格"栏中的"检查"按钮 检查 ，检查网格，当"控制台"中显示"Done."（完成）时，表示网格可用。

03 设置求解类型。在任务页面"通用"设置中设置"求解器"类型，本例保持系统默认设置即可满足要求。

04 设置黏性模型。单击"物理模型"选项卡"模型"面板中的"黏性"按钮 ，弹出"黏性模型"对话框。在"模型"栏中勾选"k-epsilon（2 eqn）"单选按钮，其余为默认设置，如图 14-12 所示，单击"OK"按钮，关闭该对话框。

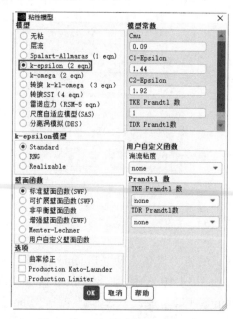

图 14-12 "黏性模型"对话框

05 定义材料。单击"物理模型"选项卡"材料"面板中的"创建/编辑"按钮，弹出"创建/编辑材料"对话框，如图 14-13 所示。单击对话框中的"Fluent 数据库"按钮 Fluent数据库...，弹出"Fluent 数据库材料"对话框，在"Fluent 流体材料"栏中选择"water-liquid（h2o <l>）"（液体水）材料和"fuel-oil-liquid（c19h30 <l>）"（燃油液体），如图 14-14 所示。单击"复制"按钮 复制，复制该材料，再单击"关闭"按钮 关闭，关闭"Fluent 数据库材料"对话框，返回"创建/编辑材料"对话框，单击"关闭"按钮 关闭，关闭"创建/编辑材料"对话框。

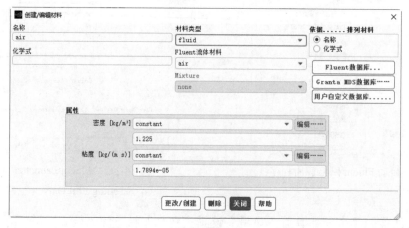

图 14-13 "创建/编辑材料"对话框

06 设置多相流模型。

（1）设置模型。单击"物理模型"选项卡"模型"面板中的"多相流"按钮，弹出"多相流模型"对话框。在"模型"栏中勾选"Mixture"（混合）单选按钮，其余为默认设置，如图 14-15 所示，单击"应用"按钮。

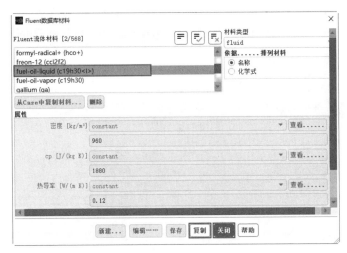

图 14-14　"Fluent 数据库材料"对话框

（2）设置相。在"多相流模型"对话框中单击"相"选项卡，切换到"相"面板。在左侧的"相"列表中选择"phase-1-Primary Phase"（主相）；在右侧的"相设置"中设置"名称"为"oil"（油），设置"相材料"为"fuel-oil-liquid"（燃油液体），如图 14-16 所示。同理设置"phase-2-Secondary Phase"（第二相）的名称为"water"（水），设置"相材料"为"water-liquid"（液体水）。单击"应用"按钮，再单击"关闭"按钮，关闭"多相流模型"对话框。

图 14-15　"多相流模型"对话框

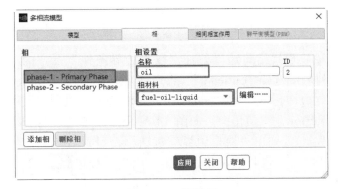

图 14-16　设置相

07 设置边界条件。

（1）设置入口边界条件。单击"物理模型"选项卡"区域"面板中的"边界"按钮，任务页面切换为"边界条件"。在"边界条件"下方的"区域"列表中选择"inlet"（入口）选项，显示"inlet"（入口）的"相"为"mixture"（混合），"类型"为"velocity-inlet"（速度入口），如图 14-17 所示。单击"编辑"按钮，弹出"速度入口"对话框，在"动量"面板中选择

"设置"类型为"Intensity and Hydraulic Diameter"（湍流强度和水力直径），设置"湍流强度"为5、"水力直径"为0.5，如图14-18所示，单击"应用"按钮 应用；然后在"速度入口"对话框中设置"相"为"water"（水），在"动量"面板中设置"速度大小"为1，如图14-19所示。在"多相流"面板中设置"体积分数"为0.2，如图14-20所示，单击"应用"按钮 应用。然后在"速度入口"对话框中设置"相"为"oil"（油），在"动量"面板中设置"速度大小"为1，单击"应用"按钮 应用，再单击"关闭"按钮 关闭，关闭"速度入口"对话框。

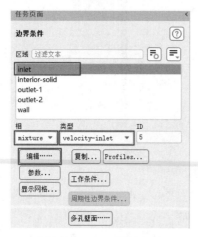

图 14-17 入口边界条件

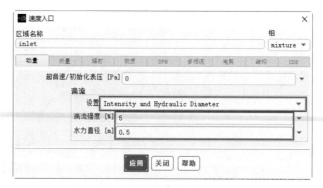

图 14-18 "速度入口"对话框

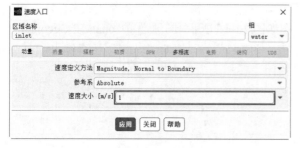

图 14-19 设置速度大小

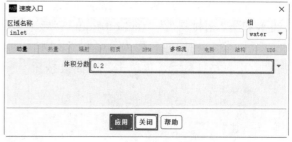

图 14-20 设置体积分数

（2）设置出口边界条件。在"边界条件"下方的"区域"列表中选择"outlet-1"（出口-1）选项，显示"outlet-1"（出口-1）的"相"为"mixture"（混合），设置"类型"为"outflow"（流出），如图14-21所示。单击"编辑"按钮 编辑……，弹出"流出边界"对话框，设置"流速加权"为0.78，如图14-22所示，单击"应用"按钮 应用，然后单击"关闭"按钮 关闭，关闭"流出边界"对话框。同理在"边界条件"下方的"区域"列表中选择"outlet-2"（出口-2）选项，设置"流速加权"为0.22。

（3）设置工作条件。在"边界条件"下方选择"工作条件"按钮 工作条件……，弹出"工作条件"对话框，勾选"重力"复选框，设置 y 向加速度为-9.81m/s²，如图14-23所示，单击"OK"按钮，关闭"工作条件"对话框。

图 14-21 出口边界条件

图 14-22　"流出边界"对话框

图 14-23　"工作条件"对话框

14.1.5　求解设置

01 设置求解方法。单击"求解"选项卡"控制"面板中的"控制"按钮✂，任务页面切换为"解决方案控制"，采用默认设置。

02 流场初始化。在"求解"选项卡"初始化"面板中勾选"标准"单选按钮，然后单击"选项"按钮，"任务面板"切换为"解决方案初始化"。设置"计算参考位置"为"inlet"（入口），其余为默认设置，如图 14-24 所示，然后单击"初始化"按钮 初始化，进行初始化。

03 设置残差。单击"求解"选项卡"报告"面板中的"残差"按钮〰，弹出"残差监控器"对话框，采用默认设置，如图 14-25 所示。单击"OK"按钮 OK，关闭该对话框。

图 14-24　流场初始化

图 14-25　"残差监控器"对话框

14.1.6 求解

单击"求解"选项卡"运行计算"面板中的"运行计算"按钮，任务页面切换为"运行计算"。在"参数"栏中设置"迭代次数"为1000，其余为默认设置，如图14-26所示。单击"开始计算"按钮，开始求解，计算完成后弹出提示对话框，单击"OK"按钮，完成求解。

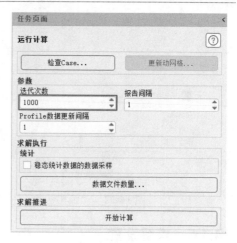

图 14-26 求解设置

14.1.7 查看求解结果

01 查看云图。单击"结果"选项卡"图形"面板"云图"下拉菜单中的"创建"命令，打开"云图"对话框，设置"云图名称"为"contour-1"，在"选项"列表中勾选"填充""节点值""边界值""全局范围"和"自动范围"复选框，设置"着色变量"为"Pressure"（压强），在"表面"列表中选择"inlet"（入口）、"interior-fluid"（内部流体）、"outlet-1"（出口-1）、"outlet-2"（出口-2）和"wall"（壁面）选项，然后单击"保存/显示"按钮，显示压强云图，如图14-27所示。设置"着色变量"为"Velocity"（速度），然后单击"保存/显示"按钮，显示速度云图，如图14-28所示。

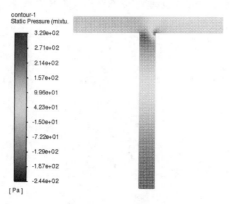

图 14-27 压强云图

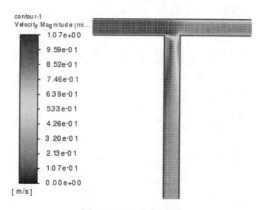

图 14-28 速度云图

02 查看矢量图。单击"结果"选项卡"图形"面板"矢量"下拉菜单中的"创建"命令，打开"矢量"对话框，设置"矢量名称"为"vector-1"（矢量1），在"选项"列表中勾选"全局范围""自动范围"和"自动缩放"复选框，设置"着色变量"为"Velocity"（速度），在"表面"列表中选择"inlet"（入口）、"interior-fluid"（内部流体）、"outlet-1"（出口-1）、"outlet-2"（出口-2）和"wall"（壁面）选项，然后单击"保存/显示"按钮，显示速度矢量图，如图14-29所示。

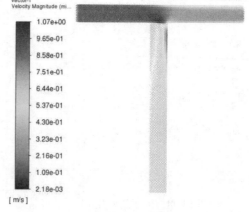

图 14-29 速度矢量图

14.2　雷诺应力模型——偏心环空中的轴向流

14.2.1　问题分析

本案例为计算偏心环空中的轴向流，计算模型如图 14-30 所示。计算偏心环形空间中轴向流动，且内筒不旋转。环空偏心率为 0.5，雷诺数为 26600。流量稳定，进水口处的速度剖面已完全形成。

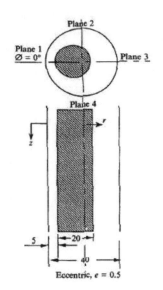

下面是本案例的计算条件：

（1）材料参数。

密度：896 kg/m^3。

黏度：0.00146048 kg/(m・s)。

（2）几何模型。

外圆直径：40.3 mm。

内圆直径：20.1 mm。

偏心率：0.5。

（3）边界条件。

采用周期边界，质量流量 1.8368 kg/s。

本案例采用稳态计算。

14.2.2　导入 cas 文件

图 14-30　计算模型（单位：mm）

01 创建项目模块。打开 Workbench 程序，展开左侧工具箱中的"分析系统"栏，将工具箱里的"流体流动（Fluent）"选项拖动到"项目原理图"界面中，创建一个含有"流体流动（Fluent）"的项目模块。

02 导入 cas 文件。在项目模块中右击"网格"命令，在弹出的快捷菜单中选择"导入网格文件"下一级菜单中的"浏览"命令，弹出"打开"对话框，如图 14-31 所示。选择要导入的模型 "Axial_Flow.cas"，然后单击"打开"按钮 打开(O) 。

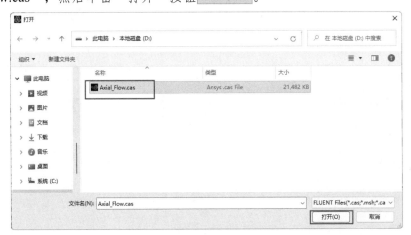

图 14-31　"打开"对话框

14.2.3　分析设置

01 启动 Fluent 应用程序。右击"流体流动（Fluent）"项目模块中的"设置"栏，在弹出的快捷菜单中选择"编辑"命令，如图 14-32 所示。弹出"Fluent Launcher 2022 R1（Setting Edit Only）"对话框，勾选"Double Precision"（双精度）复选框，单击"Start"（启动）按钮，启动 Fluent 应用程序，如图 14-33 所示。

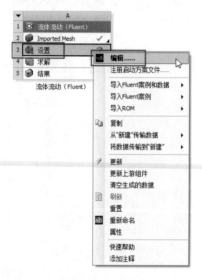

图 14-32　启动 Fluent 网格应用程序

图 14-33　"Fluent Launcher 2022 R1（Setting Edit Only）"对话框

02 检查网格。单击任务页面"通用"设置"网格"栏中的"检查"按钮 检查 ，检查网格，当"控制台"中显示"Done."（完成）时，表示网格可用，如图 14-34 所示。

03 设置求解类型。在任务页面"通用"设置"求解器"栏中勾选"压力基"类型，勾选"时间"为"稳态"，勾选"重力"复选框，激活"重力加速度"，设置 y 向加速度为-9.81，如图 14-35 所示。

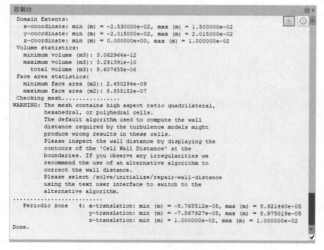

图 14-34　检查网格

图 14-35　设置求解类型

04 设置黏性模型。单击"物理模型"选项卡"模型"面板中的"黏性"按钮 ，弹出"黏性模型"对话框，在"模型"栏中勾选"雷诺应力（RSM-7 eqn）"单选按钮，在"雷诺应力模型（RSM）"栏中勾选"Stress-Omega"单选按钮，其余为默认设置，如图14-36所示，单击"OK"按钮，关闭该对话框。

05 定义材料。单击"物理模型"选项卡"材料"面板中的"创建/编辑"按钮 ，弹出"创建/编辑材料"对话框，如图14-37所示，系统默认的流体材料为"air"（空气），需要再添加一个"水"材料。单击对话框中的"Fluent数据库"按钮 Fluent数据库... ，弹出"Fluent数据库材料"对话框，在"Fluent流体材料"栏中选择"water-liquid（h2o <l>）"（液体水）材料，如图14-38所示。单击"复制"按钮 复制 ，复制该材料，再单击"关闭"按钮 关闭 ，关闭"Fluent数据库材料"对话框，

图 14-36　"黏性模型"对话框

返回"创建/编辑材料"对话框，设置"密度"为 896，设置"黏度"为 0.00146048，单击"更改/创建"按钮修改参数。单击"关闭"按钮 关闭 ，关闭"创建/编辑材料"对话框。

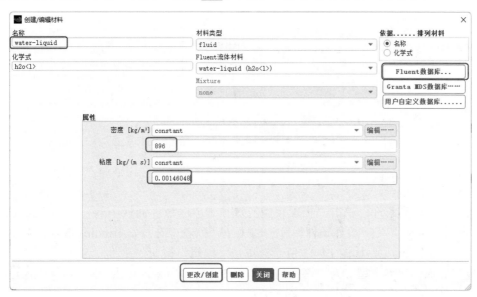

图 14-37　"创建/编辑材料"对话框

06 设置单元区域。单击"物理模型"选项卡"区域"面板中的"单元区域"按钮 ，任务页面切换为"单元区域条件"。在"单元区域条件"下方的"区域"列表中选择"fluid"选项，显示"fluid"的"类型"为"fluid"，如图14-39所示。单击"编辑"按钮 编辑...... ，弹出"流体"对话框，设置"材料名称"为"water-liquid"，如图14-40所示。单击"应用"按钮 应用 ，然后单击"关闭"按钮 关闭 ，关闭"流体"对话框。

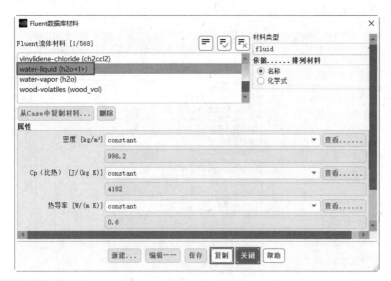

图 14-38 "Fluent 数据库材料"对话框　　　　　图 14-39　单元区域条件

图 14-40　"流体"对话框

07 设置边界条件。

（1）设置入口边界条件。单击"物理模型"选项卡"区域"面板中的"边界"按钮，任务页面切换为"边界条件"。在"边界条件"下方的"区域"列表中选择"periodic"选项，显示"periodic"的"类型"为"periodic"，如图 14-41 所示。单击"编辑"按钮，弹出"周期性边界"对话框，设置"周期性边界类型"为"平移的"，如图 14-42 所示。单击"应用"按钮，然后单击"关闭"按钮，关闭"periodic"对话框。

（2）设置周期性边界条件。单击"周期性边界条件"按钮，弹出"Periodic Conditions"对话框，设置"Pressure Gradient"为-2121.162，如图 14-43 所示。单击"OK"按钮，关闭"Periodic Conditions"对话框。

图 14-41　入口边界条件

图 14-42　"周期性边界"对话框

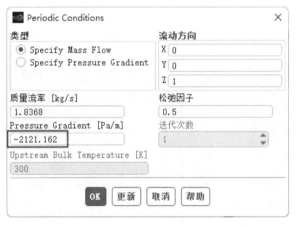

图 14-43　"Periodic Conditions"对话框

14.2.4　求解设置

01 设置求解方法。单击"求解"选项卡"求解"面板中的"方法"按钮，任务页面切换为"求解方法"。在"压力速度耦合"栏中设置"方案"为"Coupled"算法，设置"梯度"为"Green-Gauss Node Based"，设置"压力"为"Body Force Weighted"（体积力），取消勾选"伪时间法"复选框，其余为默认设置，如图 14-44 所示。

02 设置解决方案控制。单击"求解"选项卡"控制"面板中的"控制"按钮，任务页面切换为"解决方案控制"，设置"流动库郎数"为 40，其余为默认设置，如图 14-45 所示。

03 设置残差监控器。单击"求解"选项卡"报告"面板中的"残差"按钮，弹出"残差监控器"对话框，采用如图 14-46 所示的设置，然后单击"OK"按钮。

图 14-44　设置求解方法

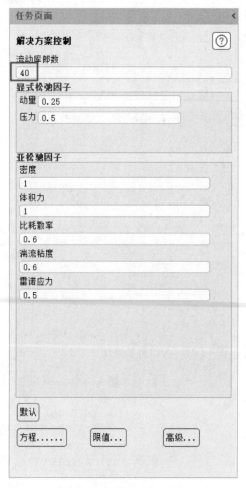

图 14-45　设置解决方案控制

图 14-46　"残差监控器"对话框

04 流场初始化。在"求解"选项卡"初始化"面板中勾选"混合"单选按钮，然后单击"初始化"面板中的"初始化"按钮 t=0，进行初始化。

14.2.5　求解

单击"求解"选项卡"运行计算"面板中的"运行计算"按钮，任务页面切换为"运行计算"。在"参数"栏中设置"迭代次数"为 1000，其余为默认设置，如图 14-47 所示。单击"开始计算"按钮，开始求解，计算完成后弹出"Information"提示对话框，如图 14-48 所示。单击"OK"按钮，完成求解。

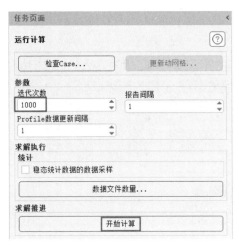

图 14-47　求解设置

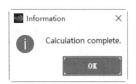

图 14-48　"Information"提示对话框

14.2.6　查看求解结果

查看云图。单击"结果"选项卡"图形"面板"云图"下拉菜单中的"创建"命令，打开"云图"对话框，如图 14-49 所示。设置"云图名称"为"contour-1"（等高线-1），在"选项"列表中勾选"填充""节点值""边界值""全局范围"和"自动范围"复选框，设置"着色变量"为"Velocity"（速度）、"Z Velocity"，在"表面"列表中选择"periodic"，然后单击"保存/显示"按钮，显示速度云图，如图 14-50 所示。

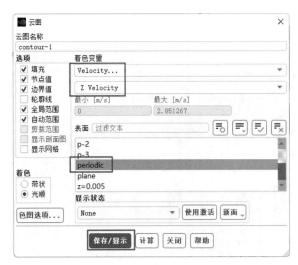

图 14-49　"云图"对话框

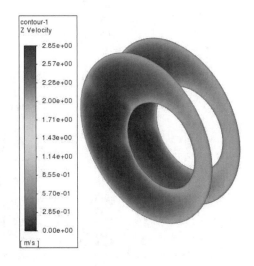

图 14-50　速度云图

第 15 章　流体热分析

内容简介

本章为流体热分析综合实例部分。引发传热的原因有三种，即导热、对流传热和辐射传热。依据问题的不同，Fluent 求解不同的能量方程以考虑用户设定的传热模型。

内容要点

➢ 辐射换热实例——矩形壳内射换热
➢ k-epsilon（2 eqn）模型实例——室内暖气对流

案例效果

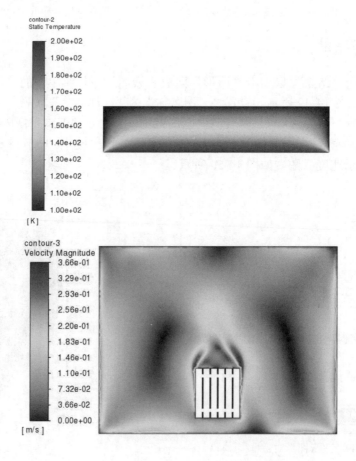

15.1　辐射换热实例——矩形壳内射换热

15.1.1　问题分析

本实例模拟一个热壁和三个冷壁的壳体内具有等温度介质的二维辐射换热问题。模型如图 15-1 所示，外壳是一个长宽比为 5 的矩形空腔。对于所考虑的问题，$\sigma L_y = 1.0$，其中 σ 是散射系数，L_y 是热壁和与其相对的冷壁之间的法向距离。

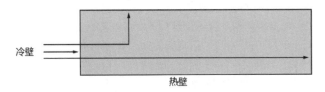

图 15-1　模型

其中计算条件如下：

（1）材料参数。

热导率：1W/(m·K)。

散射系数：0.5/m。

（2）几何模型。

腔体边长：10m×2m。

（3）边界条件。

热壁面温度：200K。

冷壁面温度：100K。

假设各向同性散射和辐射平衡。采用稳态计算，利用 DO 辐射模型考虑热辐射。

15.1.2　创建几何模型

01 启动 DesignModeler 建模器。打开 Workbench 程序，展开左侧工具箱中的"分析系统"栏，将工具箱中的"流体流动（Fluent）"选项拖动到"项目原理图"界面中，创建一个含有"流体流动（Fluent）"的项目模块。右击"几何结构"栏，在弹出的快捷菜单中选择"新的 DesignModeler 几何结构"命令，启动 DesignModeler 建模器，如图 15-2 所示。

02 设置单位。进入 DesignModeler 建模器后，首先设置单位。单击"单位"菜单，在弹出的下拉菜单中选择"米"选项，如图 15-3 所示，设置绘图环境的单位为米。

03 新建草图。选择树轮廓中的"XY 平面"命令 ⋇，然后单击工具栏中的"新草图"按钮 ，新建一个草图。此时树轮廓中"XY 平面"分支下会多出一个名为"草图 1"的草图，然后右击"草图 1"，在弹出的快捷菜单中选择"查看"命令 ，如图 15-4 所示，将视图切换为正视于"XY 平面"方向。

04 切换标签。单击树轮廓下端的"草图绘制"标签，如图 15-5 所示，打开"草图工具箱"，进入草图绘制环境。

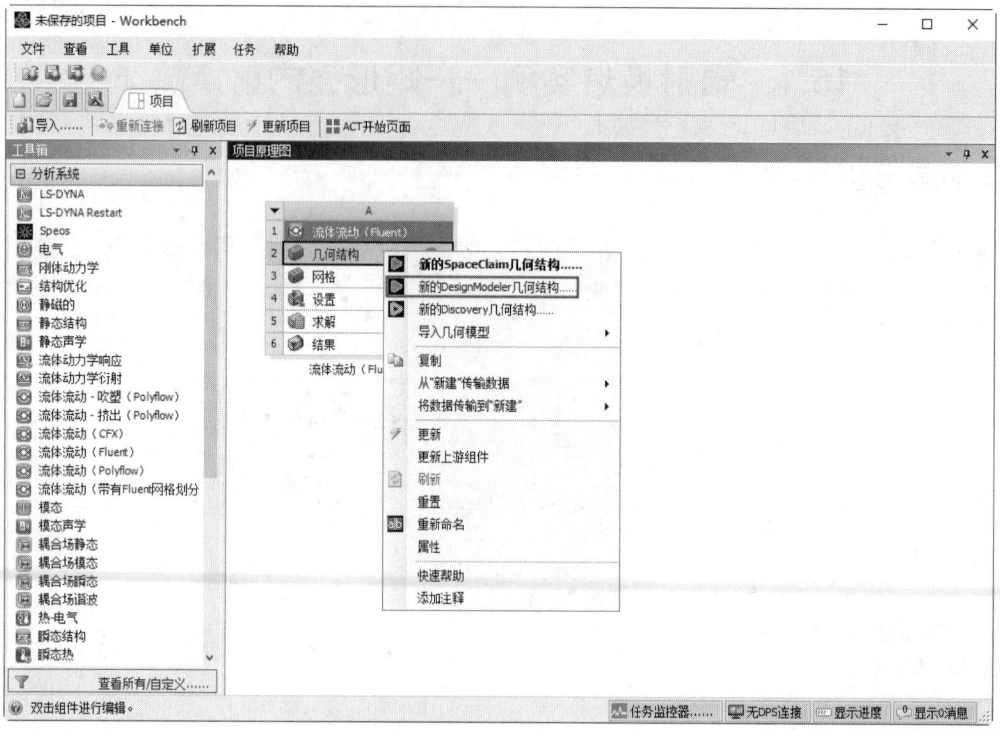

图 15-2　启动 DesignModeler 建模器

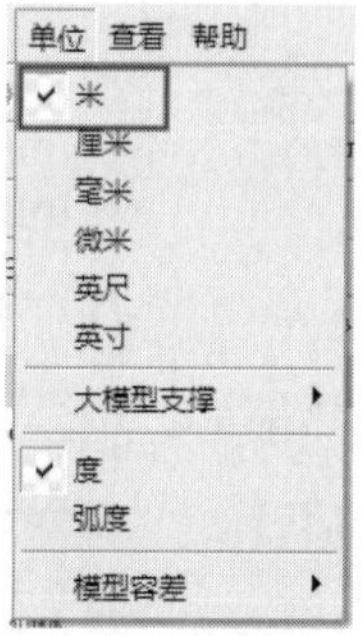

图 15-3　设置单位

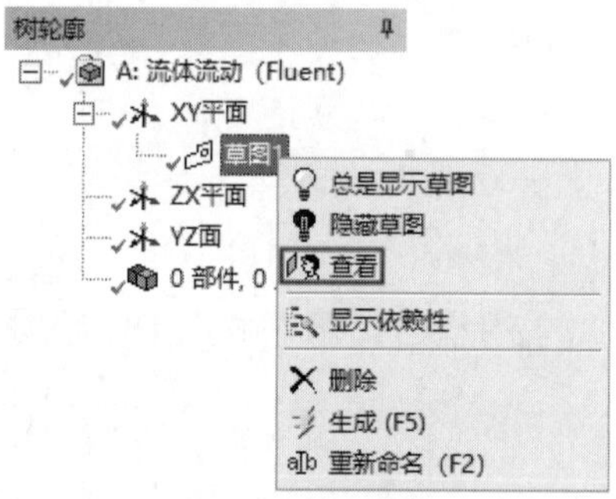

图 15-4　草图快捷菜单

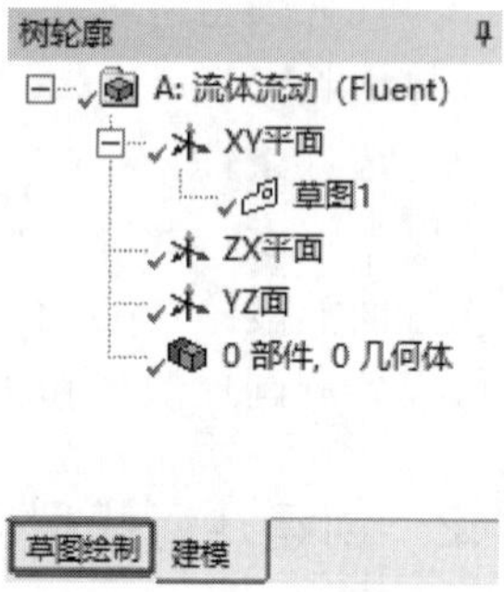

图 15-5　“草图绘制”标签

05 绘制草图。利用“草图工具箱”中的工具绘制壳体草图，单击“生成”按钮，完成草图的绘制，如图 15-6 所示。

06 创建草图表面。单击“概念”菜单，在弹出的下拉列表中选择“草图表面”命令，在弹出的“详细信息视图”中设置“基对象”为“草图 1”，如图 15-7 所示。单击“生成”按钮，创建草图表面，如图 15-8 所示，然后关闭 DesignModeler 建模器。

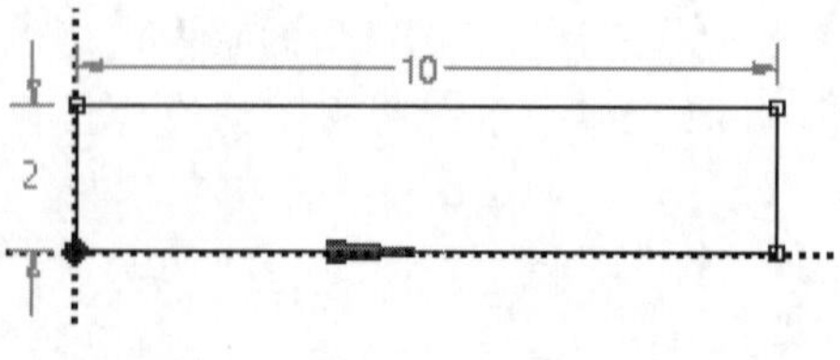

图 15-6　绘制草图（单位：m）

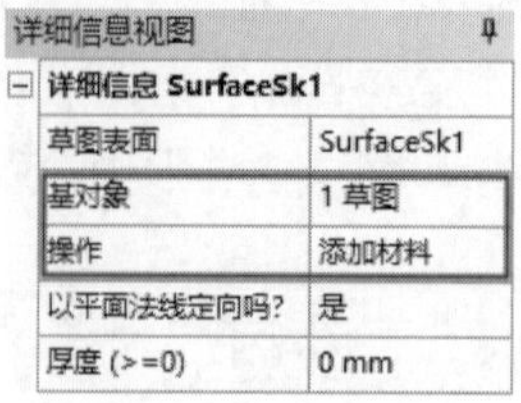

图 15-7　详细信息视图

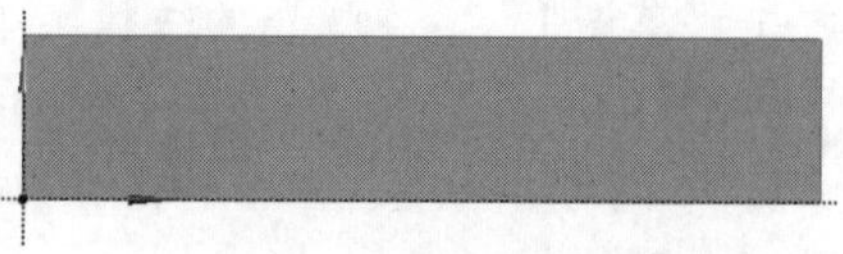

图 15-8　创建草图表面

15.1.3　划分网格及边界命名

01 启动 Meshing 网格应用程序。右击"流体流动（Fluent）"项目模块中的"网格"栏，在弹出的快捷菜单中选择"编辑"命令，启动 Meshing 网格应用程序，如图 15-9 所示。

02 全局网格设置。在轮廓树中单击"网格"分支，系统切换到"网格"选项卡。同时在左下角弹出"网格"的详细信息，设置"单元尺寸"为 50.0mm，如图 15-10 所示。

03 划分网格。单击"网格"选项卡"网格"面板中的"生成"按钮，系统自动划分网格，结果如图 15-11 所示。

04 边界命名。

（1）命名热壁名称。选择模型的下边线，然后右击，在弹出的快捷菜单中选择"创建命名选择"命令，如图 15-12 所示，弹出"选择名称"对话框，然后在文本框中输入"hot_wall"（热壁），如图 15-13 所示，设置完成后单击该对话框的"OK"按钮，完成热壁的命名。

图 15-9　启动 Meshing 网格应用程序　　　　图 15-10　"网格"的详细信息

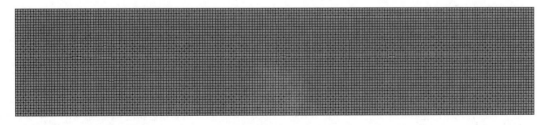

图 15-11　划分网格

（2）命名冷壁名称。采用同样的方法，选择模型的左边线、上边线和右边线，命名为"cold_wall"（冷壁）。

05 将网格平移至 Fluent 中。完成网格划分及命名边界后，需要将划分好的网格平移到 Fluent 中。选择"模型树"中的"网格"分支，系统自动切换到"网格"选项卡，然后单击"网格"面板中的"更新"按钮，系统弹出"信息"提示对话框，如图 15-14 所示，完成网格的平移。

图 15-12　选择"创建命名选择"命令　　　图 15-13　命名入口　　　图 15-14　"信息"提示对话框

15.1.4　分析设置

01 启动 Fluent 应用程序。右击"流体流动（Fluent）"项目模块中的"设置"栏，在弹出的快捷菜单中选择"编辑"命令，如图 15-15 所示。弹出"Fluent Launcher 2022 R1（Setting Edit Only）"对话框，勾选"Double Precision"（双精度）复选框，单击"Start"（启动）按钮，启动 Fluent 应用程序，如图 15-16 所示。

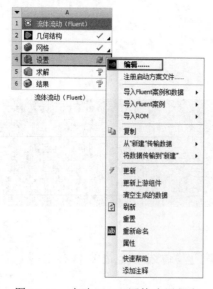

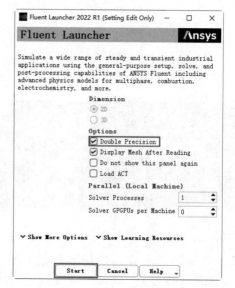

图 15-15　启动 Fluent 网格应用程序　　　图 15-16　"Fluent Launcher 2022 R1
（Setting Edit Only）"对话框

02 检查网格。单击任务页面"通用"设置"网格"栏中的"检查"按钮 检查 ，检查网格，当"控制台"中显示"Done."（完成）时，表示网格可用，如图 15-17 所示。

03 设置求解类型。在任务页面"通用"设置"求解器"栏中勾选"压力基"类型，勾选"时间"为"稳态"，如图 15-18 所示。

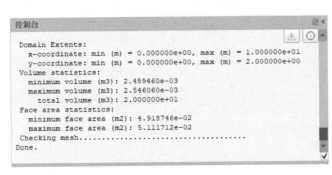

图 15-17　检查网格

图 15-18　设置求解类型

04 启动能量方程。勾选"物理模型"选项卡"模型"面板中的"能量"复选框，启动能量方程，如图 15-19 所示。

05 设置辐射模型。单击"物理模型"选项卡"模型"面板中的"辐射"按钮，弹出"辐射模型"对话框。在"模型"栏中勾选"离散坐标（DO）"单选按钮，设置"迭代参数"中的"能量方程迭代次数/辐射迭代"为 20，设置"角度分割"各向参数均为 5，如图 15-20 所示。单击"OK"按钮，关闭该对话框。

图 15-19　启动能量方程

图 15-20　"辐射模型"对话框

06 设置黏性模型。单击"物理模型"选项卡"模型"面板中的"黏性"按钮，弹出"黏性模型"对话框，在"模型"栏中勾选"层流"单选按钮，其余为默认设置，如图 15-21 所示。单击"OK"按钮，关闭该对话框。

07 设置空气属性。单击"物理模型"选项卡"材料"面板中的"创建/编辑"按钮，弹出"创建/编辑材料"对话框，采用如图 15-22 所示的设置，然后单击"更改/创建"按钮 更改/创建 。

📢 **注意：**

> DO 模型可以通过设置材料的吸收系数、散射系数、散射相函数以及折射率等参数来考虑流体介质对辐射的影响。本案例未考虑介质材料对辐射的吸收与折射。

图 15-21　"黏性模型"
对话框

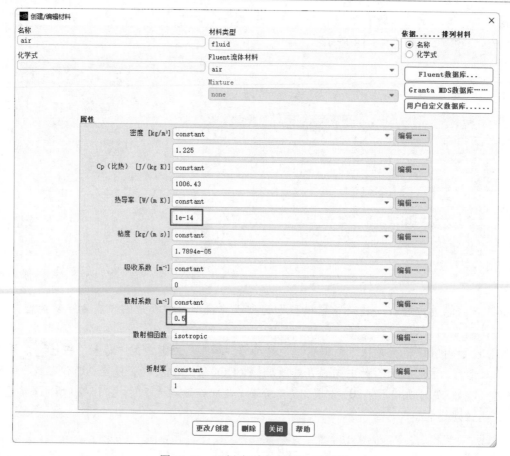

图 15-22　"创建/编辑材料"对话框

08 设置边界条件。

（1）设置热壁边界条件。单击"物理模型"选项卡"区域"面板中的"边界"按钮，任务页面切换为"边界条件"。在"边界条件"下方的"区域"列表中选择"hot_wall"（热壁）选项，显示"类型"为"wall"，如图 15-23 所示。然后单击"编辑"按钮，弹出"壁面"对话框，单击"热量"选项卡，在"传热相关边界条件"栏中勾选"温度"单选按钮，设置"温度"为200，如图 15-24 所示。单击"应用"按钮，然后单击"关闭"按钮，关闭"壁面"对话框。

（2）设置冷壁边界条件。在"边界条件"下方的"区域"列表中选择"cold_wall"（冷壁）选项，显示"类型"为"wall"。然后单击"编辑"按钮，弹出"壁面"对话框，单击"热量"选项卡，在"传热相关边界条件"栏中勾选"温度"单选按钮，设置"温度"为100，其余采用默认设置。单击"应用"按钮，然后单击"关闭"按钮，关闭"壁面"对话框。

图 15-23　热壁边界条件

图 15-24　"壁面"对话框

15.1.5　求解设置

01 设置求解方法。单击"求解"选项卡"求解"面板中的"方法"按钮🌣，任务页面切换为"求解方法"。在"压力速度耦合"栏中设置"方案"为"SIMPLE"算法；在"空间离散"栏中设置"梯度"为"Least Squares Cell Based"，设置"压力"为"Standard"，设置"动量""能量"和"离散坐标"均为"First Order Upwind"，如图 15-25 所示。

02 设置求解控制。单击"求解"选项卡"控制"面板中的"控制"按钮✂，任务页面切换为"解决方案控制"，采用如图 15-26 所示的设置。单击"方程"按钮 方程……，弹出"方程"对话框，取消选择列表项"Flow"，如图 15-27 所示。单击"OK"按钮，关闭"方程"对话框。

03 设置残差监控器。单击"求解"选项卡"报告"面板中的"残差"按钮⩘，弹出"残差监控器"对话框，采用如图 15-28 所示的设置，然后单击"OK"按钮。

04 流场初始化。在"求解"选项卡"初始化"面板中勾选"混合"单选按钮，然后单击"初始化"面板中的"初始化"按钮📦，进行初始化。

图 15-25　设置求解方法

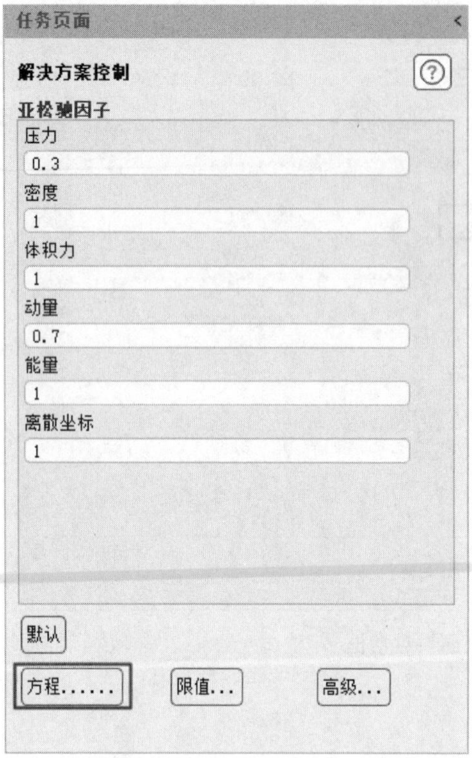

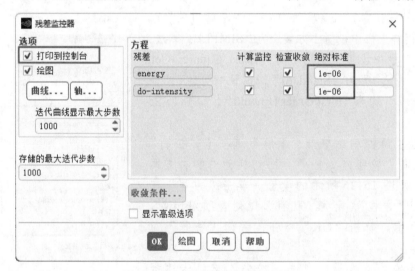

图 15-26　设置求解控制 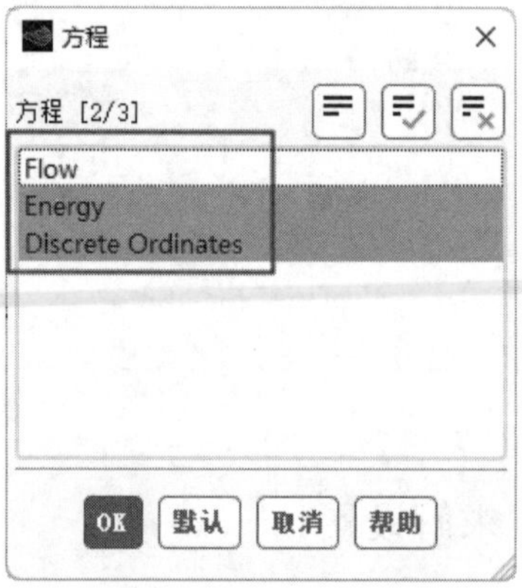　　　　　　　图 15-27　"方程"对话框

图 15-28　"残差监控器"对话框

15.1.6　求解

单击"求解"选项卡"运行计算"面板中的"运行计算"按钮，任务页面切换为"运行计算"。在"参数"栏中设置"迭代次数"为1000，其余为默认设置，如图15-29所示。单击"开始计算"按钮，开始求解，计算完成后弹出"Information"提示对话框，如图15-30所示。单击"OK"按钮，完成求解。

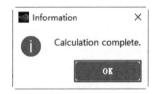

图 15-29　求解设置　　　　　图 15-30　"Information" 提示对话框

15.1.7　查看求解结果

查看云图。单击"结果"选项卡"图形"面板"云图"下拉菜单中的"创建"命令，打开"云图"对话框。设置"云图名称"为"contour-2"（等高线-2），设置"着色变量"为"Temperature"（温度），然后单击"保存/显示"按钮，显示温度云图，如图 15-31 所示。

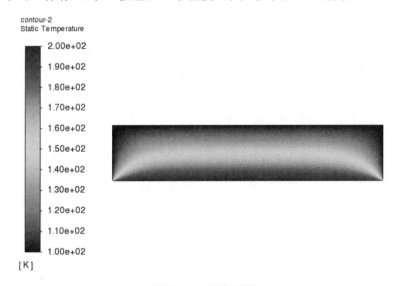

图 15-31　温度云图

15.2　k-epsilon（2 eqn）模型实例——室内暖气对流

扫一扫，看视频

15.2.1　问题分析

图 15-32 为暖气的模型图。室内的暖气会使整个屋子变得暖和，这一过程除了暖气的热辐射，更多的是室内空气的对流。本例我们利用 Fluent 中的 k-epsilon（2 eqn）模型对这一过程进行仿真。

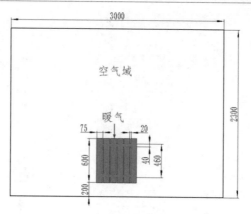

图 15-32　模型图（单位：mm）

15.2.2　创建几何模型

01 启动 DesignModeler 建模器。打开 Workbench 程序，展开左侧工具箱中的"分析系统"栏，将工具箱中的"流体流动（Fluent）"选项拖动到"项目原理图"界面中，创建一个含有"流体流动（Fluent）"的项目模块。右击"几何结构"栏，在弹出的快捷菜单中选择"新的 DesignModeler 几何结构"命令，启动 DesignModeler 建模器。

02 设置单位。进入 DesignModeler 建模器后，首先设置单位。单击"单位"菜单，在弹出的下拉菜单中选择"毫米"选项，设置绘图环境的单位为毫米。

03 新建草图。选择树轮廓中的"XY 平面"命令✖，然后单击工具栏中的"新草图"按钮🗐，新建一个草图。此时树轮廓中"XY 平面"分支下会多出一个名为"草图 1"的草图，然后右击"草图 1"，在弹出的快捷菜单中选择"查看"命令🔍，将视图切换为正视于"XY 平面"方向。

04 切换标签。单击树轮廓下端的"草图绘制"标签，打开"草图工具箱"，进入草图绘制环境。

05 绘制暖气片草图。利用"草图工具箱"中的工具绘制暖气片草图，单击"生成"按钮🗲，完成暖气片草图的绘制，如图 15-33 所示。

06 创建暖气片平面。单击"概念"菜单，在弹出的下拉列表中选择"草图表面"命令🗐，在弹出的"详细信息视图"中设置"基对象"为室内平面，设置"操作"为"添加材料"，如图 15-34 所示。单击"生成"按钮🗲，创建暖气片平面，如图 15-35 所示。

图 15-33　绘制暖气片草图（单位：mm）

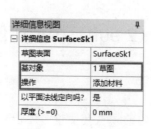

图 15-34　详细信息视图

图 15-35　创建暖气片平面

07 水平阵列暖气片平面。单击"创建"菜单，在弹出的下拉列表中选择"模式"命令▦，在弹出的"详细信息视图"中设置"几何结构"为暖气片，设置"方向"为水平线段，设置"偏移"为 95mm，设置"复制"为 5，如图 15-36 所示。单击"生成"按钮，完成阵列，如图 15-37 所示。

08 绘制横向暖气片草图。利用"草图工具箱"中的工具绘制横向暖气片草图，如图 15-38 所示，然后单击"生成"按钮，完成横向暖气片草图的绘制。

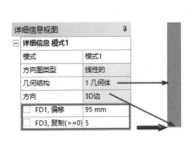

图 15-36　阵列设置

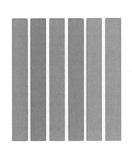

图 15-37　水平阵列暖气片

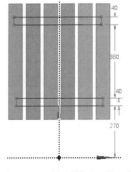

图 15-38　绘制横向暖气片草图（单位：mm）

09 创建横向暖气片平面。单击"概念"菜单，在弹出的下拉列表中选择"草图表面"命令，在弹出的"详细信息视图"中设置"基对象"为横向暖气片草图，设置"操作"为"添加材料"，单击"生成"按钮，创建横向暖气片平面，如图 15-39 所示。

10 绘制室内草图。利用"草图工具箱"中的工具绘制室内草图，单击"生成"按钮，完成室内草图的绘制，如图 15-40 所示。

11 创建室内平面。单击"概念"菜单，在弹出的下拉列表中选择"草图表面"命令，在弹出的"详细信息视图"中设置"基对象"为室内平面，设置"操作"为"添加冻结"，单击"生成"按钮，创建室内平面，如图 15-41 所示。

图 15-39　横向暖气片平面　　图 15-40　绘制室内草图（单位：mm）

图 15-41　创建室内平面

12 布尔运算。单击"创建"菜单，在弹出的下拉列表中选择"Boolean"命令，在弹出的"详细信息视图"中设置"操作"为"提取"，设置"目标几何体"为室内平面，设置"工具几何图"为暖气片，设置"是否保存工具几何体？"为"是"，如图 15-42 所示。单击"生成"按钮，完成布尔运算，结果如图 15-43 所示。

13 创建多体零件。在树轮廓中，展开"7 部件，7 几何体"分支，选择列表中的所有表面几何体，然后右击，在弹出的快捷菜单中选择"形成新部件"命令，如图 15-44 所示，这样在划分网格时，可使零件作为一个整体，进行网格的划分。

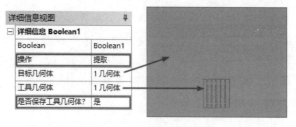

图 15-42　布尔运算设置　　　　　　　　图 15-43　完成布尔运算

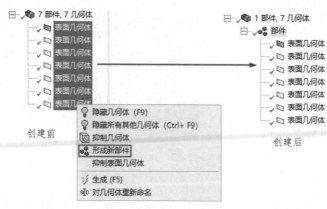

图 15-44　创建多体零件

15.2.3　划分网格及边界命名

01 启动 Meshing 网格应用程序。右击"流体流动（Fluent）"项目模块中的"网格"栏，在弹出的快捷菜单中选择"编辑"命令，启动 Meshing 网格应用程序，如图 15-45 所示。

02 设置单位系统。单击"主页"选项卡"工具"面板中的"单位"按钮 mft，弹出"单位系统"下拉菜单，勾选"度量标准（mm、kg、N、s、mV、mA）"选项，如图 15-46 所示。

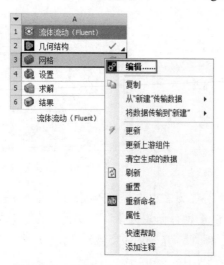

图 15-45　启动 Meshing 网格应用程序　　　　图 15-46　"单位系统"下拉菜单

03 全局网格设置。在轮廓树中单击"网格"分支，系统切换到"网格"选项卡。同时在左下角弹出"网格"的详细信息，设置"单元尺寸"为 30.0mm，如图 15-47 所示。

04 设置划分方法。单击"网格"选项卡"控制"面板中的"方法"按钮，左下角弹出"自动方法"的详细信息，设置"几何结构"为"7 几何体"，设置"方法"为"三角形"，此时对话框名称变为"所有三角形法"的详细信息，如图 15-48 所示。

05 划分网格。单击"网格"选项卡"网格"面板中的"生成"按钮，系统自动划分网格。

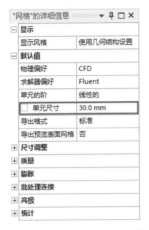

图 15-47　"网格"的详细信息

图 15-48　"所有三角形法"的详细信息

06 边界命名。

（1）命名暖气壁面名称。采用框选模式，选择暖气左右边线，然后右击，在弹出的快捷菜单中选择"创建命名选择"命令，如图 15-49 所示，弹出"选择名称"对话框，然后在文本框中输入"re-wall"（热壁面），如图 15-50 所示，设置完成后单击该对话框的"OK"按钮，完成入口的命名。

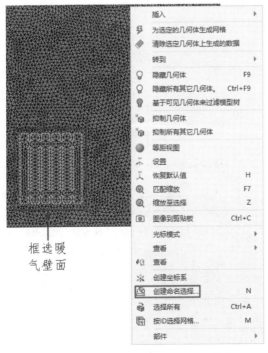

图 15-49　选择"创建命名选择"命令

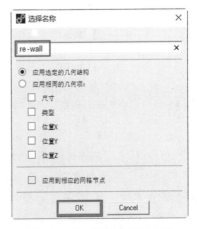

图 15-50　命名暖气壁面名称

（2）命名室内壁面名称。采用同样的方法，命名室内上边线为"shang-wall"、室内下边线为"xia-wall"、室内左边线为"zuo-wall"、室内右边线为"you-wall"。

（3）命名暖气域名称。采用同样的方法，选择暖气平面，命名为"nuanqi-solid"（暖气-实体）。

（4）命名流体名称。采用同样的方法，将剩下的 6 个空气域平面命名为"kongqi-fluid"（空气-流体）。

07 将网格平移至 Fluent 中。完成网格划分及命名边界后，需要将划分好的网格平移到 Fluent 中。选择"模型树"中的"网格"分支，系统自动切换到"网格"选项卡，然后单击"网格"面板中的"更新"按钮，系统弹出"信息"提示对话框，如图 15-51 所示，完成网格的平移。

图 15-51 "信息"提示对话框

15.2.4 分析设置

01 启动 Fluent 应用程序。右击"流体流动（Fluent）"项目模块中的"设置"栏，在弹出的快捷菜单中选择"编辑"命令，如图 15-52 所示。弹出"Fluent Launcher 2022 R1（Setting Edit Only）"对话框，勾选"Double Precision"（双精度）复选框，单击"Start"（启动）按钮，启动 Fluent 应用程序，如图 15-53 所示。

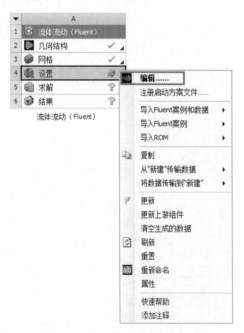

图 15-52 启动 Fluent 网格应用程序

图 15-53 "Fluent Launcher 2022 R1（Setting Edit Only）"对话框

02 检查网格。单击任务页面"通用"设置"网格"栏中的"检查"按钮 检查 ，检查网格，当"控制台"中显示"Done."（完成）时，表示网格可用。

03 设置单位。单击任务页面"通用"设置"网格"栏中的"设置单位"按钮 设置单位... ，打开"设置单位"对话框。在"数量"列表中选择"length"和"temperature"，在"单位"列表中选择"mm"和"C"，如图 15-54 所示。单击"关闭"按钮 关闭 ，关闭该对话框。

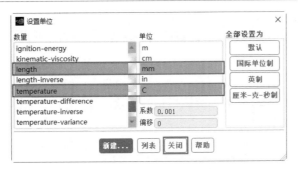

图 15-54　"设置单位"对话框

04 设置求解类型。在任务页面"通用"设置中设置"求解器"类型，本例保持系统默认设置即可满足要求。

05 启动能量方程。勾选"物理模型"选项卡"模型"面板中的"能量"复选框，启动能量方程，如图 15-55 所示。

06 设置黏性模型。单击"物理模型"选项卡"模型"面板中的"黏性"按钮🗄，弹出"黏性模型"对话框，在"模型"栏中勾选"k-epsilon（2 eqn）"单选按钮，在"k-epsilon 模型"栏中勾选"Realizable"（可实现的）单选按钮，在"壁面函数"栏中勾选"增强壁面函数（EWF）"单选按钮，在"增强壁面函数处理选项（EWF）"栏中勾选"热效应"复选框，其余为默认设置，如图 15-56 所示。单击"OK"按钮，关闭该对话框。

图 15-55　启动能量方程

图 15-56　"黏性模型"对话框

07 定义材料。

（1）设置空气属性。单击"物理模型"选项卡"材料"面板中的"创建/编辑"按钮🧪，弹出"创建/编辑材料"对话框，在"属性"栏中设置"密度"为"incompressible-ideal-gas"（不可

文版 ANSYS Fluent 2022 流体分析从入门到精通（实战案例版）

压缩理想气体），如图 15-57 所示，然后单击"更改/创建"按钮 更改/创建 。

（2）添加固体材料。在"创建/编辑材料"对话框中单击"Fluent 数据库"按钮 Fluent数据库... ，弹出"Fluent 数据库材料"对话框。在"材料类型"下拉列表中选择"solid"，在"Fluent 固体材料"列表中选择"calcium-carbonate（caco3）"（碳酸钙）和"steel"（钢铁），如图 15-58 所示。单击"复制"按钮 复制 ，再单击"关闭"按钮 关闭 ，返回到"创建/编辑材料"对话框，然后单击"关闭"按钮 关闭 ，关闭该对话框。

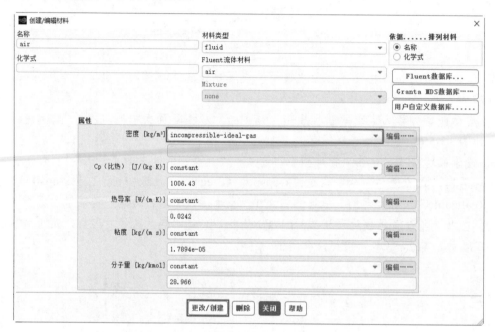

图 15-57　设置空气属性

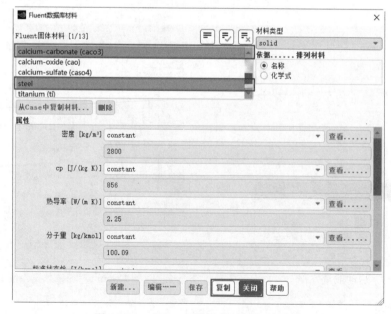

图 15-58　"Fluent 数据库材料"对话框

08 设置单元区域。

（1）设置空气区域。单击"物理模型"选项卡"区域"面板中的"单元区域"按钮 ⊞，任务页面切换为"单元区域条件"。在"单元区域条件"下方的"区域"列表中选择"kongqi-fluid"（空气-流体）选项，单击"编辑"按钮 编辑……，弹出"流体"对话框，设置"材料名称"为 air（空气），其余为默认设置，如图 15-59 所示。单击"应用"按钮 应用，然后单击"关闭"按钮 关闭，关闭该对话框。

（2）设置暖气区域。在"单元区域条件"下方的"区域"列表中选择"nuanqi-solid"（暖气-实体）选项，单击"编辑"按钮 编辑……，弹出"固体"对话框，设置"材料名称"为 steel（钢铁），其余为默认设置，如图 15-60 所示。单击"应用"按钮 应用，然后单击"关闭"按钮 关闭，关闭该对话框。

图 15-59　"流体"对话框　　　　　　　　　　图 15-60　"固体"对话框

09 设置边界条件。

（1）设置暖气边界条件。单击"物理模型"选项卡"区域"面板中的"边界"按钮 ⊞，任务页面切换为"边界条件"。在"边界条件"下方的"区域"列表中选择"re-wall"（热壁面）选项，然后单击"编辑"按钮 编辑……，弹出"壁面"对话框，在"热量"面板中选择"传热相关边界条件"类型为"温度"，设置"温度"为 50，在"材料名称"下拉列表中选择"steel"（钢铁），如图 15-61 所示。单击"应用"按钮 应用，再单击"关闭"按钮 关闭，关闭"壁面"对话框。

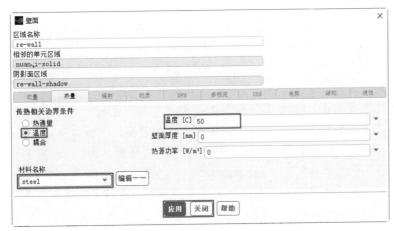

图 15-61　设置暖气边界条件

（2）设置暖气区域。在"边界条件"下方的"区域"列表中选择"re-wall-shadow"选项，弹出"壁面"对话框。在"热量"面板中选择"传热相关边界条件"类型为"温度"，设置"温度"为 50，在"材料名称"下拉列表中选择 steel（钢铁）。单击"应用"按钮 应用 ，再单击"关闭"按钮 关闭 ，关闭"壁面"对话框。

（3）设置室内壁面。在"边界条件"下方的"区域"列表中选择"shang-wall"选项，弹出"壁面"对话框。在"热量"面板中选择"传热相关边界条件"类型为"温度"，设置"温度"为 10，在"材料名称"下拉列表中选择"calcium-carbonate"（碳酸钙），如图 15-62 所示。单击"应用"按钮 应用 ，再单击"关闭"按钮 关闭 ，关闭"壁面"对话框。然后对"xia-wall""zuo-wall"和"you-wall"做同样的设置。

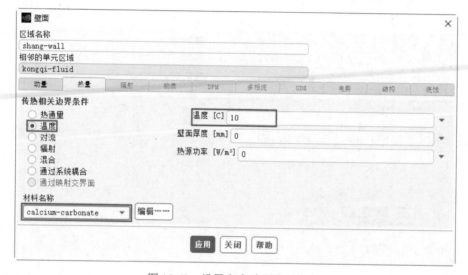

图 15-62　设置室内壁面边界条件

15.2.5　求解设置

01 设置求解方法。单击"求解"选项卡"求解"面板中的"方法"按钮 ，任务页面切换为"求解方法"。设置"压力"为"Body Force Weighted"（体积力加权），其余为默认设置，如图 15-63 所示。

02 流场初始化。在"求解"选项卡"初始化"面板中勾选"标准"单选按钮，然后单击"选项"按钮，"任务面板"切换为"解决方案初始化"。设置"计算参考位置"为"xia-wall"（下-壁面），其余为默认设置，如图 15-64 所示。单击"初始化"按钮 初始化 ，进行初始化。

03 设置解决方案动画。单击"求解"选项卡"活动"面板"创建"下拉列表中的"解决方案动画"命令，如图 15-65 所示，弹出"动画定义"对话框，单击"新对象"按钮 新对象 ，在弹出的列表中选择"云图"，如图 15-66 所示，弹出"云图"对话框，设置"云图名称"为"contour-1"（等高线-1），设置"着色变量"为"Temperature"（温度），如图 15-67 所示。单击"保存/显示"按钮，再单击"关闭"按钮 关闭 ，关闭"云图"对话框，返回"动画定义"对话框。设置"动画对象"为创建的云图"contour-1"（等高图-1），然后单击"使用激活"按钮 使用激活 ，再单击"OK"按钮 OK ，关闭该对话框。

图 15-63　设置求解方法

图 15-64　流场初始化

图 15-65　解决方案动画

图 15-66　新建云图

图 15-67　"云图"对话框

15.2.6　稳态求解

单击"求解"选项卡"运行计算"面板中的"运行计算"按钮，任务页面切换为"运行计算"。在"参数"栏中设置"迭代次数"为 20，其余为默认设置，如图 15-68 所示。单击"开始计算"按钮，开始求解，计算完成后弹出提示对话框。单击"OK"按钮，完成求解。

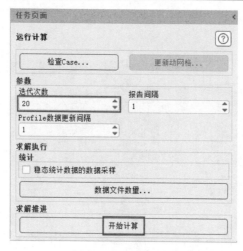

图 15-68　求解设置

15.2.7　查看稳态求解结果

查看云图。单击"结果"选项卡"图形"面板"云图"下拉菜单中的"创建"命令，打开"云图"对话框。设置"云图名称"为"contour-2"，设置"着色变量"为"Temperature"（温度），其余为默认设置，然后单击"保存/显示"按钮，显示温度云图，如图 15-69 所示。

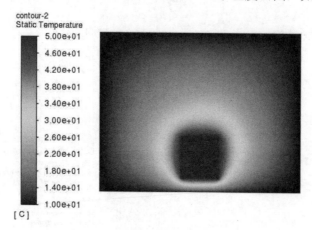

图 15-69　温度云图

15.2.8　瞬态求解

将"任务页面"返回到"通用"设置，设置"求解器"类型为"瞬态"，然后勾选"重力"复选框，激活"重力加速度"，设置 y 向加速度为$-9.81m/s^2$，如图 15-70 所示。单击"求解"选项卡"运行计算"面板中的"运行计算"按钮，任务页面切换为"运行计算"。设置"时间步数"为 300，"时间步长"为 0.1，"最大迭代数/时间步"为 10，如图 15-71 所示。单击"开始计算"按钮，弹出"Settings have changed!"（设置已更改）提示框，如图 15-72 所示，单击"OK"按钮，继续计算，计算完成后弹出提示对话框。单击"OK"按钮，完成求解。

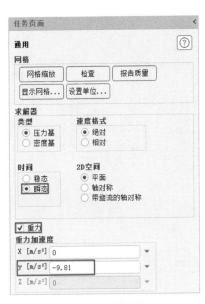

图 15-70 通用设置

图 15-71 "运行计算"任务页面

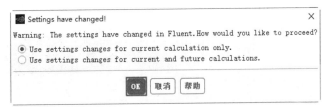

图 15-72 "Settings have changed!"（设置已更改）提示框

15.2.9 查看瞬态求解结果

01 查看云图。

（1）查看温度云图。单击"结果"选项卡"图形"面板"云图"下拉菜单中的"创建"命令，打开"云图"对话框。设置"云图名称"为"contour-3"，设置"着色变量"为"Temperature"（温度），其余为默认设置，如图 15-73 所示。单击"保存/显示"按钮，显示温度云图。

（2）查看速度云图。在云图对话框中设置"着色变量"为"Velocity"（速度），其余为默认设置，如图 15-74 所示。单击"保存/显示"按钮，显示速度云图。

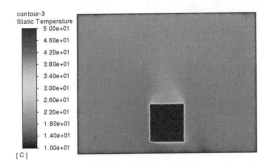

图 15-73 温度云图

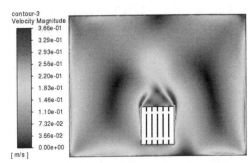

图 15-74 速度云图

02 查看残差图。单击"结果"选项卡"绘图"面板中的"残差"按钮 ，打开"残差监控器"对话框，采用默认设置，如图 15-75 所示。单击"绘图"按钮，显示残差图，如图 15-76 所示。

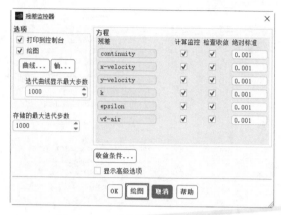

图 15-75　"残差监控器"对话框

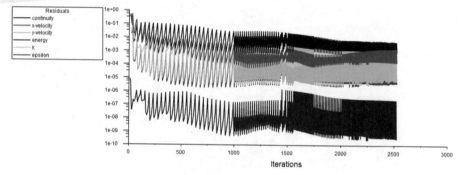

图 15-76　残差图

03 查看动画。单击"结果"选项卡"动画"面板中的"求解结果回放"按钮 ，弹出"播放"对话框，如图 15-77 所示。单击"播放"按钮 ，播放动画。

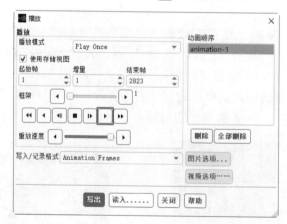

图 15-77　"播放"对话框

第 16 章　化学反应分析

内容简介

本章为化学反应分析的综合实例部分。Fluent 提供了几种化学组分输运和反应流的模型。Fluent 中提到的"反应机制（reaction mechanisms）"指的是局限在特定区域中的化学反应。"反应机制"中涉及的反应是化学反应的子集。

内容要点

➢ 非预混燃烧模型实例——打火机燃烧
➢ 预混合燃烧模型实例——乙炔-氧燃烧

案例效果

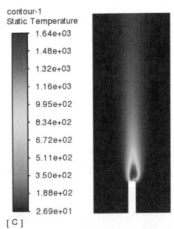

16.1   非预混燃烧模型实例——打火机燃烧

16.1.1   问题分析

图 16-1（a）为打火机的燃烧实景，当按下点燃按钮的同时，打火机内的气体燃料喷散到空气中与空气进行混合，然后在点火装置的触发下进行混合燃烧，这是典型的非预混燃烧。本实例就利用该模型来模拟打火机的燃烧过程，模型尺寸如图 16-1（b）所示。

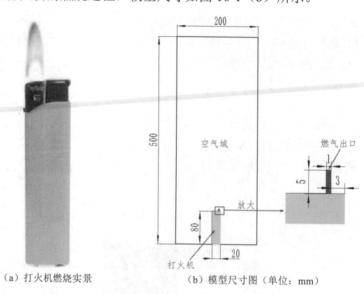

（a）打火机燃烧实景   （b）模型尺寸图（单位：mm）

图 16-1   打火机燃烧

16.1.2   创建几何模型

01 启动 DesignModeler 建模器。打开 Workbench 程序，展开左侧工具箱中的"分析系统"栏，将工具箱中的"流体流动（Fluent）"选项拖动到"项目原理图"界面中，创建一个含有"流体流动（Fluent）"的项目模块。右击"几何结构"栏，在弹出的快捷菜单中选择"新的DesignModeler 几何结构"命令，启动 DesignModeler 建模器。

02 设置单位。进入 DesignModeler 建模器后，首先设置单位。单击"单位"菜单，在弹出的下拉菜单中选择"毫米"选项，设置绘图环境的单位为毫米。

03 新建草图。选择树轮廓中的"XY 平面"命令✖，然后单击工具栏中的"新草图"按钮栀，新建一个草图。此时树轮廓中"XY 平面"分支下会多出一个名为"草图 1"的草图，然后右击"草图 1"，在弹出的快捷菜单中选择"查看"命令⚫，将视图切换为正视于"XY 平面"方向。

04 切换标签。单击树轮廓下端的"草图绘制"标签，打开"草图工具箱"，进入草图绘制环境。

05 绘制草图 1。利用"草图工具箱"中的工具绘制空气域草图，单击"生成"按钮多，完成草图 1 的绘制，如图 16-2 所示。

06 绘制草图 2。选择"XY"平面，重新进入草图绘制环境，绘制打火机身的草图 2，如图 16-3 所示。

07 创建草图表面。单击"概念"菜单，在弹出的下拉列表中选择"草图表面"命令 🔲，在弹出的"详细信息视图"中设置"基对象"为"草图 1"，设置"操作"为"添加冻结"，如图 16-4 所示，单击"生成"按钮 💋，创建草图表面 1；采用同样的方法，选择"草图 2"，创建草图表面 2。最终创建的模型如图 16-5 所示。

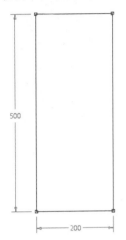

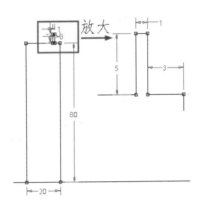

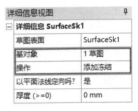

图 16-2　绘制草图 1（单位：mm）　　图 16-3　绘制草图 2（单位：mm）　　图 16-4　详细信息视图

08 布尔操作。单击"创建"菜单，在弹出的下拉列表中选择"Boolean"命令 🔳，在弹出的"详细信息视图"中设置"操作"为"提取"，设置"目标几何体"为表面几何体 1，设置"工具几何体"为表面几何体 2，设置"是否保存工具几何体？"为"否"，如图 16-6 所示。单击"生成"按钮 💋，最终创建的模型如图 16-7 所示。

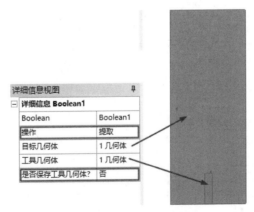

图 16-5　创建草图表面　　　　图 16-6　"布尔操作"详细信息　　　　图 16-7　创建模型

16.1.3　划分网格及边界命名

01 启动 Meshing 网格应用程序。右击"流体流动（Fluent）"项目模块中的"网格"栏，在弹出的快捷菜单中选择"编辑"命令，启动 Meshing 网格应用程序。

02 全局网格设置。在轮廓树中单击"网格"分支，系统切换到"网格"选项卡。同时在左下角弹出"网格"的详细信息，设置"单元尺寸"为 1.0mm，如图 16-8 所示。

03 面网格剖分。单击"网格"选项卡"控制"面板中的"面网格剖分"按钮，左下角弹出"面网格剖分"的详细信息，设置"几何结构"为模型的表面几何体，其余为默认设置，如图 16-9 所示。

图 16-8 "网格"的详细信息　　　　　图 16-9 "面网格剖分"的详细信息

04 划分网格。单击"网格"选项卡"网格"面板中的"生成"按钮，系统自动划分网格。

05 边界命名。

（1）命名壁面名称。选择模型中打火机的边界线，然后右击，在弹出的快捷菜单中选择"创建命名选择"命令，弹出"选择名称"对话框，然后在文本框中输入"wall"（壁面），如图 16-10 所示，设置完成后单击该对话框的"OK"按钮，完成入口的命名。

（2）命名出口名称。采用同样的方法，选择模型的上边线，命名为"outlet"（出口）。

（3）命名燃料入口名称。采用同样的方法，选择打火机的燃料出口线，命名为"inlet-fule"（燃料入口）。

（4）命名空气入口名称。采用同样的方法，选择剩余的边线，命名为"inlet-air"（空气入口）。

06 将网格平移至 Fluent 中。完成网格划分及命名边界后，需要将划分好的网格平移到 Fluent 中。选择"模型树"中的"网格"分支，系统自动切换到"网格"选项卡，然后单击"网格"面板中的"更新"按钮，系统弹出"信息"提示对话框，如图 16-11 所示，完成网格的平移。

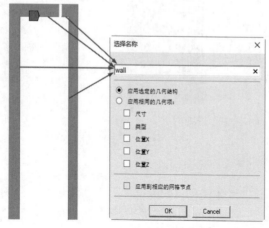

图 16-10 命名壁面名称　　　　　　图 16-11 "信息"提示对话框

16.1.4 分析设置

01 启动 Fluent 应用程序。右击"流体流动（Fluent）"项目模块中的"设置"栏，在弹出的快捷菜单中选择"编辑"命令，如图 16-12 所示。弹出"Fluent Launcher 2022 R1（Setting Edit Only）"对话框，勾选"Double Precision"（双精度）复选框，单击"Start"（启动）按钮，启动 Fluent 应用程序，如图 16-13 所示。

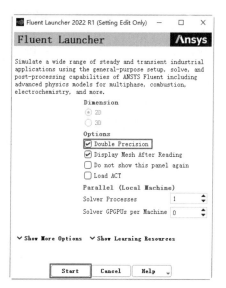

图 16-12　启动 Fluent 网格应用程序　　　图 16-13　　"Fluent Launcher 2022 R1
　　　　　　　　　　　　　　　　　　　　　　　　（Setting Edit Only）"对话框

02 检查网格。单击任务页面"通用"设置"网格"栏中的"检查"按钮 检查 ，检查网格，当"控制台"中显示"Done."（完成）时，表示网格可用。

03 网格缩放。单击任务页面"通用"设置"网格"栏中的"网格缩放"按钮 网格缩放 ，打开"缩放网格"对话框。设置"查看网格单位"为"mm"，如图 16-14 所示。单击"关闭"按钮 关闭 ，关闭该对话框。

图 16-14　"缩放网格"对话框

04 设置单位。单击任务页面"通用"设置"网格"栏中的"设置单位"按钮 设置单位... ，打开"设置单位"对话框。在"数量"列表中选择"temperature"，在"单位"列表中选择"C"，如图 16-15 所示。单击"关闭"按钮 关闭 ，关闭该对话框。

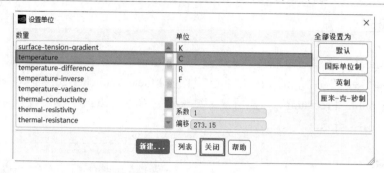

图 16-15　"设置单位"对话框

05 启动能量：单击"物理模型"选项卡，在该选项卡的"模型"面板中勾选"能量"选项，启动能量，如图 16-16 所示。

06 设置黏性模型。单击"物理模型"选项卡"模型"面板中的"黏性"按钮，弹出"黏性模型"对话框。在"模型"栏中勾选"k-epsilon（2 eqn）"单选按钮，在"k-epsilon 模型"栏中勾选"Realizable"单选按钮，其余为默认设置，如图 16-17 所示。单击"OK"按钮 **OK**，关闭该对话框。

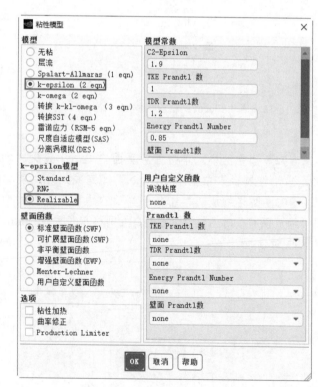

图 16-16　启动能量　　　　　　　　　　图 16-17　"黏性模型"对话框

07 设置组分模型。

（1）设置化学面板。单击"物理模型"选项卡"模型"面板中的"组分"按钮，弹出"组分模型"对话框。在"模型"栏中勾选"非预混燃烧"单选按钮，在"化学"面板"PDF 选项"栏中勾选"入口扩散"复选框，其余为默认设置，如图 16-18 所示。

（2）设置边界面板。在"组分模型"对话框中单击"边界"选项卡，切换到"边界"面板。

在"边界组分"下面的输入框中输入"c3h8"（丙烷），然后单击"添加"按钮 添加 ，并设置"c3h8"（丙烷）的"燃料"为 1，其余为默认设置，如图 16-19 所示。

图 16-18　设置化学面板

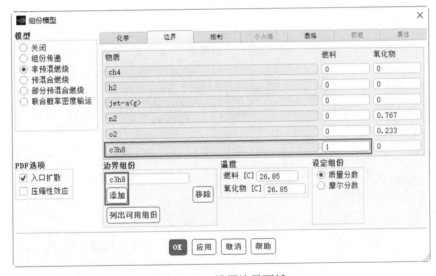

图 16-19　设置边界面板

（3）计算 PDF 表。在"组分模型"对话框中单击"表格"选项卡，在该面板中单击"计算 PDF 表"按钮 计算PDF表 ，进行计算，完成后单击"OK"按钮 OK ，关闭该对话框。

08 设置边界条件。

（1）设置空气入口边界条件。单击"物理模型"选项卡"区域"面板中的"边界"按钮 ，任务页面切换为"边界条件"。在"边界条件"下方的"区域"列表中选择"inlet-air"（空气入口）选项，然后单击"编辑"按钮 编辑…… ，弹出"速度入口"对话框，在"动量"面板中设置"速度大小"为 0.01，如图 16-20 所示；在"物质"面板中设置"平均混合分数"为 0，表示该入口进入的为空气，如图 16-21 所示。单击"应用"按钮 应用 ，然后单击"关闭"按钮 关闭 ，关闭"速度入口"对话框。

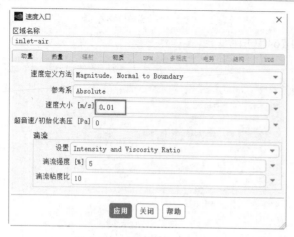

图 16-20　设置空气入口速度

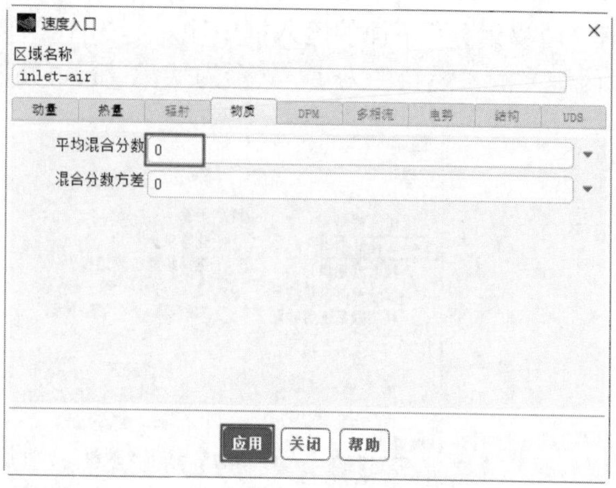

图 16-21　设置空气组分

（2）设置燃料入口边界条件。在"边界条件"下方的"区域"列表中选择"inlet-fule"（燃料入口）选项，然后单击"编辑"按钮 编辑…… ，弹出"速度入口"对话框。在"动量"面板中设置"速度大小"为 0.002，如图 16-22 所示；在"物质"面板中设置"平均混合分数"为 1，表示该入口进入的为燃料，如图 16-23 所示。单击"应用"按钮 应用 ，然后单击"关闭"按钮 关闭 ，关闭"速度入口"对话框。

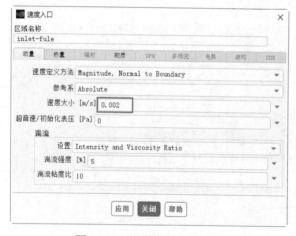

图 16-22　设置燃料入口速度

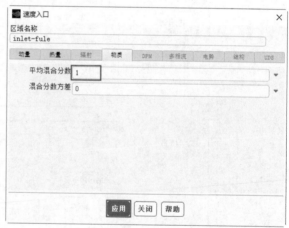

图 16-23　设置燃料组分

（3）设置出口边界条件。在"边界条件"下方的"区域"列表中选择"outlet"（出口）选项，然后单击"编辑"按钮 编辑…… ，弹出"压力出口"对话框。在"物质"面板中设置"平均混合分数"为 0，表示该出口的物质为空气，如图 16-24 所示。单击"应用"按钮 应用 ，然后单击"关闭"按钮 关闭 ，关闭"压力出口"对话框。

图 16-24　"压力出口"对话框

16.1.5 求解设置

01 设置求解方法。单击"求解"选项卡"求解"面板中的"方法"按钮，任务页面切换为"求解方法"，采用默认设置。

02 流场初始化。在"求解"选项卡"初始化"面板中勾选"标准"单选按钮，然后单击"选项"按钮，"任务面板"切换为"解决方案初始化"。设置"计算参考位置"为"all-zones"（所有区域），其余为默认设置，如图 16-25 所示。单击"初始化"按钮 初始化 ，进行初始化。

图 16-25 流场初始化

16.1.6 求解

单击"求解"选项卡"运行计算"面板中的"运行计算"按钮，任务页面切换为"运行计算"。在"参数"栏中设置"迭代次数"为 100，其余为默认设置，如图 16-26 所示。单击"开始计算"按钮，开始求解，计算完成后弹出提示对话框。单击"OK"按钮，完成求解。

图 16-26 求解设置

16.1.7 查看求解结果

01 查看云图。

（1）查看温度云图。单击"结果"选项卡"图形"面板"云图"下拉菜单中的"创建"命令，打开"云图"对话框，设置"云图名称"为"contour-1"（等高线-1），在"选项"列表中勾选"填充""节点值""边界值""全局范围"和"自动范围"复选框，设置"着色变量"为"Temperature"（温度），然后单击"保存/显示"按钮，显示温度云图，如图 16-27 所示。

（2）查看速度云图。设置"着色变量"为"Velocity"（速度），然后单击"保存/显示"按钮，显示速度云图，如图 16-28 所示。

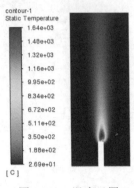
图 16-27　温度云图

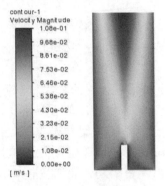
图 16-28　速度云图

（3）查看燃烧物质量分数云图。设置"着色变量"为"Species"（组分），在下拉菜单中选择"Mass fraction of c3h8"（丙烷的质量分数），然后单击"保存/显示"按钮，显示丙烷质量分数云图，如图 16-29 所示，可以看到只有在打火机燃料出口处有少量的丙烷，燃烧后其余部分丙烷的含量为 0。

（4）查看氧气质量分数云图。设置"着色变量"为"Species"（组分），在下拉菜单中选择"Mass fraction of o2"（氧气的质量分数），然后单击"保存/显示"按钮，显示氧气质量分数云图，如图 16-30 所示。

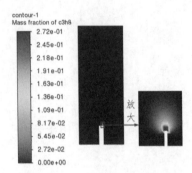
图 16-29　丙烷质量分数云图

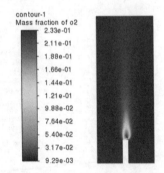
图 16-30　氧气质量分数云图

02 查看残差图。单击"结果"选项卡"绘图"面板中的"残差"按钮，打开"残差监控器"对话框，采用默认设置，如图 16-31 所示。单击"绘图"按钮，显示残差图。

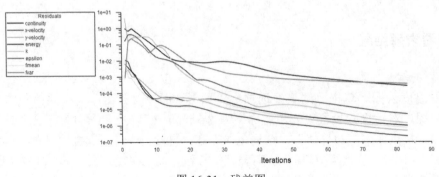
图 16-31　残差图

扫一扫，看视频

16.2 预混合燃烧模型实例——乙炔-氧燃烧

16.2.1 问题分析

氧与乙炔在割炬中按比例进行混合后形成预热火焰，并将高压纯氧喷射到被切割的工件上，使被切割的金属在氧射流中燃烧，氧射流把燃烧生成的熔渣（氧化物）吹走而形成割缝，如图 16-32（a）所示。乙炔-氧燃烧是典型的预混合燃烧，本实例就利用该模型来模拟乙炔-氧燃烧过程，模型尺寸图如图 16-32（b）所示。

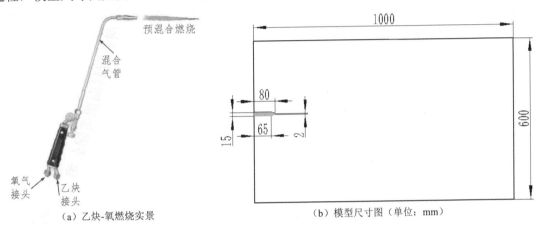

（a）乙炔-氧燃烧实景　　　　　（b）模型尺寸图（单位：mm）

图 16-32　乙炔-氧燃烧

16.2.2 创建几何模型

01 启动 DesignModeler 建模器。打开 Workbench 程序，展开左侧工具箱中的"分析系统"栏，将工具箱里的"流体流动（Fluent）"选项拖动到"项目原理图"界面中，创建一个含有"流体流动（Fluent）"的项目模块。右击"几何结构"栏，在弹出的快捷菜单中选择"新的 DesignModeler 几何结构"命令，启动 DesignModeler 建模器。

02 设置单位。进入 DesignModeler 建模器后，首先设置单位。单击"单位"菜单，在弹出的下拉菜单中选择"毫米"选项，设置绘图环境的单位为毫米。

03 新建草图。选择树轮廓中的"XY 平面"命令，然后单击工具栏中的"新草图"按钮，新建一个草图。此时树轮廓中"XY 平面"分支下会多出一个名为"草图 1"的草图，然后右击"草图 1"，在弹出的快捷菜单中选择"查看"命令，将视图切换为正视于"XY 平面"方向。

04 切换标签。单击树轮廓下端的"草图绘制"标签，打开"草图工具箱"，进入草图绘制环境。

05 绘制草图 1。利用"草图工具箱"中的工具绘制空气域草图，单击"生成"按钮，完成草图 1 的绘制，如图 16-33 所示。

06 绘制草图 2。选择"XY"平面，重新进入草图绘制环境，完成草图 2 的绘制，如图 16-34 所示。

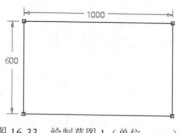

图 16-33　绘制草图 1（单位：mm）

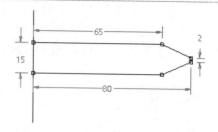

图 16-34　绘制草图 2（单位：mm）

07 创建草图表面。单击"概念"菜单，在弹出的下拉列表中选择"草图表面"命令，在弹出的"详细信息视图"中设置"基对象"为"草图 1"，设置"操作"为"添加冻结"，如图 16-35 所示，单击"生成"按钮，创建草图表面 1；采用同样的方法，选择"草图 2"，创建草图表面 2，最终创建的模型如图 16-36 所示。

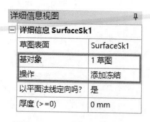

图 16-35　详细信息视图

图 16-36　创建草图表面

08 布尔操作。单击"创建"菜单，在弹出的下拉列表中选择"Boolean"命令，在弹出的"详细信息视图"中设置"操作"为"提取"，设置"目标几何体"为表面几何体 1，设置"工具几何体"为表面几何体 2，设置"是否保存工具几何体？"为"否"，如图 16-37 所示，单击"生成"按钮，最终创建的模型如图 16-38 所示。

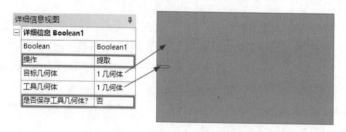

图 16-37　"布尔操作"的详细信息

图 16-38　创建模型

16.2.3　划分网格及边界命名

01 启动 Meshing 网格应用程序。右击"流体流动（Fluent）"项目模块中的"网格"栏，在弹出的快捷菜单中选择"编辑"命令，启动 Meshing 网格应用程序。

02 全局网格设置。在轮廓树中单击"网格"分支，系统切换到"网格"选项卡。同时在左下角弹出"网格"的详细信息，设置"单元尺寸"为 5.0mm，如图 16-39 所示。

03 面网格剖分。单击"网格"选项卡"控制"面板中的"面网格剖分"按钮，左下角弹出"面网格剖分"的详细信息，设置"几何结构"为模型的表面几何体，其余为默认设置，如图 16-40 所示。

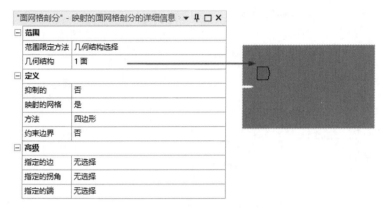

图 16-39 "网格"的详细信息　　　　图 16-40 "面网格剖分"的详细信息

04 划分网格。单击"网格"选项卡"网格"面板中的"生成"按钮，系统自动划分网格。

05 边界命名。

（1）命名出口名称。选择模型的四周边界线，然后右击，在弹出的快捷菜单中选择"创建命名选择"命令，弹出"选择名称"对话框，然后在文本框中输入"outlet"（出口），如图 16-41 所示，设置完成后单击该对话框的"OK"按钮，完成入口的命名。

（2）命名入口名称。采用同样的方法，选择模型的入口边线，命名为"inlet"（入口）。

（3）命名壁面名称。采用同样的方法，选择剩余的边线，命名为"wall"（壁面）。

（4）命名流体名称。采用同样的方法，选择模型实体，命名为"fluid"（流体）。

06 将网格平移至 Fluent 中。完成网格划分及命名边界后，需要将划分好的网格平移到 Fluent 中。选择"模型树"中的"网格"分支，系统自动切换到"网格"选项卡，然后单击"网格"面板中的"更新"按钮，系统弹出"信息"提示对话框，如图 16-42 所示，完成网格的平移。

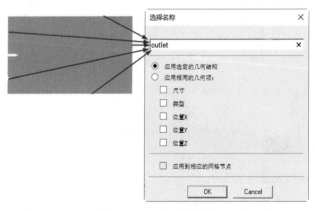

图 16-41 命名出口名称　　　　　　图 16-42 "信息"提示对话框

16.2.4 分析设置

01 启动 Fluent 应用程序。右击"流体流动（Fluent）"项目模块中的"设置"栏，在弹出的快捷菜单中选择"编辑"命令，如图 16-43 所示。弹出"Fluent Launcher 2022 R1（Setting Edit Only）"

对话框，勾选"Double Precision"（双精度）复选框，单击"Start"（启动）按钮，启动 Fluent
应用程序，如图 16-44 所示。

02 检查网格。单击任务页面"通用"设置"网格"栏中的"检查"按钮 检查 ，检查网
格，当"控制台"中显示"Done."（完成）时，表示网格可用。

图 16-43　启动 Fluent 网格应用程序

图 16-44　"Fluent Launcher 2022 R1
（Setting Edit Only）"对话框

03 网格缩放。单击任务页面"通用"设置"网格"栏中的"网格缩放"按钮 网格缩放 ，打
开"缩放网格"对话框，设置"查看网格单位"为"mm"，如图 16-45 所示。单击"关闭"按钮 关闭 ，
关闭该对话框。

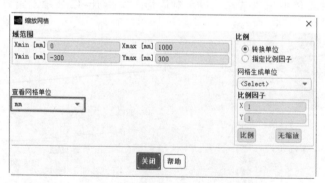

图 16-45　"缩放网格"对话框

04 设置单位。单击任务页面"通用"设置"网格"栏中的"设置单位"按钮 设置单位... ，打
开"设置单位"对话框，在"数量"列表中选择"temperature"，在"单位"列表中选择"C"，
如图 16-46 所示。单击"关闭"按钮 关闭 ，关闭该对话框。

05 设置黏性模型。单击"物理模型"选项卡"模型"面板中的"黏性"按钮 ，弹出
"黏性模型"对话框。在"模型"栏中勾选"k-epsilon（2 eqn）"单选按钮，其余为默认设置，
如图 16-47 所示。单击"OK"按钮 ，关闭该对话框。

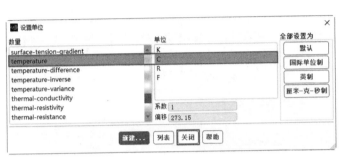

图 16-46 "设置单位"对话框

图 16-47 "黏性模型"对话框

06 设置组分模型。单击"物理模型"选项卡"模型"面板中的"组分"按钮，弹出"组分模型"对话框。在"模型"栏中勾选"预混燃烧"单选按钮，弹出一个"Warning"提示对话框，如图 16-48 所示。单击"OK"按钮，将其关闭，然后在"组分模型"对话框中单击"应用"按钮，展开"组分模型"对话框，弹出一个"Information"提示对话框，如图 16-49 所示。单击"OK"按钮，返回到"组分模型"对话框，采用默认设置，如图 16-50 所示。单击"OK"按钮，将其关闭。

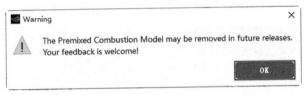

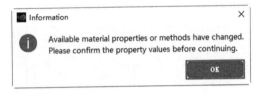

图 16-48 "Warning"提示对话框

图 16-49 "Information"信息提示对话框

07 定义预混材料。单击"物理模型"选项卡"材料"面板中的"创建/编辑"按钮，弹出"创建/编辑材料"对话框。设置"名称"为"c2h2-o2"（乙炔-氧气），在"属性"栏中设置"黏度"为 1.72e-05、"绝热未燃烧密度"为 1.311、"绝热未燃烧温度"为 30、"绝热燃烧温度"为 3300、"层流火焰速度"为 1.7，其余为默认设置，如图 16-51 所示。单击"更改/创建"按钮，弹出一个"Question"提示对话框，如图 16-52 所示。单击"No"按钮，关闭该提示框，然后单击"关闭"按钮，关闭"创建/编辑材料"对话框。

08 设置单元区域和边界条件。

（1）设置单元区域。单击"物理模型"选项卡"区域"面板中的"单元区域"按钮，任务页面切换为"单元区域条件"。在"单元区域条件"下方的"区域"列表中选择"fluid"（流体）选项，然后单击"编辑"按钮，弹出"流体"对话框，在"材料名称"列表中选择创建的"c2h2-o2"，如图 16-53 所示。单击"应用"按钮，然后单击"关闭"按钮，关闭"流体"对话框。

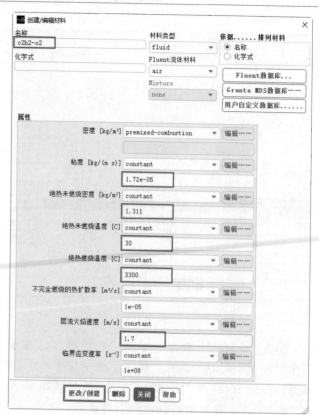

图 16-50 "组分模型"对话框

图 16-51 "创建/编辑材料"对话框

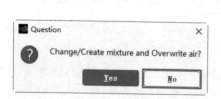

图 16-52 "Question"提示对话框

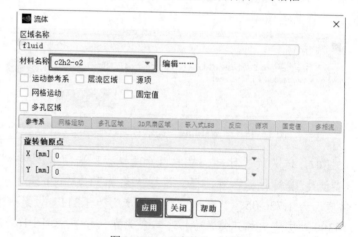

图 16-53 "流体"对话框

（2）设置入口边界条件。单击"物理模型"选项卡"区域"面板中的"边界"按钮田，任务页面切换为"边界条件"。在"边界条件"下方的"区域"列表中选择"inlet"（入口）选项，然后单击"编辑"按钮 编辑…… ，弹出"速度入口"对话框，在"动量"面板中设置"速度大小"为 50，如图 16-54 所示；在"物质"面板中设置"进度变量"为 0，表示该入口进入的为燃料未发生反应，如图 16-55 所示。单击"应用"按钮 应用 ，然后单击"关闭"按钮 关闭 ，关闭"速度入口"对话框。

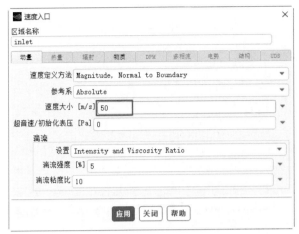

图 16-54　速度入口对话框 1

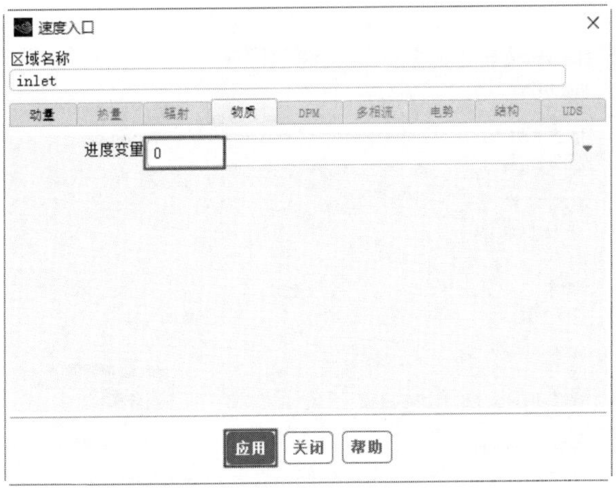

图 16-55　速度入口对话框 2

（3）设置出口边界条件。在"边界条件"下方的"区域"列表中选择"outlet"（出口）选项，然后单击"编辑"按钮 编辑……，弹出"压力出口"对话框。在"物质"面板中设置"回流进度变量"为 1，表示该出口的物质已完全反应，如图 16-56 所示。单击"应用"按钮 应用，然后单击"关闭"按钮 关闭，关闭"压力出口"对话框。

图 16-56　压力出口对话框

16.2.5　求解设置

01 设置求解方法。单击"求解"选项卡"控制"面板中的"控制"按钮 ✖，任务页面切换为"求解方案控制"，单击其中的"方程"按钮 方程……，弹出"方程"对话框。选择"Flow"（流体）、"Turbulence"（湍流）和"Premixed Combustion"（预混合燃烧）三个方程，如图 16-57 所示，然后单击"OK"按钮，关闭"方程"对话框。

02 流场初始化。

（1）整体初始化。在"求解"选项卡"初始化"面板中勾选"标准"单选按钮，然后单击"选项"按钮，"任务面板"切换为"解决方案初始化"。设置"计算参考位置"为"all-zones"（所有区域），其余为默认设置，如图 16-58 所示。单击"初始化"按钮 初始化，进行初始化。

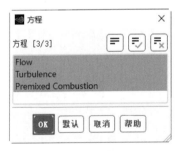

图 16-57　"方程"对话框

（2）局部初始化。在"解决方案初始化"任务面板中单击"局部初始化"按钮 局部初始化…，弹出"局部初始化"对话框。在"Variable"（变量）列表中选择"Progress Variable"（进度变量），在"待修补区域"中选择"fluid"（流体），设置"值"为 1，如图 16-59 所示。单击"局部初始化"按钮 局部初始化，进行局部初始化，然后单击"关闭"按钮 关闭，关闭该对话框。

图 16-58　流场整体初始化

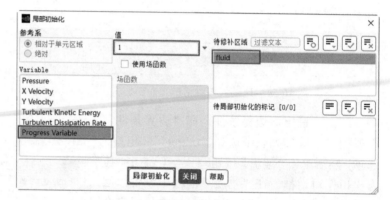

图 16-59　"局部初始化"对话框

16.2.6　求解

单击"求解"选项卡"运行计算"面板中的"运行计算"按钮 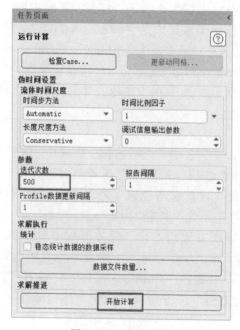，任务页面切换为"运行计算"，在"参数"栏中设置"迭代次数"为 500，其余为默认设置，如图 16-60 所示。单击"开始计算"按钮，开始求解，计算完成后弹出提示对话框。单击"OK"按钮，完成求解。

图 16-60　求解设置

16.2.7　查看求解结果

01　查看云图。

（1）查看温度云图。单击"结果"选项卡"图形"面板"云图"下拉菜单中的"创建"命令，打开"云图"对话框。设置"云图名称"为"contour-1"（等高线-1），在"选项"列表中勾选"填充""节点值""全局范围"和"自动范围"复选框，设置"着色变量"为"Premixed Combustion"（预混燃烧），然后单击"保存/显示"按钮，显示温度云图，如图 16-61 所示。

（2）查看速度云图。设置"着色变量"为"Velocity"（速度），然后单击"保存/显示"按钮，显示速度云图，如图 16-62 所示。

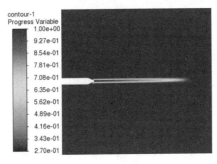

图 16-61　温度云图

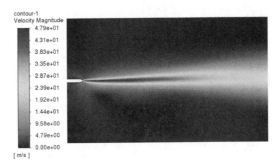

图 16-62　速度云图

02　查看速度矢量图。单击"结果"选项卡"图形"面板"矢量"下拉菜单中的"创建"命令，打开"矢量"对话框。设置"矢量名称"为"vector-1"（矢量-1），在"选项"列表中勾选"全局范围""自动范围"和"自动缩放"复选框，设置"类型"为"arrow"（箭头），设置"比例"为 0.2，设置"着色变量"为"Velocity"（速度），如图 16-63 所示。单击"保存/显示"按钮，显示速度矢量云图，如图 16-64 所示。

图 16-63　"矢量"对话框

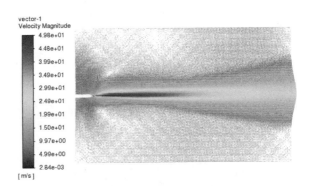

图 16-64　速度矢量云图

03　查看残差图。单击"结果"选项卡"绘图"面板中的"残差"按钮，打开"残差监控器"对话框，采用默认设置，如图 16-65 所示。单击"绘图"按钮，显示残差图，如图 16-66 所示。

图 16-65　"残差监控器"对话框

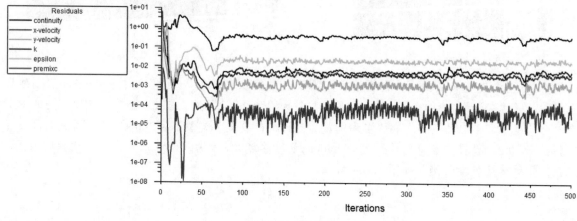

图 16-66　残差图